네일아트美학

네일아트美학

조슬아 김수현 김유정 이영미

구민사
Technology Computer
www.kuhminsa.co.kr

머리말

사람들은 자신의 외모를 아름답게 꾸미고 독특한 개성을 만들어 나가는 것에 대한 많은 시간과 노력을 기울인다.

이로 인해 미용 산업에 대한 발전도 향상되어 피부, 헤어, 메이크업 분야와 함께 네일 분야는 뷰티 산업의 새로운 화두로 등장하여 중요한 영역을 차지하고 있다.

네일 분야는 다른 분야에 비해 늦게 출발한 이유로 한국에서는 미국만큼 대중화 되지는 않았으나 해마다 급속도로 발전하고 있다. 또한 타 분야와 달리 창업활동으로 인한 부가 가치 창출 효과가 높은 산업으로 자리 잡고 있는 추세이다.

현재 대부분의 미용학과에서 교과목으로 채택되고, 미용학원이나 네일 전문학원에서 많은 학생들이 배우고 있으나 기술적인 면에 치중하느라 네일의 정확한 이론과 부조현상 등에 소홀한 면이 있다.

이에 올바른 네일 테크닉과 지식을 통해 체계적으로 공부하고자 하는 네일 인들을 위해 좀 더 정확한 이론과 실기, 현재 트렌드에 맞춘 디자인 등을 통해 도움이 되고자 이 교재를 준비하게 되었다.

1부인 이론 편에서는 네일 관리의 역사에서 부터 미생물학, 위생과 안전, 인체해부 생리학, 피부학, 손톱의 부조현상 등 이론적 교육을 다루었고 2부 실기 편에서는 매니큐어를 비롯하여 네일 팁 시술, 아크릴릭 네일, 젤, 왁싱 등 현장 실무 위주로 구성하였으며 마지막 디자인 부분까지 다양한 지식을 단계별로 서술하여 보다 알기 쉽게 준비하였다.

많은 열의와 정성을 다하였으나 마무리 단계에 접어드니 아쉬운 점들이 많음을 느끼며 부족한 부분이 있다면 학계와 현장에 계신 여러분들의 따뜻한 조언을 부탁드리고 앞으로 수정, 보완해 나갈 것을 약속드리며 끝으로 이 책이 나오기까지 많은 도움을 주신 분들께 감사드린다.

contents

part_01 이론

contents

part_02 실기

PART 1. 이론

Nail Colors...

It must make your hands beautiful

before doing housework

CHAPTER 01

네일 관리의 역사

네일관리의 정의와 역사, 변천사를 통해 어원과 유래를 이해하고 네일리스트(naillist)로서의 이론적인 지식과 자질을 향상 시킨다.

01 네일 관리의 정의와 역사

1) 네일 관리의 정의

매니큐어란 단어는 에나멜을 의미하는 것이 아니라 네일의 관리를 의미한다. 어원은 라틴어의 마누스(manus/손)와 큐라(cura/관리)에서 파생되었으며 손톱의 모양 정리, 큐티클 정리, 손 마사지, 컬러링 등의 총체적인 손 관리(hand care)를 의미한다.

또한 네일은 '조갑' 이라고도 하며 '못을 박다', '징을 박다'의 사전적 의미와 손·발톱을 지칭하는 말로 쓰이며 의학 용어로는 오닉스(onyx)라고도 한다.

네일 아티스트(nail Artist), 네일 테크니션(nail Technician), 네일리스트(nailist), 매니큐어리스트(manicurlist)는 시술자를 지칭하며 서비스를 받는 장소는 네일 숍(nail Shop), 네일 살롱(nail Salon), 네일 바(nail Bar)라 부른다.

2) 네일 관리의 역사

네일의 역사는 지금까지 5000년에 걸쳐 변화되어 왔다.

최초의 네일 관리는 B.C 3000년경에 이집트와 중국의 상류층에서 시작된 것으로 전해진다.

고대 이집트에서는 관목에서 나오는 헤나(henna)의 붉은색과 오렌지색으로 손톱을 염색하였다. 손톱의 색깔이 사회적 지위를 나타내는 중요한 기준으로 여겨져 왕과 왕비 같이 신분이 높은 사람들은 진한 적색으로 물들이고 그보다 신분이 낮은 사람들은 옅은 색으로 물들여 신분을 구분 할 수 있었다.

중국에서도 특권층의 신분을 드러내기 위해 입술연지를 만드는 '홍화'를 손톱에 발랐는데 이를 조홍이라 하였으며 오늘날의 에나멜(enamel)의 기원이라고 할 수 있다. 점차 벌꿀과 계란 흰자, 고무나무의 수액 등을 이용해 시대별로 다양한 손톱에 바르는 페인트를 만들어 사용하였으며 B.C 600년에 중국의 귀족들은 금색과 은색의 페인트를 칠하였고, 15세기에 들어와 중국의 밍(ming) 왕조는 흑색과 적색을 손톱에 칠하였다.

수많은 전쟁이 치러졌던 중세시대에는 주술적인 의미로 전쟁터에 나가는 군사들이 염료를 사용하여 입술과 손톱에 같은 색을 칠하기도 하였고 17세기 인도 여성의 경우에는 네일 매트릭스(nail Metrix)에 문신바늘로 물감을 주입시켜 상류층임을 과시하기도 하였다.

02 네일 관리의 변천사

네일 관리는 처음에 집권층이나 부호들만이 즐길 수 있는 것이었으나 20C에 들어서면서 폭넓은 대중화의 기반을 다지기 시작하였다. 현대에는 다양한 네일 제품과 기술이 근대보다 전문화, 세분화 되었으며 네일 산업이 세계의 주요 산업의 하나로 발돋움 하고 있다.

1800년 - 네일 관리가 일반인에게 점차 대중화되기 시작하였다.
손톱 끝이 뾰족한 아몬드형네일이 유행하였고 붉은색 오일을 바른 후 샤미스(chamois : 염소나 양의 부드러운 가죽)로 색깔과 광택을 냈다.

1830년 - 유럽의 발 전문 의사 시트(sitts)가 치과에서 사용되던 기구와 도구에서 착안된 오렌지 우드스틱(orange Wood Stick)을 네일 관리에 사용하기 시작하였다.

1885년 - 네일 에나멜(nail Enamel)의 필름 형성제인 니트로셀룰로즈가 개발되었다.

1892년 - 발 전문 의사 시트(sitts)의 조카에 의해 네일 관리가 여성들의 새로운 직업으로 미국에 도입되었다.

1900년 - 금속 파일과 금속 가위를 이용하여 네일 관리를 하기 시작하였고 옅은 색의 크림이나 가루로 네일에 광을 주거나 낙타털을 이용한 붓으로 임시적인 광을 내기도 하였다.

유럽에서도 네일 관리가 본격적으로 시작되었다.

1910년 - 뉴욕에 에나멜 제조회사 플라워리(flowery)가 금속 파일과 사포로 된 파일을 개발하였다.

1917년 - Dr. 코로나가 도구를 사용하지 않는 홈 케어 방법을 보그지에 소개하였다.

1925년 - 에나멜 산업의 본격화로 상점에서도 에나멜을 구입할 수 있게 되었지만 화려한 색상을 바르는 것은 예의가 아니라고 생각하는 시대적 배경으로 투명한 계통의 자연스러운 색 위주의 에나멜을 개발하였다.

1927년 - 프렌치 매니큐어(french manicure)에 사용되는 흰색 에나멜과 큐티클 크림(cuticle cream), 큐티클 리무버(cuticle Remover)가 제조되었다.

1930년 - 제나(gena) 연구팀에 의해 에나멜 리무버(enamel Remover), 워머 로션(warmer Lotion), 큐티클 오일(cuticle Oil)이 최초로 등장하였다.

1932년 - 네일 산업의 활성화로 레브론사에서 다양한 색상의 네일 에나멜이 제조되었고 립스틱과 잘 어울리는 색상의 에나멜이 출시되었다.

1935년 - 인조 네일이 개발 되었다.

1940년 - 손톱의 길이가 길어졌고 빨간색으로 네일을 꽉 채워 바르는 것이 유행하였으며 이발소에서 남성들도 습식 네일 관리를 시작하였다.

1948년 - 미국의 노린 레호(noreen Reho)에 의해 매니큐어 작업에 기구가 사용되기 시작하였다.

1950년 - 자연 네일에 가까운 자연적인 색상이 유행하여 다양한 자연적인 색상이 개발되었다.

1957년 - 헬렌 커리(helen Gerly)가 처음으로 네일 케어를 미용학교에서 가르치기 시작하였으며 네일 팁(nail Tip) 사용인이 많아졌다. 당시 호일(foil)을 사용하여 시술한 패티 네일(pattinail)이라고 불렀던 아크릴릭 네일(acrylic Nail)이 최초로 시술되었으며 1957년 이후부터 패디큐어가 등장하였다.

1960년 - 실크(silk)와 린넨(linen)을 이용하여 약한 네일을 보강하기 시작하였다.

1967년 - 손과 발을 더욱 아름답게 가꾸기 위한 트리트먼트가 시작되었다.

1970년 - 본격적으로 네일 팁과 아크릴릭 네일이 행해져 많은 여성들이 긴 손톱으로 아름다움을 표현하였으며 현재 사용되고 있는 아크릴릭 제품은 치과에서 틀니를 만들 때 사용하던 것에서 비롯되었다.

1973년 - 미국의 네일 회사 IBD가 처음으로 네일 접착제(glue)와 네일 전체에 붙이는 접착식 인조 팁(full fip, full cover tip)을 개발하였다.

1975년 - NANA(네일 아티스트 협회)의 결성으로 오리 인터네셔널 회사가 에나멜, 리퀴드 화이버 랩(liquid fiber wrap), 릿지 필러(ridge filler), 프라이머(primer), 베이스 코트(base coat)등을 제조하였다.

1976년 - 네모난 모양의 스퀘어(square) 손톱이 유행하였고 아크릴릭 네일은 물론 화이버 랩이 등장하였으며 비로소 네일아트가 정착되기 시작하였다.

1980년 - 손톱에 모양을 낼 수 있는 액세서리, 에시(essie), 오피아이(opi) 등의 브랜드가 유행하였고 미국의 매니큐어리스트인 타미테일러가 파우더, 프라이머, 리퀴드 등의 아크릴릭 네일 제품을 개발하였다.

1989년 네일 산업이 급성장하게 되었다.

1992년 - 네일은 인기스타에 의해 대중화되었고 NIA(the nails industry association)가 창립되어 더욱 본격화 되면서 발전되었다.

1994년 - 독일에서 라이트 큐어드 젤 시스템(light cured gel system)이 등장하였고 뉴욕 주에서는 네일 테크니션 면허 제도를 도입하였다.

CHAPTER 01
핵심문제

1. 매니큐어의 어원 중 손을 지칭하는 라틴어는?

① 큐라(cura) ② 매니스(manis) ③ 마누스(manus) ④ 패디스(pedis)

2. 네일의 정확한 의미는?

① 손톱 ② 발톱 ③ 손톱과 발톱 ④ 손과 발

3. 마누스(manus)와 큐라(cura)라는 말에서 유래된 용어는?

① 패디큐어(pedicure) ② 매니큐어(manicure) ③ 네일 팁(nail Tip) ④ 아크릴릭(acrylic)

4. 최초의 네일 케어가 BC3000년경 역사에 기록되어 있는 나라는?

① 로마와 그리스 ② 그리스와 이집트 ③ 로마와 중국 ④ 이집트와 중국

5. 고대 이집트와 중국에서 손톱의 색깔을 표현하기 위해 사용했던 추출물이 아닌 것은?

① 헤나 ② 계란 흰자 ③ 봉숭아 ④ 코코넛

6. 남성들이 주술적인 의미로 손톱에 색상을 발랐다고 알려진 시대는?

① 고대 이집트 ② 중세 ③ 기원전 ④ 1800년대

7. 네일의 역사에 대해 서술한 것 중 맞지 않는 것은?

① 네일의 역사는 지금까지 5000년에 걸쳐 변화되어 왔다.

② 최초의 네일 관리는 BC3000년경에 이집트와 중국에서 시작되었다.

③ 고대 이집트에서는 남자들도 네일 관리를 받았다.

④ BC3000년경 중국에서는 벌꿀과 계란 흰자와 고무나무의 수액을 사용하였다.

8. 패디큐어가 등장한 시기는?

① 1900년대 ② 1930년대 ③ 1950년대 ④ 2000년대

9. 홍화, 밀랍, 난백 등을 사용하여 미적 감각을 누렸던 나라는?

① 중국 ② 이집트 ③ 로마 ④ 그리스

10. 네일의 의학적 용어는?

① 매니스(manis) ② 오닉스(onyx) ③ 마누스(manus) ④ 패디스(pedis)

정답 1.③ 2.③ 3.② 4.④ 5.④ 6.② 7.③ 8.③ 9.① 10.②

CHAPTER 02

네일 구조와 질병

손톱은 피부의 부속기관이면서 피부와 마찬가지로 건강상태를 측정할 수 있다. 손톱의 구조와 기능, 네일의 질병에 대한 이해를 쌓으면 고객에게 좀 더 전문적인 시술을 할 수 있다.

01 네일 구조와 특성

1) 손톱의 구조

손톱은 케라틴이라는 단백질로 구성되어 있으며 건강한 손톱은 일반적으로 표면이 매끄럽고 광택이 있으며 연한 핑크빛을 나타낸다. 손 관리에 전문적인 지식을 위하여 손톱의 구조와 기능에 대해 이해하여야 한다.

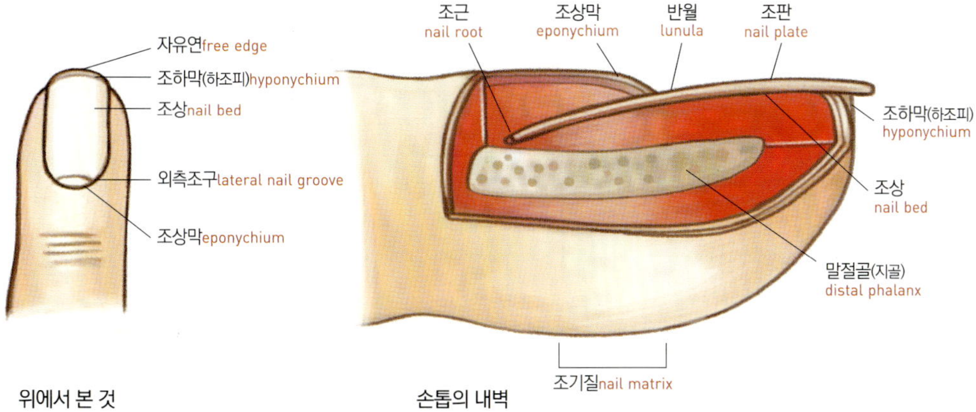

손톱의 구조

(1) 손톱 자체

① **조체**(네일 바디 : nail body), **조판**(네일 플레이트 : nail plate) **:** 손톱 자체를 말하며 네일 베드를 보호하는 역할을 한다. 죽은 단백질로 구성되어 있어 신경과 혈관이 없으며 산소를 필요로 하지 않는다.

② **조근**(네일 루트 : nail root) **:** 손톱의 새로운 세포 조직을 형성하여 손톱의 성장이 시작되는 곳이다.

③ **자유연**(프리엣지 : free edge) **:** 손톱의 끝부분으로 조상(네일 베드) 없이 피부와 떨어져 자라나는 부분이다.

(2) 손톱 밑

① **조상**(네일 베드 : nail bed) **:** 손톱 밑에 위치하여 조체(네일 바디)를 받치고 있으며 피부로 혈관과 신경이 분포한다. 손톱의 신진대사와 수분공급 역할을 한다.

② **조모**(네일 매트릭스 : nail matrix) **:** 조근(네일 루트) 밑에 위치하여 손톱 각질 세포 생산과 성장을 조절한다. 혈관, 신경, 림프관이 있어 손상을 입게 되면 손톱이 불균형하고 비정상적으로 자랄 수 있다.

③ **반월**(루눌라 : lunula) **:** 완전히 케라틴화 되지 않은 네일 바디의 베이스에 있는 유백색의 반달 모양을 말한다.

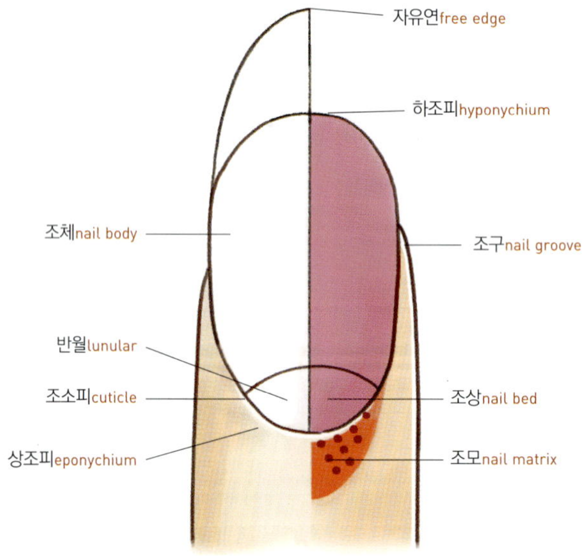

손톱 주위의 피부

(3) 손톱 주위의 피부

① **조소피**(큐티클 : cuticle) : 손톱 주위를 덮고 있는 피부를 말하며 미생물과 병균의 침입을 막는다.

② **조주름**(네일 폴드 : nail fold) : 네일 맨틀(nail mantle)이라고도 하며 조근(네일 루트)이 묻혀 있고 손톱 베이스에 피부가 깊이 접혀있는 부분을 말한다.

③ **조구**(네일 그루브 : nail grooves) : 조상(네일 베드)의 양 측면에 좁게 패인 곳을 말한다.

④ **조벽**(네일 월 : nail wall) : 조구(네일 그루브) 위에 있는 손톱의 양쪽 피부를 말한다.

⑤ **상조피**(에포니키움 : eponychium) : 표피의 연장으로 손톱의 베이스에 있는 피부의 가는 선을 말하며 반월을 부분적으로 덮고 있는 얇은 막의 피부를 말한다.

⑥ **조상연**(페리오니키움 : perionychium) : 손톱 전체를 둘러싼 피부의 가장자리를 말한다.

⑦ **하조피**(하이포니키움 : hyponichium) : 자유연(프리엣지) 밑 부분의 피부를 말하며 세균의 침입으로부터 손톱을 보호한다.

2) 손톱의 특성

(1) 손톱의 성장

① 조근(네일 루트)에서 시작되고 조모(매트릭스)에 압력이 가해지면 손톱이 불균형하게 자라거나 멈추기도 한다.

② 한 달에 3~4㎜정도 자라며 나이와 건강상태, 계절에 따라 약간의 차이가 있다.

③ 손톱이 빠지면 다시 자라는데 약 4~6개월 정도 소요된다.

④ 중지손톱의 성장이 가장 빠르며 엄지손톱이 가장 늦게 성장한다.

⑤ 발톱은 손톱의 1/2 정도로 느리게 성장한다.

(2) 손톱의 역할

① 손끝과 발끝을 보호한다.

② 방어와 공격의 기능을 한다.

③ 장식적 기능을 한다.

④ 물건을 잡거나 긁을 때 또는 성상을 구별하는 기능을 한다.

(3) 손톱의 특성

① 아미노산과 시스테인이 많이 포함되어 있다.

② 일반적으로 12~18%의 수분을 함유하고 있다.

③ 손톱의 경도는 손톱에 함유된 수분, 단백질, 케라틴 조성에 따라 다르다.

④ 조체(네일 바디)는 산소를 필요하지 않으나 조모(매트릭스)와 조소피(큐티클)는 산소를 필요로 한다.

⑤ 손톱은 조상(네일 베드)의 모세혈관으로부터 산소를 공급받는다.

⑥ 케라틴(keratin)이라는 섬유단백질로 구성되어져 있으며 비타민이나 미네랄이 부족하면 이상 현상을 나타낸다.

⑦ 손톱의 모양은 사람에 따라 다르고 성질도 다르다.

⑧ 손톱은 표피의 각질층과 투명층의 반투명 각질 판으로 되어있다.

⑨ 손톱은 피부의 일부로 머리카락과 같은 단백질과 케라틴으로 만들어져 있으나 이미 손상이 있는 곳에 영양분을 공급하여도 회복되는 것은 아니다.

(4) 건강한 손톱

① 손톱이 조상(네일 베드)에 강하게 부착되어야 한다.

② 단단하고 탄력이 있어야 하며 12~18% 정도의 수분량을 함유하고 있어야 한다.

③ 조체(네일 바디)에 연한 핑크빛을 띠며 매끄럽고 광택이 나야 한다.

④ 둥근 아치 모양을 형성해야 한다.

⑤ 세균이 감염되지 않은 상태여야 한다.

02 네일의 질병

1) 시술 가능한 손톱

(1) 거스러미 손톱(행네일 : hangnail)

① **증상** - 큐티클 또는 큐티클 주위의 살이 너무 건조해서 거스러미가 일어난 상태를 말한다.

② **원인** - 큐티클을 너무 짧게 잘랐을 때나 물어뜯는 버릇으로 생길 수 있다.

③ **관리** – 건조해진 큐티클에 오일(oil)을 발라 마사지해 준다.

– 겨울철에 더 자주 생기는 것으로 핫 크림 매니큐어나 파라핀 매니큐어로 보습처리 해 준다.

– 거스러미를 잘못 처리할 경우 염증이 유발되기도 하므로 니퍼로 적당히 다듬는다.

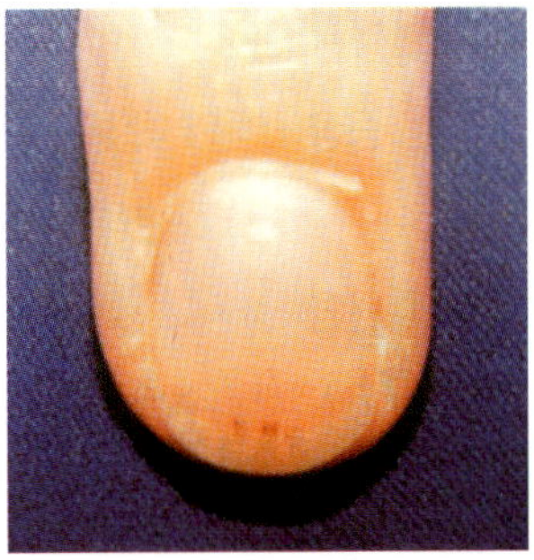

거스러미 손톱

(2) 계란껍질 손톱(에그쉘 네일 : eggshell nail)

① **증상** – 계란껍질처럼 손톱이 희고 얇으며 특히 자유연(프리엣지)이 휘어져 있다.

② **원인** – 영양 상태가 적합하지 못하며 내과적 질병이나 신경계통의 이상, 영양실조 등의 이상으로 발생한다.

③ **관리** – 손톱이 특히 얇으므로 부드러운 파일을 이용하여 길이를 정리하고 푸셔 사용 시 힘을 빼고 조심스럽게 시술한다.

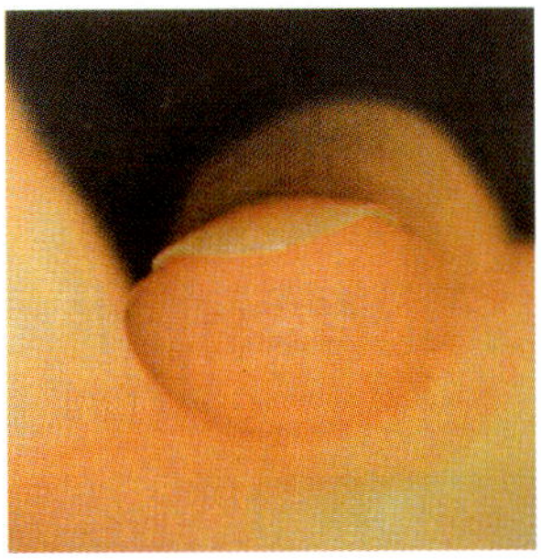

계란껍집 손톱

(3) 멍든 손톱(bruised nail)

① **증상** – 조상(네일 베드)이 어떤 손상을 받아 혈액이 응고된 상태이다.

② **원인** – 조상(네일 베드)이 외부의 충격으로 인해 손상되어 발생한다.

③ **관리** – 손톱에 무리가 가지 않도록 조심히 다루며 상태에 따라 시술 중 손톱이 떨어져 나갈 수 있으므로 인조네일 시술은 피한다.

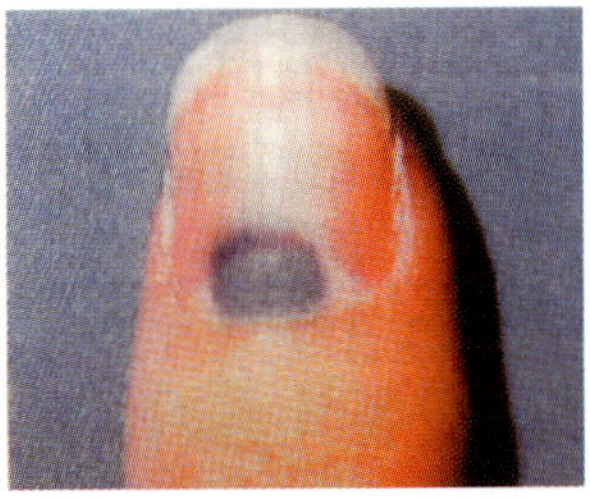

멍든 손톱

(4) 변색된 손톱(discolored nail)

① **증상** – 자연 네일이 황색, 푸른색, 검 푸른색, 자색 등의 색상으로 변색 되어 있다.

② **원인** – 베이스 코트를 바르지 않고 에나멜을 바를 경우 나타날 수 있으며 일반치료나 구강치료를 받았을 때, 혈액순환이나 심장상태가 좋지 않을 경우 나타날 수 있다.

③ **관리** – 혈액순환 개선을 위해 규칙적인 운동과 그에 맞는 처방을 하고 베이스 코트를 바르지 않아 변색되었다면 20volum의 과산화수소를 면봉에 묻혀 손톱 표면을 닦아준다.

– 네일 팁이나 에나멜을 발라 상태를 감출 수 있다.

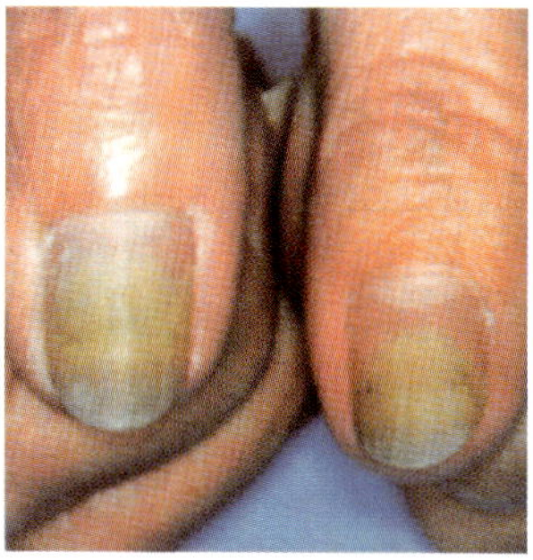

변색된 손톱

(5) 고랑파진 손톱(퍼로우 : furrow) 또는 주름 잡힌 손톱(컬루제이션 : corrugation)

① **증상** – 세로나 가로로 고랑파진 손톱 또는 주름잡힌 손톱의 상태를 나타낸다.

② **원인** – 신지대사가 원활하지 않을 경우 나타나며 가로줄의 골은 고열, 임신, 홍역, 체내의 아연질 부족으로 생긴다. 세로줄은 정상적인 사람에게도 나타날 수 있다.

③ **관리** – 손톱의 골이 파진 부분에 글루와 필러 파우더를 이용하여 표면을 매끄럽게 만들고 그 위에 유색 에나멜을 바른다.

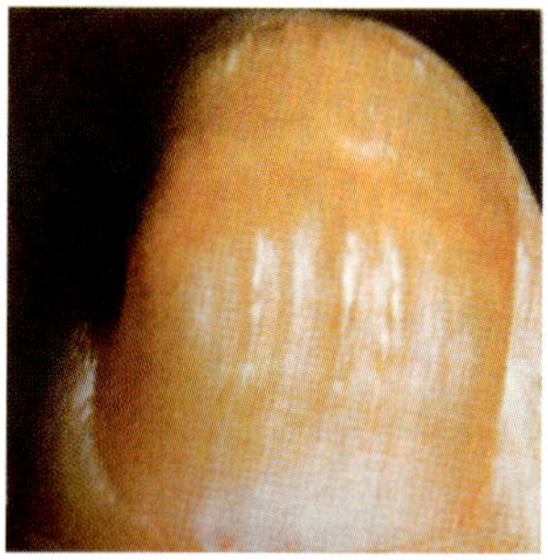

고랑파진 손톱

(6) 흰색반점(루코니키아 : leukonychia)

① **증상** – 손톱에 하얀 반점이 있는 경우이며 백색조갑이라고도 한다.

② **원인** – 케라틴화가 덜 된 미세한 공기주머니가 떨어져 생긴 것이며 유전적인 요인이나 어떠한 충격이 가해졌을 때 생긴다.

③ **관리** – 손톱이 자라면 잘라 내거나 에나멜을 발라준다.

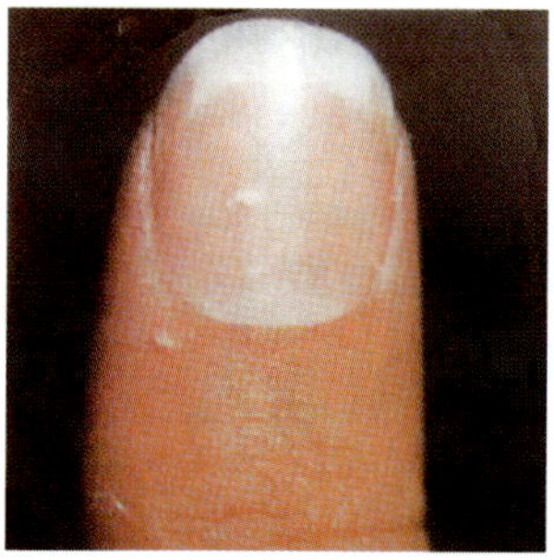

흰색 반점 손톱

(7) 조갑익상편(테리지움 : pterygium)

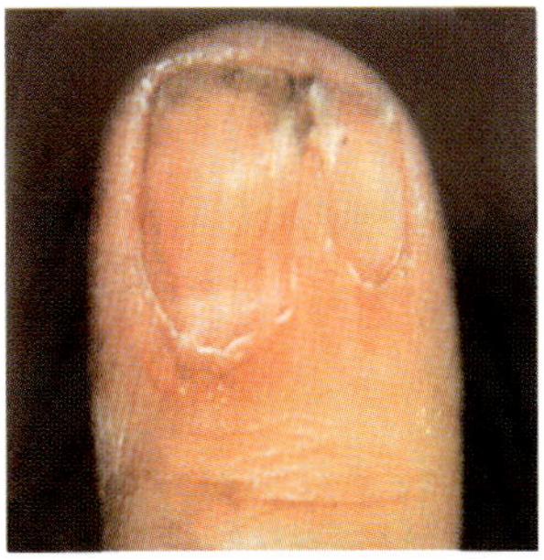

테리지움

① **증상** – 큐티클이 과잉 성장하여 손톱위로 자라나는 것을 말한다.

② **원인** – 유해한 화학 성분에 노출되었거나 잘못 된 네일 제품 사용으로 인해 피부를 손상시키고 건조하게 한다.

③ **관리** – 지속적인 관리를 하지 않으면 큐티클이 손톱을 덮을 수 있으므로 단단하고 건조한 큐티클을 주기적으로 제거해 준다.

핫 로션(hot lotion) 매니큐어 등으로 유분공급을 해 준다.

(8) 스푼형 조갑(koilonychia)

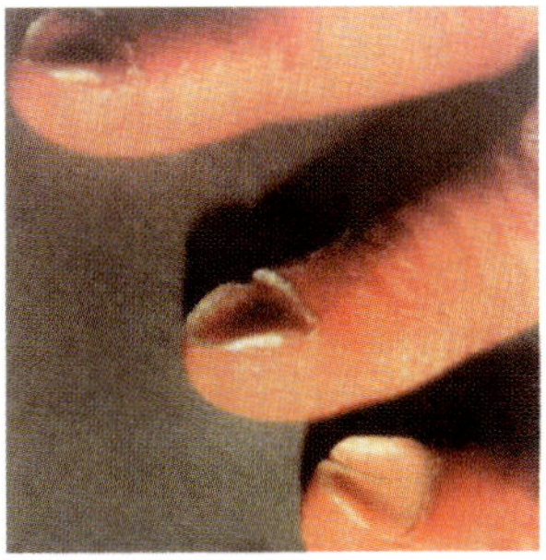

스푼형 조갑

① **증상** – 손톱이 숟가락 모양으로 함몰된 상태이다.

② **원인** – 철분이 결핍되었거나 강한 알칼리성 세제, 건선, 갑상선 기능장애 등에서 나타난다.

③ **관리** – 손톱이 함몰된 부분을 채워주는 인조시술이 가능하다.

(9) 교조증(오니코파지 : onychophagy)

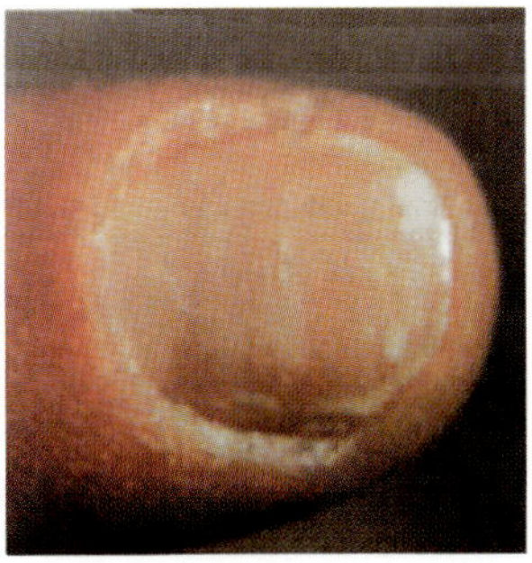

교조증

① **증상** – 손톱을 물어뜯는 현상으로 손톱이 자라기도 전에 부서지고 갈라져 정상적인 성장이 되지 않는다.

② **원인** – 불안, 초조, 스트레스, 습관 등으로 인해 손톱을 물어뜯는 현상으로 심리적인 원인이 가장 크며 침에 의해 손가락 끝이 불어나 세균에 의한 2차 감염을 일으킬 수 있다.

③ **관리** – 인조 네일을 시술하거나 꾸준한 매니큐어 시술을 한다.

(10) 검은 반점(니버스 : nevus)

① **증상** - 모반점이라고도 하며 밤색 또는 검은색의 얼룩이 생겨 점처럼 얼룩이 있다.

② **원인** - 멜라닌 색소의 침착으로 발생 한다.

③ **관리** - 손톱이 자라면 없어지며 인조 네일이나 에나멜을 바른다.

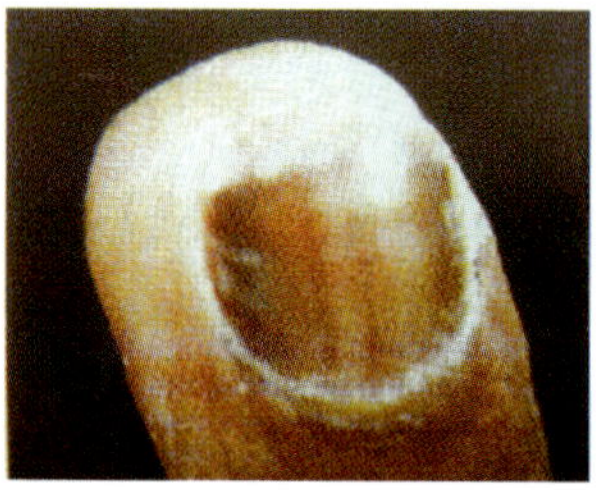

검은 반점

(11) 조갑종렬증(오니코렉시스 : onychorrhexis)

① **증상** - 손톱이 세로로 갈라지거나 부서지는 상태로 골이 파져 있기도 하다.

② **원인** - 외부의 물리적인 충격이나 거친 파일링에 의해 생길 수 있다.

- 에나멜 리무버나 솔벤트가 많이 들어있는 제품의 과다사용으로 생길 수 있다.

③ **관리** - 알칼리성 세제와 리무버 사용을 금한다.

- 인조 네일을 시술하여 솔벤트에 노출되는 것을 방지한다.

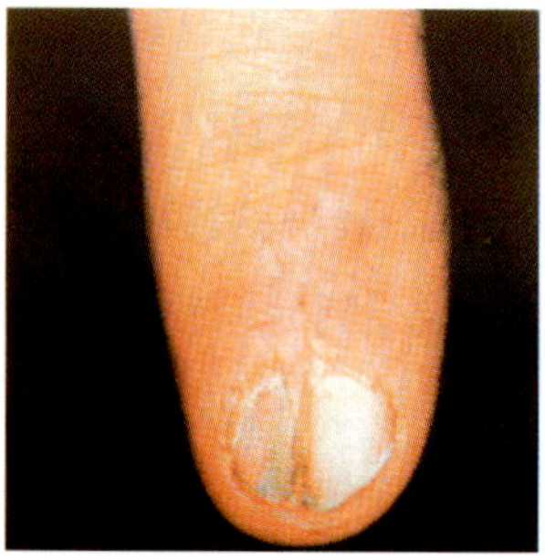

조감 종렬증

(12) 조내생증(오니코크립토시스 : onychocryptosis), 파고드는 네일(ingrown nail)

① **증상** - 손톱이나 발톱이 조구(네일 그루브)로 파고들어가는 현상으로 주로 발에 나타난다.

② **원인** - 파일을 잘못된 방법으로 사용하였거나 발에 맞지 않는 신발을 신었을 때 생길 수 있다.

③ **관리** - 발톱의 모양을 스퀘어로 잘라 주어야 한다.

- 파고 들어가는 네일에 솜을 끼워주거나 커브를 들어 올려주는 전문제품을 사용할 수 있다.

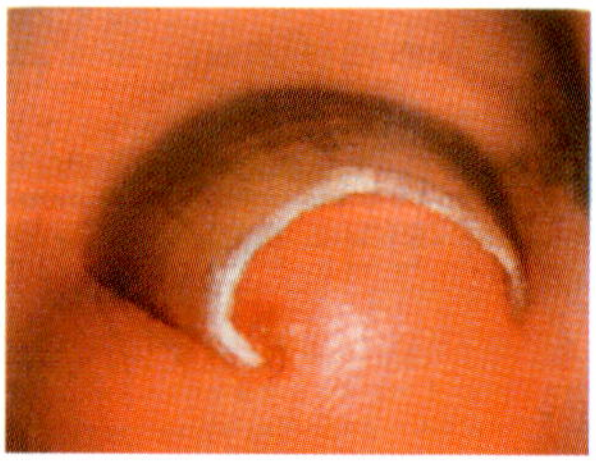

조내생증

(13) 조갑비대증(오니콕시스 : onychauxis)

① **증상** – 네일의 과잉성장으로 손·발톱이 비정상적으로 두꺼워진다.

② **원인** – 내과적 질환이나 국부적인 감염, 유전적인 요인이 되기도 한다.

③ **관리** – 두꺼워진 네일의 표면을 부드러운 파일로 갈아주어 관리한다.

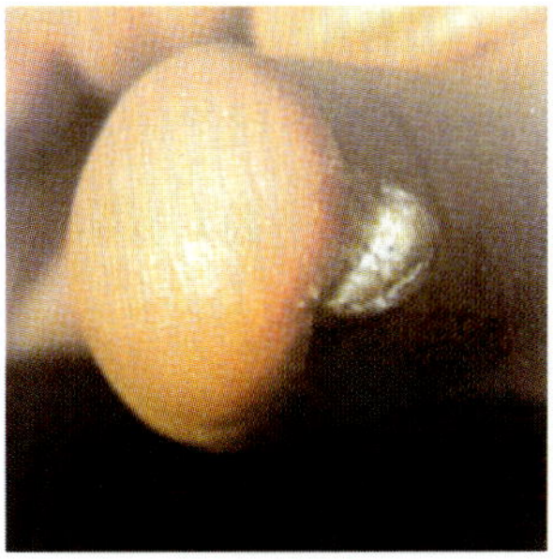

조갑비대증

(14) 끝이 갈라지는 네일(cracked corners nail)

① **증상** – 손톱 끝부분이 톱날처럼 균열되어 손톱 양쪽 끝의 피부에 생기는 외상으로 통증을 유발 할 수 있다.

② **원인** – 합성세제 또는 비누의 화학성분으로 인해 손톱이 건조해져 발생한다.

- 비타민의 부족이나 영양분의 부족으로 발생하기도 한다.

끝이 갈라지는 네일

③ **관리** – 손톱 자체에 수분을 공급해주는 제품을 사용하고 손톱뿐만 아니라 큐티클 밤이나 오일 등 보습제품들을 발라준다.

- 에나멜 사용은 금하고 네일 영양제를 발라주거나 파라핀 매니큐어, 핫 로션 매니큐어 시술을 함께 하면 효과적이다.

2) 시술이 불가능한 손톱

(1) 사상균증(네일 몰드 : nail mold)

① **증상** – 처음에는 노란색과 연두색을 나타내다가 점차 검은색으로 변하면서 심한 경우 네일이 물렁해지고 냄새를 동반한다.

② **원인** – 인조 네일 시술 후 보수를 하지 않아 자연 손톱과 인조 손톱 사이에 습기가 스며들어 생길 수 있는 일종의 진균염증 상태 즉, 곰팡이가 생긴 상태이다.

- 곰팡이를 발견한 즉시 인조 네일을 제거하고 약을 발라준다.

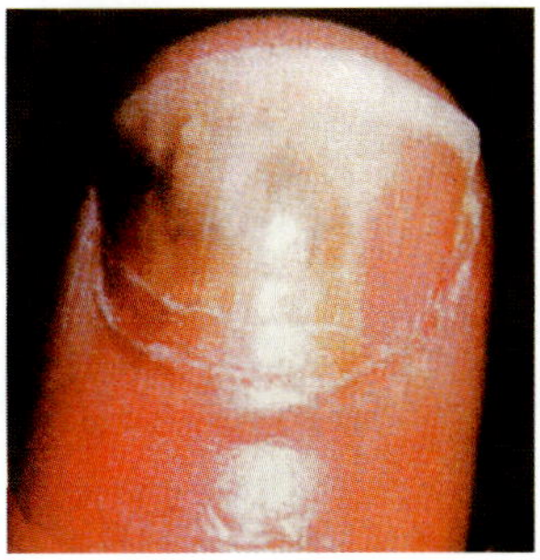

사상균증

(2) 조염(오니키아 : onychia)

① **증상** - 네일 밑에 살이 감염되어 붉어지거나 고름이 생긴다.

② **원인** - 네일 도구를 위생처리하지 않고 사용하였을 때 발생할 수 있다.

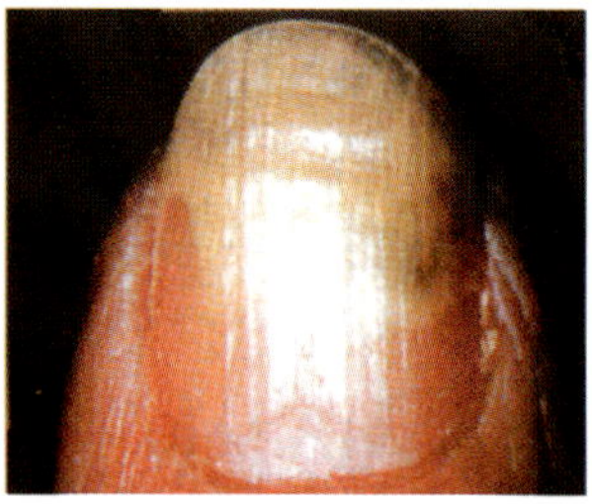

조염

(3) 조갑구만증(오니코그라이포시스 : onychogryphosis)

① **증상** - 손톱이 두꺼워지며 구부러지고 손가락이나 발가락으로 확장되기도 한다. 특히 발가락에 많이 생기며 염증을 비롯하여 피부 속으로 파고들어 자라면 통증을 유발한다.

② **원인** - 발생 원인은 알려져 있지 않다.

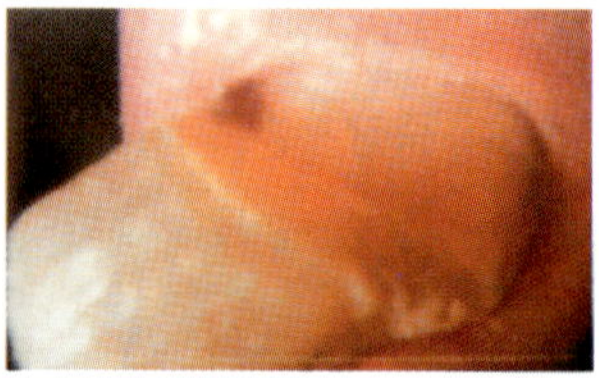

조갑 구만증

(4) 조갑박리증(오니코리시스 : onycholysis)

① **증상** - 프리엣지에서 시작하여 조상(네일 베드)사이로 반월(루눌라)까지 번지기도 하지만 네일이 완전히 떨어져 나가지 않고 박리된 부분이 하얗게 되거나 황색으로 변한다.

② **원인** - 내과적 질병이나 외상, 감염 혹은 약물치료로 인하여 생길 수 있다.

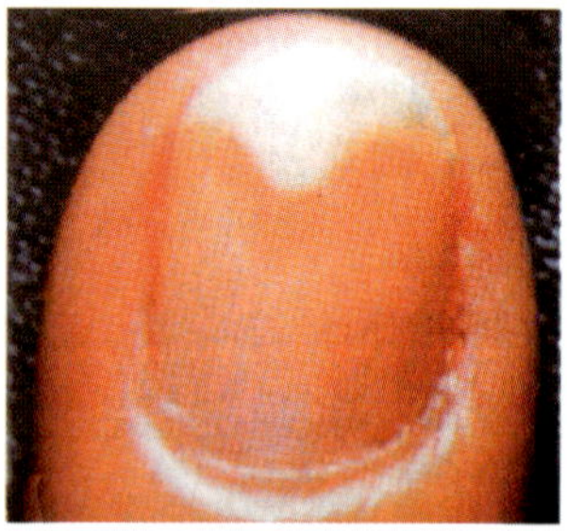

조갑 박리증

(5) 조갑탈락증(오니콥토시스 : onychoptosis)

① **증상** - 밀착된 손톱의 일부분 혹은 손톱 전체가 분리되는 현상을 말하며 한 개 혹은 여러 개의 손톱에서 일어날 수 있다.

② **원인** - 매독, 고열 또는 약물 반응이나 외상 등으로 나타날 수 있다.

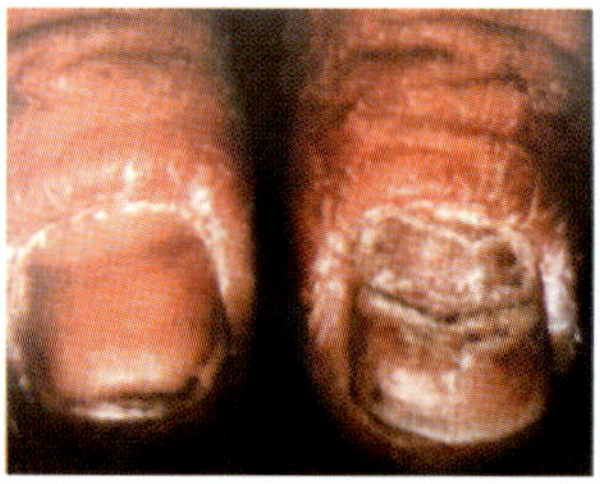

조갑 탈락증

(6) 조갑주위염(파로니키아 : paronychia)

① **증상** - 손톱 주위의 조직에 박테리아 감염으로 빨갛게 부어 오르고 살이 물러진다.

② **원인** - 소독이 되지 않은 네일 도구의 사용이나 큐티클을 정리할 때 너무 심하게 잘라내어 피부에 상처를 주면 박테리아에 감염되어 생기는 경우도 있다.

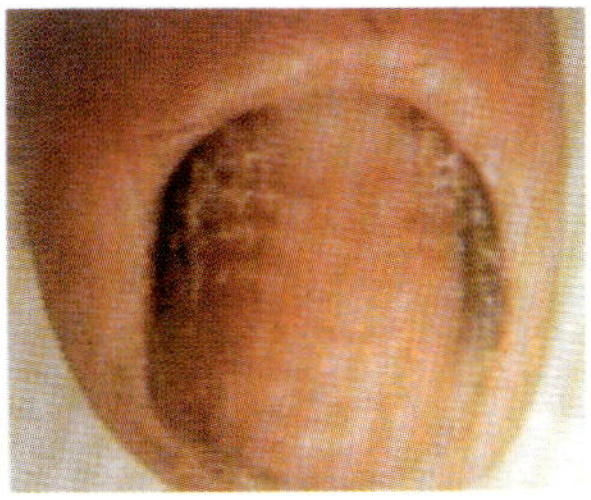

조갑 주위염

(7) 화농성 육아종(파이로제닉 그래뉴로마 : pyrogenic granuloma)

① **증상** - 심한 염증과 함께 조상(네일 베드)에서 조체(네일 바디)로 붉은 살이 자라나온다.

② **원인** - 손톱 주위의 박테리아 감염 또는 소독되지 않은 네일 도구 사용으로 인하여 나타날 수 있다.

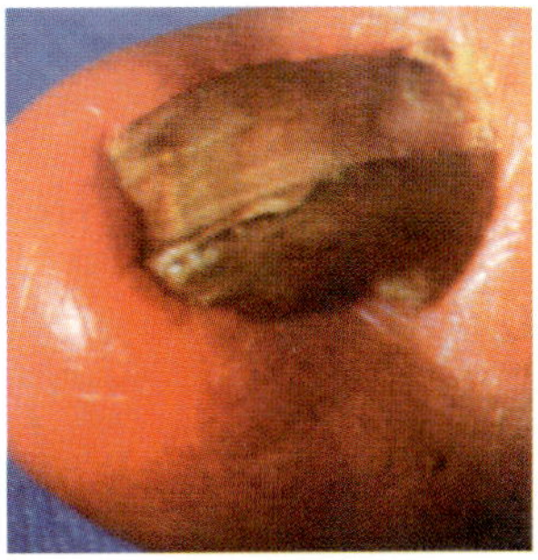

화농성 육아종

(8) 조갑진균증(오니코마이코시스 : onychamycosis)

① **증상** - 희미한 백선이 보이거나 황색의 긴 줄무늬가 나타나기도 한다.

② **원인** - 진균류(식물성균)가 손톱의 하조피(하이포니키움) 또는 자유연(프리엣지) 부분으로 침투하여 조근(네일 루트)까지 확장하고 손톱의 성장을 억제한다.

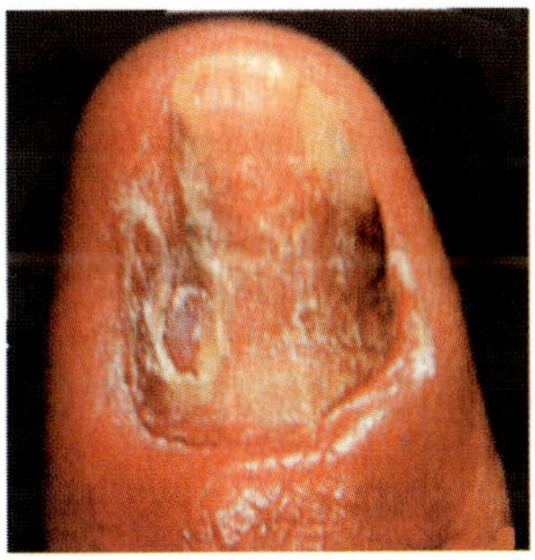

조갑진균증

CHAPTER 02
핵심문제

1. 손톱의 성장이 시작되는 곳은?

① 조모(매트릭스) ② 조체(네일 바디) ③ 자유연(프리엣지) ④ 조근(네일 루트)

2. 손톱 자체에 포함되지 않는 것은?

① 조체(네일 바디) ② 조근(네일 루트) ③ 반월(루눌라) ④ 자유연(프리엣지)

3. 손상을 입게 되면 손톱의 성장에 저해가 되는 것은?

① 조모(매트리스) ② 조근(네일 루트) ③ 자유연(프리엣지) ④ 조판(플레이트)

4. 손톱의 성장에 대한 설명 중 틀린 것은?

① 한 달에 3~4㎜정도 성장한다.

② 손톱이 빠지면 다시 자라는데 4~6개월 정도 소요된다.

③ 중지손톱의 송장이 가장 빠르며 엄지손톱이 가장 늦게 성장한다.

④ 발톱은 손톱의 1/4정도로 느리게 성장한다.

5. 손톱의 기능에 속하지 않는 것은?

① 손끝과 발끝 보호 ② 방어와 공격의 기능 ③ 물건을 잡는 기능 ④ 흡수 기능

6. 완전히 케리틴 화 되지 않은 조체(네일 바디)의 베이스에 있는 연한색의 반달모양은?

① 조모(매트릭스) ② 반월(루눌라) ③ 조소피(큐티클) ④ 자유연(프리엣지)

7. 손톱의 특성 중 잘못된 것은?

① 아미노산과 시스테인이 많이 포함되어 있다.

② 일반적으로 12~18%의 수분을 함유하고 있다.

③ 손톱의 경도는 손톱에 함유된 수분, 단백질, 케라틴 조성에 따라 다르다.

④ 조체(네일 바디)는 산소를 필요로 하고 조모(매트릭스)와 조소피(큐티클)은 산소를 필요로 하지 않는다.

8. 네일숍에서 시술이 가능한 이상손톱은?

① 조갑구만증(onychogryphosis) ② 조염(onychia)

③ 교조증(onychophagy) ④ 조갑박리증(onycholysis)

9. 불안, 초조, 스트레스, 습관 등으로 인해 손톱을 물어 뜯는 현상은?

① 교조증(onychophagy) ② 조갑탈락증(onychoptosis)

③ 조염(onychia) ④ 조갑종렬증(onychorrhexis)

10. 네일 태크니션이 시술할 수 없는 비정상 상태의 손톱은?

① 계란껍질 손톱(eggshell Nail) ② 고랑파진 손톱(furrow)

③ 조백반증(leukonychia) ④ 조갑박리증(onycholysis)

11. 염증과 고름을 동반하기도 하며 비위생적인 EHN를 사용했을 때 발생될 수 있는 이상손톱은?

① 조갑주위염(paronychia) ② 화농성 육아종(pyrogenic granuloma)

③ 조갑진균증(onychamycosis) ④ 사상균증(nail mold)

12. 손톱의 이상 상태가 틀리게 설명된 것은?

① 행네일 : 건조한 손톱, 거스러미

② 조백반증(leukonychia) : 손톱의 흰 반점

③ 조갑위축증(onychatrophia) : 손톱을 물어뜯어 없어지는 현상

④ 모반점(nevus) : 밤색, 검은색의 점이 있는 손톱

13. 손톱이 길었을 때 잘라주는 부분을 무엇이라 하는가?

① 조모(매트릭스) ② 조벽(네일 월) ③ 자유연(프리엣지) ④ 조구(네일 그루브)

14. 손·발톱의 해부학적 용어는?

① 오닉스 ② 네일 ③ 조체 ④ 오니

15. 가장 빨리 자라는 손톱은?

① 엄지 ② 검지 ③ 중지 ④ 약지

정답 1.④ 2.② 3.① 4.④ 5.④ 6.② 7.④ 8.③ 9.① 10.④ 11.① 12.③ 13.③ 14.① 15.③

CHAPTER 03

미생물학(Microbiology)

미생물학은 육안의 가시한계를 넘어 0.1㎜ 이하의 미생물을 연구하는 학문으로 박테리아, 바이러스, 진균과 사상균 등이 이에 속한다.

네일 아티스트는 인체의 일부를 관리하는 직업으로 고객의 피부와 접촉하기 때문에 박테리아, 바이러스, 진균, 곰팡이, 기생충으로부터 감염될 수 있는 위험을 안고 있다. 일상적인 종기로부터 네일을 탈락시킬 수 있는 진균, 생명을 위협하는 에이즈(AIDS) 바이러스에 이르기까지 네일 서비스를 하는 동안 감염될 수 있는 증상은 다양하다.

박테리아와 다른 종류의 균들은 더러운 네일 파일, 큐티클 니퍼, 매니큐어 테이블, 타월 등에서 빠른 속도로 번식하고 고객에 따라 균에 감염되어 있으므로 네일 시술자와 고객을 보호하기 위해 감염 경로 및 예방법에 대해 정확히 숙지하여야 한다.

01 미생물의 정의와 종류

미생물은 육안으로 관찰할 수 없는 미세한 생물체로 인체를 비롯한 동·식물과 공생하는 종류가 많으며 다양한 질병을 일으킬 수 있다.

미생물의 종류로 박테리아(세균), 바이러스, 진균, 사상균 등이 있으며 대부분의 박테리아와 바이러스 등 질병을 일으키는 균은 대개 입과 코, 피부의 상처로 감염될 수 있다.

1) 박테리아(bacteria)

박테리아는 한 개의 세포로 이루어져 있으며 현미경으로만 볼 수 있을 만큼 작은 미생물이다. 박테리아는 물, 공기, 먼지, 사물 등 사람이 활동하는 공간에 수 없이 많이 존재한다. 지구상에서 15,000 종류의 박테리아가 있는 것으로 알려져 있으며 굉장히 빠른 속도로 번식한다. 질병의 원인에 따라 비병원성 박테리아와 병원성 박테리아로 구분된다.

(1) 박테리아의 종류

① 비병원성 박테리아

세균의 70% 정도가 비병원성 박테리아로 물질을 부패시키거나 분해시키는 역할을 하며 인체에는 무해하거나 유익하다. 사람의 구강과 장기 내에 가장 많으며 음식물을 분해하여 소화 작용을 돕는다. 새프로파이트(saprophyte, 식물균류) 그룹에 속하며 이는 죽은 것에 서식하여 그것을 썩게 하는 것으로 질병을 유발시키지 않는다.

② 병원성 박테리아

세균의 30% 정도가 병원성 박테리아로 사람의 감염과 질병의 가장 많은 원인이 되는 유해 세균이다. 병원성 박테리아는 미생물(microbes) 혹은 세균(germs)이라고도 불리며 이들은 살아있는 식물이나 동물의 조직에 침입하여 서식한다. 이들은 신속히 번식하며 침입한 조직속에서 독소나 유해물질을 발생시켜 질병을 전염 시킨다.

(2) 박테리아의 형태

① **구균**(콕싸이 : cocci) **:** 둥근 형태의 박테리아로 한 개 또는 그룹을 지어 서식하며 고름을 생기게 한다.

- ✓ **포도상구균**(스타필로 콕싸이 : staphylo cocci) **:** 무리를 지어 서식하며 종양, 종기 혹은 농포 등 국부적인 감염에 나타난다.
- ✓ **연쇄상구균**(스트렙토 콕싸이 : strepto cocci) **:** 체인 형태로 서식하며 온 몸에 퍼져 폐혈증, 류마티즘을 유발한다.
- ✓ **쌍구균**(디프로 콕싸이 : diplo cocci) **:** 두 개씩 쌍으로 서식하며 폐렴등을 유발한다.

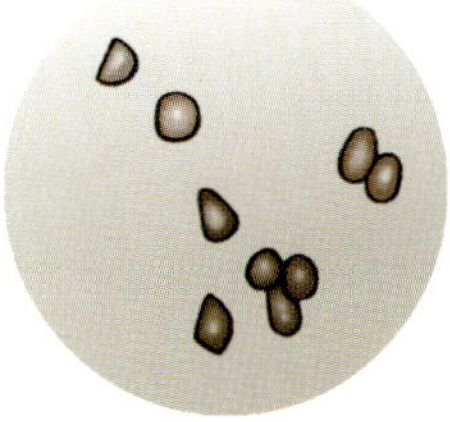

구균

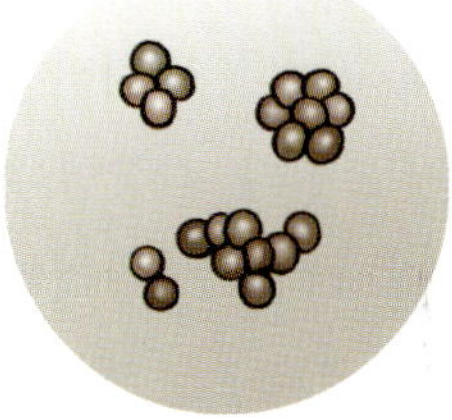

포도상구균

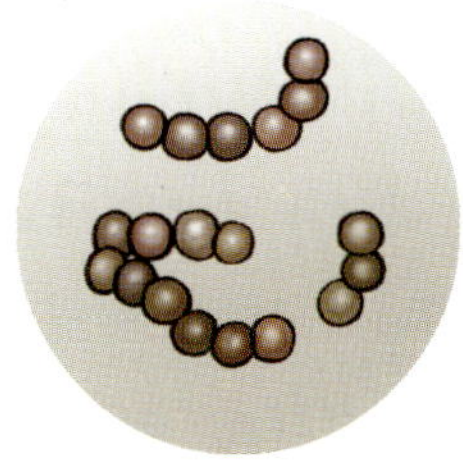

연쇄상구균

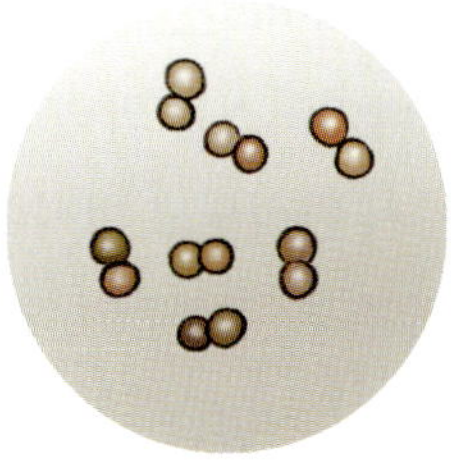

쌍구균

② **간상균**(바실리 : bacilli) : 가장 흔한 것으로 어린 나뭇가지 형태를 하고 있다. 파상풍, 인플루엔자, 장티푸스, 폐결핵 및 디프테리아 같은 것을 유발한다.

③ **나선균**(스피리아 : spirilla): 긴 나선 형태를 하고 있으며 매독 균과 한국인에게 많이 발생하는 위암의 주요 원인인 헬리고박터필로리도 이것에 속한다.

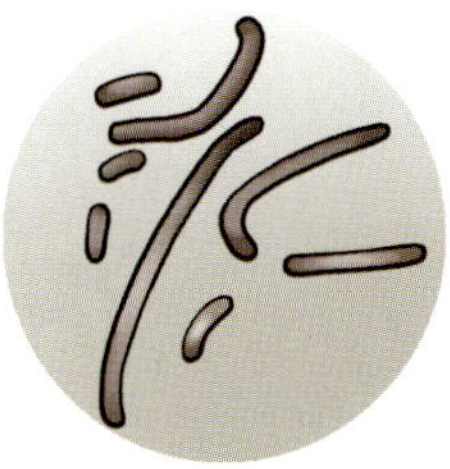

간상균

나선균

(3) 박테리아의 성장과 번식

박테리아는 따뜻하고 어둡고 습기가 있는 곳에서 서식하고 성장하고 번식한다. 위생처리가 안된 매니큐어 소도구는 박테리아가 번식하기에 좋은 환경을 만들어 준다. 이 박테리아는 영양을 섭취함에 따라 일정 크기로 성장하고 완전히 성장하면 똑같은 2개의 세포로 나누어지는 유사분열(mitosis)을 한다. 이 세포들은 계속 성장하고 다시 분열하여 4개의 세포로 된다. 한 개의 박테리아는 12시간 내에 1천 6백만개까지 늘어난다. 박테리아는 성장과 번식과 번식에 적절하지 못한 조건이면 포자(spore)라고 하는 딱딱한 껍데기 형태로 휴식상태가 되는 것이다. 엔드락스(anthrax)나 테타투스(tetatus) 같은 포자는 먼지 속에서 날아다니게 되고 소독이나 위생으로 관리될 때 사람에게 해를 깨치지 못하다가 좋은 환경을 만나게 되면 다시 성장하고 번식을 시작하게 된다.

2) 바이러스(virus)

바이러스는 박테리아보다 몇 배나 작은 병원체 균이다. 바이러스는 건강한 세포로 들어가서 완성되고 번식하며 때로는 세포를 파괴하기도 한다. 간장염, 수두, 독감(influenza : 인플루엔자), 홍역, 유행성이하선염(mumps) 등의 질병을 유발시킨다. 일반적인 감기는 바이러스성 감염이며 이것은 기침이나 재채기 등 우연한 사람의 접촉으로 인해 쉽게 옮겨진다. 가장 치명적인 바이러스는 후천성 면역 결핍증(AIDS)을 일으키는 인체면역 결핍 바이러스(human immunokificiency virus)이며 정액이나 혈액을 통해서만 전염이 가능하다.

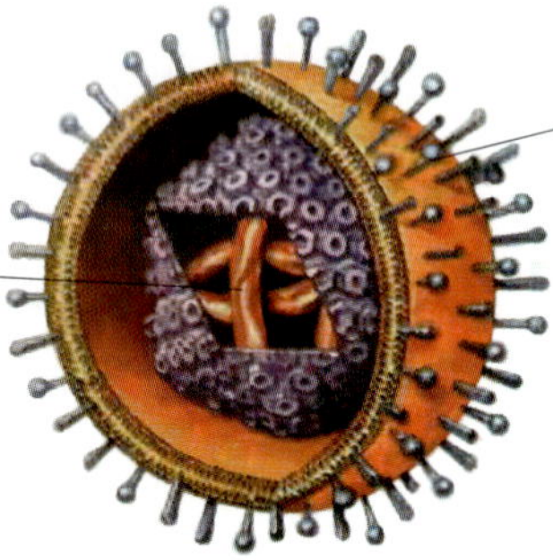

바이러스의 구조

3) 진균(fungus)과 사상균(mold)

(1) 진균(펑거스 : fungus)

곰팡이, 효모, 버섯류 등이 진균에 포함되며 박테리아보다 크기가 큰 진핵 세포로 구성되어 있어 다양한 방식으로 증식한다. 진균에 의한 감염은 크게 표재성 진균증과 피하성 진균증, 심재성 진균증으로 크게 구분되는데 네일숍에서는 표재성 진균증에 의한 감염에 노출될 위험이 가장 높다. 네일 펑거스는 네일에서 변색이 시작되어 점차 큐티클 쪽으로 퍼져가는 증상이며 진전됨에 따라 감염된 부위가 검은색으로 변색된다.

(2) 사상균(mold)

사상균은 위생처리가 되어 있지 않은 자연 네일이나 팁, 랩, 젤, 아크릴릭 네일에 습기가 남아 있을 경우 발생한다. 황록색 반점으로 시작하여 점점 검은 색을 띠게 되며 일정기간이 지나면 아주 까맣게 되어 네일이 약해지거나 탈락하기도 한다.

진균이나 사상균에 감염된 경우 네일 서비스를 해서는 안 된다. 인조 네일이 시술되어 있을 경우 전염되지 않도록 철저한 위생처리 과정을 거쳐 시술하며 심할 경우 의사와 상담 또는 치료를 받도록 권한다.

4) 리케차(rickettsia)

리케차는 박테리아보다 작고 바이러스보다 큰 짧은 막대 모양으로 구균같이 한 개씩 또는 쌍으로 서식한다. 급성, 열성 질환으로 발열, 피부발진, 맥관염 등의 증상을 나타내며 원인균으로는 벼룩, 진드기, 이 등이 있다. 참 진드기의 경우 록키산 반점 열병(rocky mountain fever)을 발생시키고 벼룩 등은 급성으로 점염되는 발진티푸스를 발생시킨다.

5) 기생충(파라사이트 : parasite)

파라사이트는 다세포의 동물성 혹은 식물성 기생균으로 다른 생체에 기생하여 영양을 취한다. 유기체 표면에 기생하는 외부 기생체(ectoparasites)인 참 진드기와 이 등이 있고 몸 안에 기생하는 연충, 원충류 등의 내부 기생체(endoparasites)로 분류하며 동물성 파라사이트와 식물성 파라사이트 등으로 분류하기도 한다.

02 면역

신체의 질병에 대한 저항력을 뜻하는 것으로 감염에 대한 방어력과 면역성이 있다. 면역성이란 체내에 침입한 병원균을 파괴할 수 있는 체내의 능력을 말한다. 질병에 대한 면역성이 있다는 것은 건강하다는 증거이고 면역성은 자연적으로 생길 수도 있고 인위적으로 생길 수도 있다.

1) 자연 면역체계(선천성 면역)

사람의 정상적인 피부에는 병원균으로부터 인체를 보호하는 층이 있고 자연적으로 땀과 소화액을 분비하여 질병을 발생시키는 병원균들의 성장과 활동을 저지 시킨다. 또한 혈액 속에는 백혈구와 항독소가 있어서 균을 죽이고 균들이 발생시키는 독소에 대항하여 항체를 형성하는 작용을 한다.

2) 자연적으로 얻어지는 면역(후천성 면역)

질병과 싸우고 난 다음에는 단백질의 미분자와 같은 항체가 남아 있어 같은 질병을 발생시키는 병원균이 다시 침투한 경우에 대비한다. 예를 들어 홍역이 한번 감염되면 그 후에는 감염되지 않도록 항체가 형성되는 것이다.

3) 인위적으로 얻어지는 면역(인공면역)

종두 백신 주사가 대표적인 예로 예방접종을 통하여 질병에 대한 항체를 형성시킨다. 질병을 일으키는 병원균이 포함된 소량의 혈청을 인체에 투입하여 이 병원균에 대항하는 항체는 인위적으로 증가시켜 얻는 면역성이다.

CHAPTER 03

핵심문제

1. 한 개의 세포로 이루어진 미생물로 너무 작아서 현미경으로만 볼 수 있는 것은?

① 바이러스 ② 리케차 ③ 파라사이트 ④ 박테리아

2. 박테리아보다 작은 병원체 균의 이름은?

① 바이러스 ② 미생물 ③ 바실리 ④ 세균

3. 벼룩, 참진드기, 이 등의 원인 균을 가지는 것은?

① 파라사이트 ② 펑거스 ③ 리케치아 ④ 박테리아

4. 병원체 박테리아의 설명 중 맞는 것은?

① 우리에게 해가 되지 않고 유익하다.

② 박테리아의 70%가 병원체이다.

③ 독소나 유해 물질을 발생시켜 질병을 확산시킨다.

④ 부패, 분해시키는데 중요한 역할을 한다.

5. 파상풍, 디프테리아, 폐결핵 등의 질병을 유발시키는 것은?

① 간상균 ② 나선균 ③ 구균 ④ 쌍구균

6. 박테리아가 성장할 때 주위환경이 좋지 않아 두꺼운 껍질을 만드는 것을 무엇이라 하는가?

① 성장상태 ② 영양섭취 상태 ③ 번식 상태 ④ 포자 상태

7. 박테리아가 성장과 분열하기에 가장 적절한 환경은?

① 덥고, 어둡고, 건조한 곳 ② 덥고, 어둡고, 습한 곳
③ 뜨겁고, 습기 차고, 건조한 곳 ④ 춥고, 건조하고, 햇볕이 있는 곳

8. 병원체 박테리아를 일컫는 또 다른 명칭은?

① 세균 ② 미생물 유기체 ③ 세포 ④ 독소

9. 인체 중 박테리아가 가장 많이 서식하는 곳은?

① 발톱 밑 ② 손톱 밑 ③ 입안 ④ 큐티클 주변

10. 연쇄상구균의 감염으로 인해 발생되는 증상이 아닌 것은?

① 폐렴 ② 인후염 ③ 류마티즘 ④ 패혈증

11. 폐렴을 유발시키는 균은?

① 포도상 구균 ② 나선균 ③ 연쇄상 구균 ④ 쌍구균

12. 에이즈(AIDS), 즉 HIV 바이러스의 침투경로는?

① 정액이나 혈액 ② 정액이나 침 ③ 기침이나 재채기 ④ 혈액이나 침

13. 질병에 대한 인체의 저항력을 무엇이라 하는가?

① 리케차 ② 감염 ③ 미생물 ④ 면역성

14. 비병원성 박테리아의 역할이 아닌 것은?

① 부패와 분해

② 음식물과 산소 생산

③ 감염과 질병의 원인

④ 토양을 증진시키는 비료 합성물

15. 박테리아에 대한 대응책으로 맞지 않는 것은?

① 작업장 주위와 도구를 최대한 깨끗하게 처리한다.

② 화학제품은 사용 설명서에 따라 사용한다.

③ 몇몇 내용물에만 라벨표기를 한다.

④ 모든 살균, 소독제는 통풍이 잘되고 건조한 장소에 보관한다.

정답 1.④ 2.① 3.③ 4.③ 5.① 6.④ 7.② 8.① 9.② 10.① 11.④ 12.① 13.④ 14.③ 15.③

CHAPTER 04

인체해부 생리학

(Anatomy&Physiology)

인체의 구조와 기능을 규명하는 인체해부 생리학의 과학적 지식을 바탕으로 고객의 손톱과 피부상태에 따라 적합한 시술을 하여야 한다.

인체해부학이란 인체의 구조와 형태를 연구하는 학문으로 인체를 구성하는 각 부위의 기관이나 조직의 위치, 구조, 형태 등 몸 전체의 구성과 각 부분들의 관련성을 배우는 가장 기초가 되는 학문이다. 인체의 구조와 그 기능의 기초 지식을 이해하면 네일 서비스의 과학적 배경이 될 것이다.

01 세포(cell)

1) 세포의 구조

세포란 박테리아 식물, 동물 등을 포함한 모든 생명체의 기본단위이다. 세포는 원형질(protoplasm)로서 단백질이나 지방질, 탄수화물, 광물성 염분 등 음식물의 요소가 들어 있는 무색의 젤리 같은 것이다. 원형질 속은 핵(nucleus), 세포질(cytoplasm), 중심체(centrosome), 세포막(cell membrane)으로 형성되어 있다. 핵은 원형질의 밀집체로 되어 있으며 세포 중앙의 핵막 속에 있다. 이것은 또한 세포를 재생하는 역할을 한다. 중심체는 세포질 속에 있으며 작고 둥글게 생긴 것으로 세포의 재생을 돕는다. 세포막은 물질들을 세포 속으로 넣고 배출시키는 교량 역할을 한다.

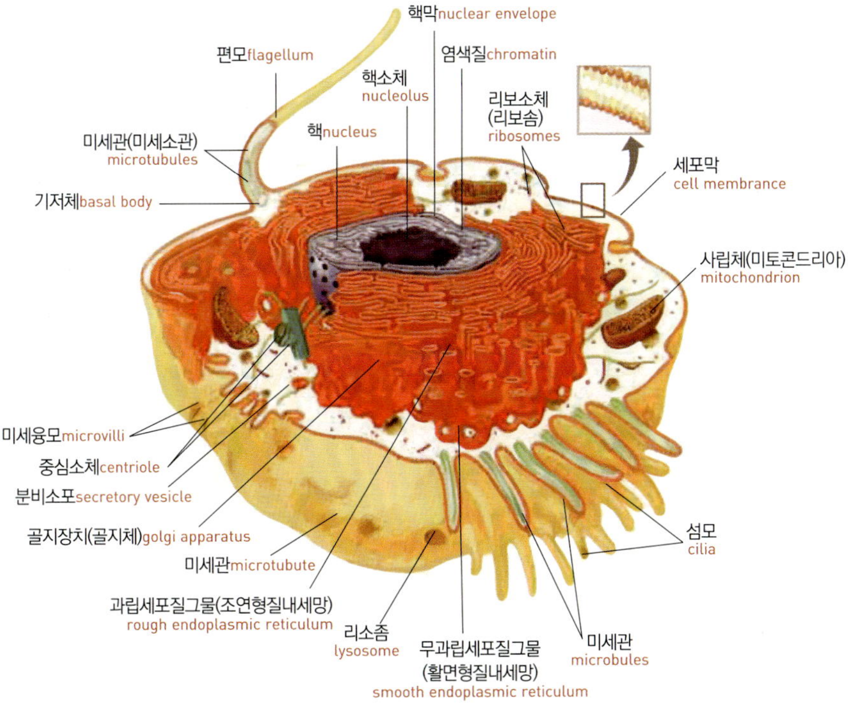

세포의 구조

2) 세포의 신진대사

신진대사는 세포에 에너지를 공급하여 세포의 기능을 수행하기 위해 필요한 에너지와 영양을 섭취함으로서 발생하는 화학적 과정이다.

(1) 동화작용(anabolism)

세포의 조직을 형성하는 과정이며 그 과정 중에 인체는 수분과 영양과 산소를 사용하게 된다.

(2) 이화작용(catabolism)

세포의 조직을 분해하는 과정이며 근육의 사용, 분비, 소화 등과 같은 특별한 기능을 수행하기 위해 흡수했던 것들을 소모하는 과정이다.

02 조직(tissues)

각 조직은 같은 종류의 세포로 구성되어 있으며 특별한 기능을 가지고 있고 형태의 특성으로 알 수 있다.

1) 결합조직(connective tissue)

인체의 조직들은 서로 결합하고 보호한다. 각 장기의 윤곽을 유지하게 하는 자주적 역할을 한다. 결합 조직의 대표적인 것들은 뼈(bone), 연골(cartilage), 혈액(blood), 근막(fascia), 지방조직(adipose tissue) 등이 있다.

2) 상피조직(epithelial tissue)

인체의 표면과 각 기관(위, 장, 폐강)을 덮는 막성조직으로 인체나 기관 내·외 표면을 보호하는 역할을 하며 흡수·분비·감각기능이 있다.

3) 액체조직(liquid tissue)

혈액이나 림프구를 통하여 영양분과 노폐물을 운반하는 역할을 한다.

4) 근육조직(muscular tissue)

인체나 기관의 근육을 구성하는 조직으로 인체의 각 부분을 수축·이완하고 움직이게 하는 역할을 한다.

5) 신경조직(nervous tissue)

뇌로부터 명령을 인체의 각 부분으로 전달하여 몸의 기능을 조절하고 협력하는 고도로 발달된 조직이다.

03 기관 및 계통

기관(organs)은 특정한 기능을 하기 위한 구조물이며 7개로 구분한다.

① **뇌**(brain) – 신경계 조직으로 인체를 조절한다.

② **심장**(heart) – 혈액을 순환 시킨다.

③ **간**(liver) – 소화물질의 독소를 제거한다.

④ **신장**(kidneys) – 수분이나 노폐물을 배설시킨다.

⑤ **위**(stomach)**와 장**(intestines) – 음식물을 소화시킨다.

⑥ **폐**(lungs) – 혈액으로 산소를 공급한다.

⑦ **피부**(skin) – 인체 외부를 보호한다.

1) 소화기관계

음식물 소화에 필요한 장기들로 이루어진 계통이다. 음식을 저장·이동 시키면서 흡수하고 배설하며 소화에 필요한 물질을 분비하는 장기들로 이루어져 있다. 소화관은 입에서 항문까지 연결되어 있으며 입-인두-식도-위-소장-대장-직장 등으로 되어 있다. 소화관의 부속기관으로는 침샘, 간, 이자(췌장) 등이 있으며 각각의 도관을 통해 분비된 분비물이 소화를 돕는 역할을 한다.

2) 호흡기관계

인체가 공기 중의 산소를 마셔 각 세포에 보내고 각 세포가 활동하는 과정에서 생겨나는 이산화탄소(CO_2)를 코로 내보내는 계통이다. 이 호흡활동은 몸속에서 영양소를 산화시켜 인체에 필요한 에너지를 얻는 작용이며 호흡운동의 조절은 중추신경인 연수를 지나며 자율적으로 조절되는데 흥분하거나 심한 운동을 하게 되면 혈액속의 이산화탄소(CO_2)의 농도가 높아지게 되고 그로인해 호흡이 빨라지게 된다.

3) 순환기관계

혈액순환은 동맥, 모세혈관, 정맥의 폐쇄순환계에 의해 이루어진다. 순환계통에는 혈액을 순환시키는 혈관계통과 림프를 별도로 순환시키는 림프계통의 두 순환 경로가 있는데 림프관도 마지막에는 혈관에 합류된다.

4) 배설기관계

인체의 배설계는 한 쌍의 신장, 수뇨관, 방광, 요도를 포함하며 노폐물의 배출과 수분 량 조절, 무기 염류의 농도 조절 등으로 체액의 항상성 유지에 중요한 역할을 한다.

04 골격계(skeletal system)

우리 몸에서 1/3은 유기질, 2/3는 무기질로 되어 있고 몸통 뼈대 80개, 팔·다리 뼈대 126개 총 206개의 뼈로 구성되어 있다. 골격은 뼈, 연골, 인대 등으로 구성되어 있으며 뼈 및 연골은 관절이라는 형태로 서로 연결되어 있고 이 관절들은 인대라는 것으로 지탱된다.

1) 뼈의 기능

(1) 지지 작용

인체의 부드러운 조직의 모양을 유지할 수 있도록 하여 인체의 외형을 결정하고 지탱할 수 있게 한다.

(2) 보호 작용

뇌, 눈, 귀, 늑골, 내장 등 인체 내부의 여러 가지 기관과 구조를 보호한다.

(3) 지렛대 작용

인체에 움직임이 일어나는 관절의 운동에 대해 지렛대 역할을 한다.

(4) 혈액세포 생산

적혈구 속의 여러 가지 혈액세포를 생산한다.

(5) 무기물질의 저장

뼈는 칼슘, 인산염, 마그네슘, 나트륨 등을 저장하고 있다가 몸이 필요로 하면 피 속으로 공급하는 역할을 한다.

2) 뼈의 구조

(1) 골막

골막은 아교질(collagen) 섬유에 의해 뼈 조직에 단단히 붙어있는 핑크색의 섬유질 막이다. 골막에는 혈관과 신경이 많이 분포되어 있으며 뼈에 영양을 공급하고 뼈를 보호하여 뼈의 재생에 중요한 역할을 한다.

(2) 골질

골질은 치밀질과 해면질이라는 두 조직으로 되어있다. 주로 혈관이나 신경이 통하는 곳이며 안쪽에 있는 해면질은 스펀지처럼 구멍이 많아 서로 얽혀있는 그물모양으로 되어 있다.

(3) 골수

골수에는 적골수와 황골수가 있다. 적골수는 혈관을 보호해 주는 약간의 결합조직으로 구성되어 있으며 피를 만드는 세포들이 많고 황골수에는 많은 혈관과 세포들이 있다. 골수는 부드럽고 지방질이 많으며 뼈 속에 차 있다.

(4) 뼈의 부착물 구조

① **연골**(cartilage) – 뼈와 비슷하지만 광물질을 함유하고 있으며 두 뼈 사이를 연결한 관절에 완충 작용을 한다.

② **인대**(ligament) – 섬유 조직으로 탄력이 없어 불필요한 운동이 일어나는 것을 제한한다.

③ **윤활액**(synovia) – 관절이 움직일 때 마찰을 적게 하며 관절에 영양을 제공하기도 한다.

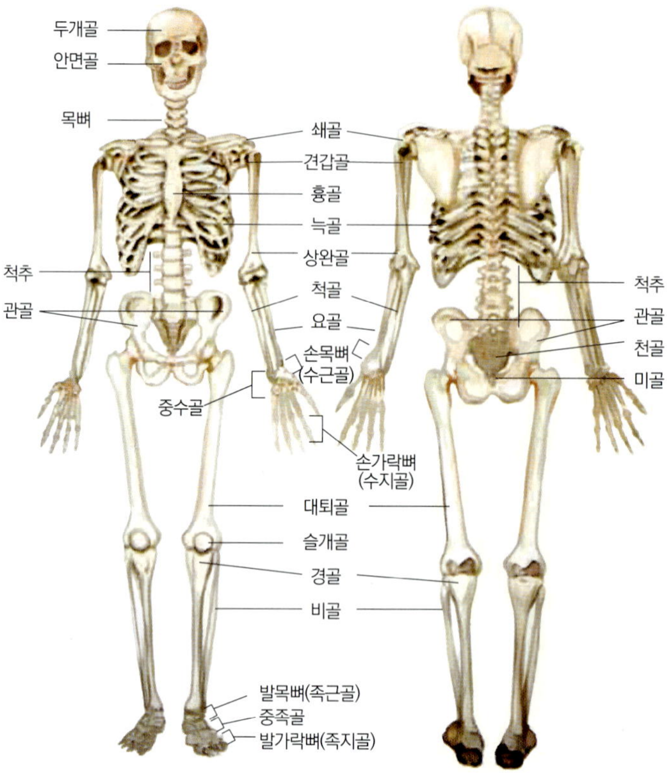

인체의 골격

(5) 관절(joint)

두 개 이상의 뼈가 만나는 곳을 말하며 관절은 골격계통을 이어주고 뼈의 성장을 가능하게 한다.

① **경첩관절**(hinge joint) – 팔꿈치, 무릎, 손가락 등에 있으며 하나의 축을 중심으로 두 가지 운동(굽힘과 펴짐)만 일어나는 관절이다.

② **차축관절**(pivot joint) – 목에 있는 관절로 차축의 중심으로 고리가 움직이는 관절이다.

③ **구상**(절구)**관절**(ball and socket joint) – 어깨나 엉덩이에 움푹 파져 절구 모양으로 속이 비어있는 곳에 뼈가 둥그렇게 들어가 있으며 운동이 자유롭게 일어나는 관절이다.

④ **활주관절**(gliding joint) – 손목과 발목에 있으며 회전이 없이 미끄러지듯 활주만 할 수 있는 관절이다.

⑤ **과상관절**(condyloid joint) – 수근관절(손목관절)과 중수(손허리뼈)관절에서 볼 수 있는 형태이다.

⑥ **안상관절**(saddle joint) – 엄지의 수근중수관절에서 볼 수 있으며 양 관절 면이 말안장과 같은 형태이다.

(6) 상지골(팔과 손의 뼈)

상지의 골격은 64개의 뼈로 이루어져 있다.

① **쇄골** – 흉곽의 윗부분에 가느다란 구부러진 막대 모양의 긴뼈이다.

② **견갑골** – 삼각형의 납작한 벼로서 등의 위쪽 양 가장 자리에 위치하는 뼈이다.

③ **상완골** – 팔 윗부분에 위치하여 팔의 뼈 중 가장 크고 긴뼈이다.

④ **척골** – 팔 아랫부분 두 개의 뼈 중에서 안쪽에 있으며 소지로 연결되는 큰 뼈이다.

⑤ **요골** – 팔 아랫부분 두 개의 뼈 중에서 엄지로 연결되는 작은 뼈이다.

⑥ **수근골**(손목뼈) – 인대에 강하게 결합되어 있으며 8개의 불규칙한 짧은 뼈이다.

⑦ **중수골**(손허리뼈) – 손바닥에 있는 5개의 가느다란 뼈로 첫째 것이 가장 짧고 둘째 것이 가장 길다.

⑧ **수지골**(손가락뼈) – 엄지에 2개로 구성 되어 있고 나머지 손가락에 각각 3개로 되어 있어 총 14개로 구성되어 있는 뼈이다.

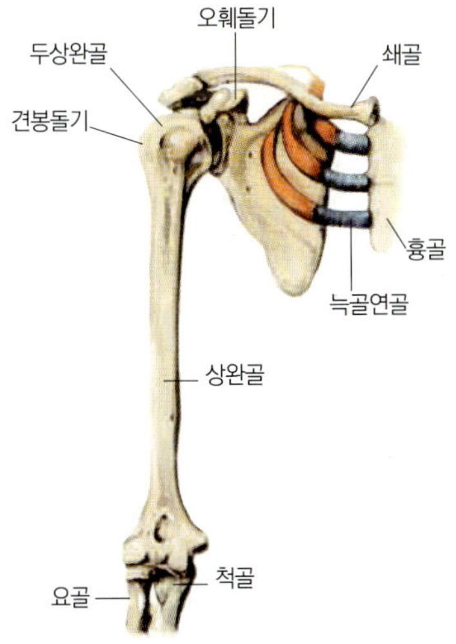

상지골

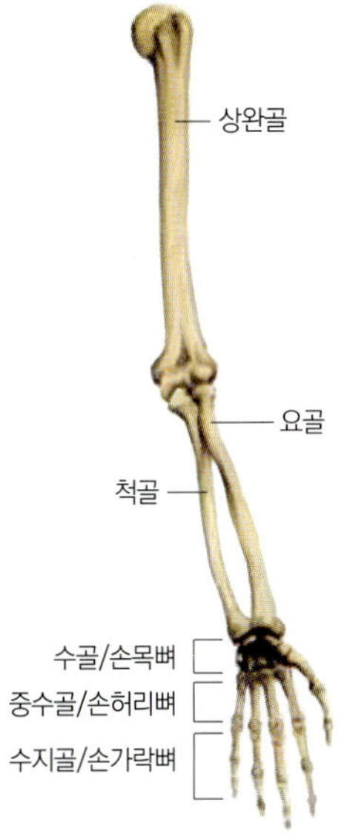

자유 상지골

(7) 하지골(발과 다리의 뼈)

하지골의 골격은 62개의 뼈로 이루어져 있다.

① **대퇴골** - 인체에서 가장 길고 강한 뼈로 신장의 1/4정도를 차지하는 무릎 위 다리를 형성하는 뼈이다.

② **슬개골** - 무릎 앞을 덮는 납작한 삼각형의 뼈이다.

③ **경골** - 종아리에 있는 2개의 뼈 중 안쪽에 위치하며 인체에서 두 번째로 긴뼈이다.

④ **비골** - 경골과 나란히 있는 가늘고 긴뼈로서 근육이 붙을 자리를 마련해 주는 뼈이다.

⑤ **족근골**(발목뼈) - 모양과 크기가 다른 7개의 뼈로 구성되어 있고 몸무게 지탱에 관여하는 뼈이다. (발뒤꿈치는 발목의 일부분으로 간주)

⑥ **중족골**(발허리뼈) - 발허리를 형성하는 5개의 가늘고 긴 뼈이다.

⑦ **족지골**(발가락뼈) - 엄지에 2개로 구성 되어 있고 나머지 발가락에 각각 3개로 되어 있어 총 14개로 구성되어 있는 뼈이다.

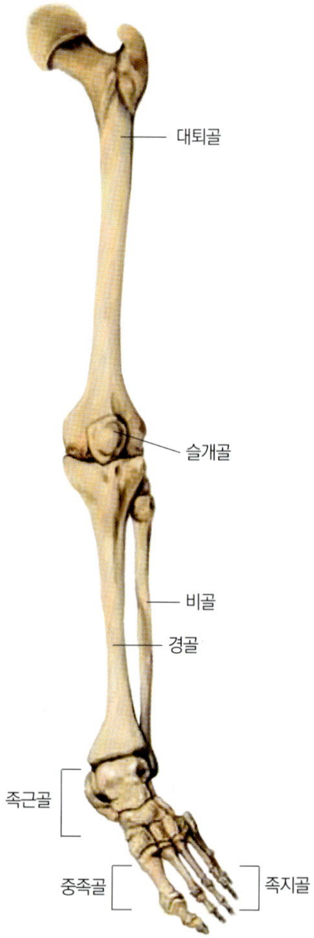

하지골

05 근육계(muscular system)

근육은 몸무게의 40~50%를 차지하며 수축·이완 할 수 있는 근육섬유로 이루어진 조직이다. 근육섬유의 조직에 따라 골격근, 내장근 및 심근으로 나눌 수 있다.

1) 근육의 분류

(1) 골격근(skeletal muscle)

체중의 약 40%를 차지하고 있는 얼굴이나 팔, 다리 등 결합조직, 혈관 및 신경에 관여한다. 근섬유의 구조로 보아 횡문근이라고도 한다.

(2) 내장근(visceral muscle)

소화기관·요도·위·자궁 등 많은 내장장기의 벽에 분포되어 있다. 자율신경계의 조절을 받으며 자신의 의지와 상관없이 작용하므로 불수의근이라고도 한다. 근섬유의 구조로 보아 평활근이라고도 한다.

(3) 심근(cardiac muscle)

자율신경계의 조절을 받으며 인체 중 심장의 근육 층에만 분포되어 있는 불수의근이다.

2) 상완의 근육

(1) 승모근(trapezius)

등을 덮고 있는 삼각형 근육으로 머리와 어깨의 움직임에 작용한다.

(2) 소흉근(pectoralis minor)

대흉근의 심부에 있는 근육으로 견갑골을 전 하방으로 당긴다.

(3) 삼각근(deltoid)

어깨관절을 덮는 크고 두꺼운 삼각형의 근육으로 팔을 구부리거나 펴고 돌리는 작용을 한다.

(4) 상완이두근(biceps brachii)

팔 상부의 앞부분에 있는 길고 둥근 모양의 근육으로 팔꿈치를 구부리고 손바닥이 위로 향하게 돌리는데 작용을 한다.

(5) 상완삼두근(triceps brachii)

팔 상부의 뒷부분에 있는 근육으로 팔꿈치를 펼 때 작용을 한다.

(6) 견갑오목근(subscapularis)

상완의 내향과 내측회전에 작용하며 견갑 아래 신경의 지배를 받는다.

(7) 오훼완근(coracobrachialis)

대흉근의 심부에 있으며 상완의 굴곡과 내전에 작용한다.

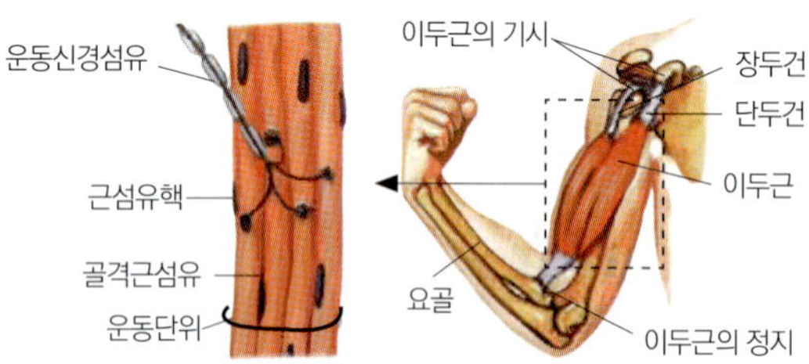

근육의 부착과 근섬유의 확대상

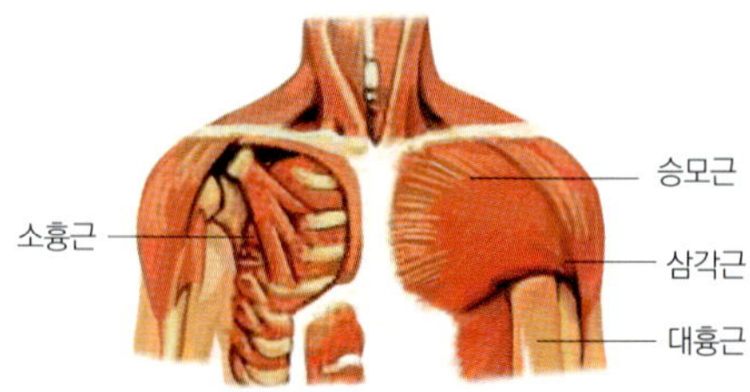

근육의 부착

3) 전완의 근육(muscles of the forearm)

대부분 전완의 근육은 길다란 힘줄로 되어 손의 뼈에 부착한다.

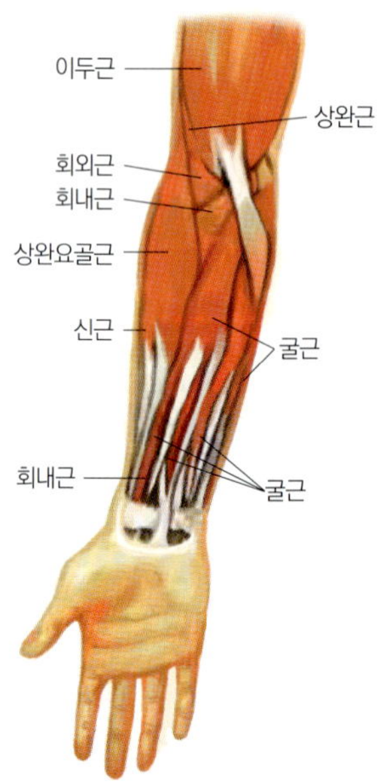

전완의 근육

(1) 회내근(pronator)

손을 안쪽으로 돌려 손등이 위로 향하게 작용한다.

(2) 회외근(supinator)

손을 바깥쪽으로 돌려 손바닥이 위로 향하게 작용한다.

(3) 굴근(flexor)

손목을 굽히거나 손목과 손가락을 구부리는 내·외향에 작용한다.

(4) 신근(extensor)

손목과 손가락을 벌리거나 펴게 하는 내·외측 회전과 내·외향에 작용한다.

4) 손의 근육(muscles of the hand)

(1) 외전근(abductor)

손가락과 손가락 사이가 붙지 않도록 벌어지게 하는 작용이다.

(2) 내전근(adductor)

손가락이 나란히 붙게 하거나 모으는 작용이다.

(3) 대립근(opponent)

물건을 잡을 때 사용하며 엄지를 소지쪽으로 향하게 작용한다.

5) 하지의 근육(muscles of the lower limb)

(1) 장골근(iliacus)

대퇴골을 앞쪽으로 들어 올리는 골반 주변의 근육이다.

(2) 전경골근(tibialis anterior)

발을 등쪽과 안쪽으로 굽히는데 작용한다.

(3) 후경골근(tibialis posterior)

발을 바닥쪽과 안쪽으로 굽히는데 작용한다.

(4) 장지신근(extensor digitorium longus)

발을 등쪽으로 굽히고 둘째에서 네 번째 발가락을 펴는데 작용한다.

(5) 장지굴근(flexor digitorium longus)

발이 바닥이 닿을 때 작용하며 둘째부터 다섯째 발가락을 굽히는데 작용한다.

(6) 장비골근(peroneus longus)

걸음을 걸을 때, 발을 땅에서 뗄 때 작용한다.

(7) 단비골근(peroneus brevis)

발을 굽히거나 바깥쪽으로 젖힐 때 작용한다.

(8) 비복근(gastrocnemius)

장딴지근이라고도 하며 발을 바닥쪽으로 굽히고 종아리를 굽히는데 작용한다.

(9) 슬와근(soleus)

발을 바닥쪽으로 굽히고 서있는 자세를 유지할 때 작용한다.

06 신경계(nervous system)

신경계는 뉴론(neuron)이라고 불리는 신경세포들로 인체의 내부 및 외부환경의 변화를 탐지하며 이에 따른 신경자극을 분석한다. 신경을 구성하는 계통의 기관으로 뇌와 척수로 구성되는 중추신경계, 뇌 및 척수에서 나와 전신에 분포하는 말초신경계, 교감신경과 부교감신경으로 구성되는 자율신경계로 나누어져 있다.

1) 중추신경계(central nervous system)

중추신경계는 뇌와 척수로 구성되어 있으며 대뇌척수신경계라고도 한다.

- 의식과 모든 정신활동을 조절한다.
- 모든 인체의 움직임과 얼굴표정과 감정을 나타내는 수의근을 조절한다.
- 시각, 후각, 미각, 촉각, 청각의 오각기능 조절을 한다.

2) 말초신경계(peripheral nervous system)

뇌신경과 척수신경으로 이루어져 있으며 감각신경, 운동신경, 혼합신경 섬유질로 구성되어 있다. 심장, 혈관, 호흡기관 등과 같은 장기나 근육을 통제하는데 사람의 의지대로 직접 조절이 되지 않는 자율신경계로 교감신경계라고도 한다.

(1) 운동신경

뇌에서 신호를 받아 근육에 전달하는 역할을 하며 걷거나 말하거나 손을 움직이는 등 인체를 움직이게 하는데 쓰인다.

(2) 감각신경

감각기관으로부터 뇌에 자극이나 메시지를 전달하며 오각이나 뜨겁고 찬 것을 감지하는 등의 기능을 가지고 있다.

(3) 혼합신경

운동신경과 감각신경을 함께 가지고 있어 두 신경의 기능이 함께 이루어진다.

3) 자율신경계(autonomic nervous system)

자율신경계는 교감신경과 부교감신경이 있으며 불수의근과 심근의 수축 분비선(땀샘, 침샘) 등을 의식적인 지각없이 기능을 조절하여 인체의 항상성을 유지시킨다.

교감신경은 스트레스나 에너지 소모 시 심장 박동의 증가, 혈관의 수축으로 인한 혈압 상승 등에서 작용하며 반면 부교감신경은 편안한 휴식상태에서 동공축소, 혈관확대, 위, 소장, 췌장의 분비선 촉진 등에 작용을 한다.

(1) 상지의 신경

① **액와 / 겨드랑이신경**(axillary nerve) – 삼각근 위에 있는 피부에 분포되어 있다.

② **정중신경**(median nerve) – 상완에서 굴근에 분포하며 팔과 손에 전체적으로 분포되어 있다.

③ **요골신경**(radial nerve) – 손등의 외측과 요골에 분포되어 있다.

④ **척골신경**(ulner nerve) – 손바닥의 내측과 척골에 분포되어 있다.

⑤ **수지골신경**(digital nerve) – 손과 손바닥에 전체적으로 분포되어 있다.

(2) 하지의 신경

① **총비골신경**(common peroneal nerve) – 무릎 뒤에 분포하며 얕은 비골신경은 발등에 분포하고 깊은 비골신경은 발등을 통과하여 엄지, 둘째 발가락 사이에 분포한다.

② **경골신경**(tibial nerve) – 좌골신경에서 갈라져 나온 신경으로 무릎 뒤를 통과하는 신경이 무릎, 종아리 근육, 다리, 뒤꿈치, 발바닥의 피부, 발가락 밑에 분포한다.

③ **심비골신경**(deep peroneal nerve) – 다리의 전방에서 내려가 발과 발가락 위에 분포한다.

④ **천비골신경**(superficial peroneal nerve) – 비골 앞에서 내려가 비복근, 발과 손가락의 피부에 분포한다.

07 순환계(circulatory system)

심장혈관계와 림프계를 합하여 순환계라고 한다. 소화 흡수된 양분, 호흡에 의해 생성된 이산화탄소, 내분비 기관에서 생성된 호르몬 등을 체내에 운반, 배분하는 역할을 한다.

1) 심장

심장은 근육으로 된 펌프의 규칙적인 운동으로 혈액의 순환작용을 도와주는 기관이다. 정상적인 성인의 심장박동은 1분에 70~80번이며 심장은 좌·우심실로 구성되어 있다. 이 심방과 심실 사이에 밸브가 있어 혈액의 역류를 막는 작용을 하며 혈액은 심방에서 심실로 흐른다.

2) 혈관

심장에서 배출된 혈액은 혈관에 의해 인체의 각 조직으로 운반되며 노폐물이 포함된 혈액은 다시 혈관에 의해 심장으로 전달된다.

(1) 동맥

두꺼운 벽의 근육으로 된 탄력 튜브로 산소가 채워진 혈액을 심장으로부터 인체의 각 조직으로 운반한다.

(2) 정맥

동맥보다 얇은 벽의 혈관으로 밸브가 있어 혈액이 한 방향으로 흐르게 한다. 정맥은 인체의 각 조직으로부터 혈액을 심장으로 운반하고 동맥혈보다 많은 양의 혈액을 저장하고 있다.

(3) 모세혈관

가늘고 얇은 혈관으로 동맥과 정맥사이의 모세혈관 벽을 통해 조직의 영양을 섭취시키고 노폐물을 배설시킨다.

3) 혈액

혈액은 영양분이 함유된 액체이며 수분, 산소, 영양분 등을 인체의 모든 세포에 운반한다. 혈액의 정상온도는 36.5℃이며 체온을 유지하여 인체를 보호한다.

(1) 혈액의 기능

운반작용, 조절작용, 보호작용, 지혈작용

(2) 혈액의 성분

① **적혈구**(red corpuscles) – 세포에 산소와 이산화탄소를 운반한다.

② **백혈구**(white corpuscles) – 질병의 원인이 되는 해로운 세균이나 병균을 박멸시킨다.

③ **혈소판**(platelets) – 적혈구보다 아주 작으며 상처로 출혈 시 혈액을 응고시키는데 중요한 역할을 한다.

④ **혈장**(plasma) – 혈액중의 리퀴드부분으로서 적혈구와 백혈구, 혈소판을 흐르게 하는 매체이다. 혈액의 55%를 차지하며 성분은 약 90%가 수분이다.

4) 림프

혈액의 순환을 돕는 순환계의 일부로서 인체의 방어에 주된 기능을 한다.

(1) 림프의 기능

① **운반작용** – 수분, 영양분, 노폐물 등을 운반한다.

② **감염방지** – 세균이나 독성이 인체 조직 내에 운반되는 것을 방지한다.

③ **유동 환경 제공** – 인체 세포의 적절한 유동 환경을 만들어 준다.

08 내분비계(endocrine system)

내분비계는 관이 없이 혈류 속으로 물질을 분비시키는 특수한 기관이다. 호르몬이나 다른 화학물질을 직접 혈류 속으로 분비함으로서 인체의 성장과 신진대사에 작용하고 신경계와 더불어 인체의 활동을 조절한다. 이 분비구조는 신경구조와 협력하여 인체의 모든 기관과 구조들을 규제하고 통합한다.

09 배설계(excretory system)

인체의 물질 대사 결과로 생긴 노폐물을 체외로 배출시켜 인체를 정화시켜준다.

- 신장 – 소변을 배설한다.
- 간 – 담즙을 방출한다.
- 피부 – 땀을 발산시킨다.
- 대장 – 분해된 음식이나 소화되지 않은 음식을 배설시킨다.
- 폐 – 이산화탄소를 방출시킨다.

10 호흡계(respiratory system)

호흡은 외부 환경으로부터 산소를 섭취하고 이산화탄소를 방출시키는 과정을 말한다. 코를 통하여 호흡하는 것이 입으로 하는 것보다 건강에 좋으며 호흡은 활동의 정도에 따라 달라진다. 근육의 활동이나 많은 에너지의 소모는 산소를 더욱 필요로 하므로 호흡을 많이 하게 된다. 걸을 때는 서 있을 때보다 약 3배의 호흡을 하게 된다.

11 소화계(alimentary system)

소화하는 것은 음식물은 인체에 필요한 것으로 바꾸는 과정이다. 섭취한 음식물이 영양분을 분해하여 체내로 흡수시키고 소화되지 않은 물질은 체외로 방출시킨다. 음식물은 입으로부터 인두와 식도를 통하여 위로 내려가고 위와 소장에서 완전히 소화되어 혈류로 흡수된다. 대장은 직장을 통하여 나머지 찌꺼기를 저장하는데 음식물을 완전히 소화시키는데 걸리는 시간은 약 9시간 정도이다. 격한 감정이나 흥분, 피로는 소화를 방해하며 반면에 행복감이나 편안함은 소화를 증진시킨다.

12 생식계(reproductives system)

생식 세포를 형성하는 생식소, 운반하는 관, 부속되어 있는 각종 샘 등의 기관이 모여서 이루어진다. 여성의 경우 난소, 남성의 경우 고환에서 각각 난자와 정자 성호르몬을 생산하고 또한 수정란의 착상, 성장, 분만에 관여한다.

CHAPTER 04

핵심문제

1. 세포의 신진대사 설명 중 올바른 것은?

   ① 에너지와 영양을 섭취하는 복잡한 화학과정이다.

   ② 에너지와 수분을 섭취하는 복잡한 화학과정이다.

   ③ 수분과 영양을 섭취하는 복잡한 화학과정이다.

   ④ 에너지와 영양과 수분을 섭취하는 화학과정이다.

2. 핵에 대한 설명이 아닌 것은?

   ① 핵을 갖지 않는 세포를 진핵세포라 한다.

   ② 적혈구와 혈소판을 제외한 모든 세포에 존재한다.

   ③ DNA를 함유하고 있다.

   ④ 세포의 신진 대사를 조절하고 생식에 중요한 역할을 한다.

3. 세포의 조직을 형성하는 과정이며 수분, 영양, 산소를 흡수하여 에너지를 생산하는 과정은?

   ① 이화작용　② 동화작용　③ 신진대사　④ 화학작용

4. 세포의 조직을 분해하는 과정으로 흡수 했던 것들을 소모하는 과정을 무엇이라 하는가?

   ① 신진대사　② 동화작용　③ 이화작용　④ 분해작용

5. 혈액의성분에 속하지 않는 것은?

① 혈장 ② 혈소판 ③ 적혈구 ④ DNA

6. 손가락에 전체적으로 분포되어 있는 신경은?

① 수지골신경 ② 정중신경 ③ 근피신경 ④ 요골신경

7. 영양물질을 저장 했다가 성장 재생하는 것은?

① 핵 ② 세포질 ③ 세포막 ④ 중심체

8. 인체나 기관의 운동을 감당하는 조직은?

① 근육조직 ② 결합조직 ③ 상피조직 ④ 신경조직

9. 뼈의 기능이 아닌 것은?

① 지렛대 역할 ② 무기질 저장 ③ 보호 작용 ④ 호흡 작용

10. 관절이란 무엇인가?

① 두 개 이상의 뼈가 만나는 곳 ② 두 개 이상의 근육이 만나는 곳

③ 세 개 이상의 뼈가 만나는 곳 ④ 세 개 이상의 근육이 만나는 곳

11. 혈액의 주요 기능이 아닌 것은?

① 조절작용 ② 지혈작용 ③ 흡수작용 ④ 운반작용

12. 엄지손가락 뼈가 연결되어 있는 것은?

① 쇄골 ② 상박골 ③ 척골 ④ 요골

13. 손목뼈에 대한 설명 중 올바른 것은?

① 8개의 작고 불규칙한 뼈들이 인대로 합쳐 있는 유동적인 관절이다.

② 길고 가늘며 각 손가락들은 3개의 지골로 구성되어 있다.

③ 지골과 장골을 합친 것이 손목뼈이다.

④ 12개의 뼈가 합쳐져서 연결되어 있다.

14. 골격계에 대한 설명 중 올바른 것은?

① 몸통 뼈대 70개, 팔·다리 뼈대 136개 총 206개의 뼈로 구성되어 있다.

② 인체의 지주역할을 한다.

③ 인체에서 가장 단단하다.

④ 1/3무기질, 2/3유기질로 되어있다.

15. 불수의근이면서 심장의 근육층에만 분포되어 있는 근육은?

① 심근 ② 민무늬근 ③ 승모근 ④ 골격근

16. 전완의 근육에 대한 설명 중 맞지 않는 것은?

① 회내근·회외근이 이에 속한다.

② 손목과 손가락 운동에 관여한다.

③ 모두 19개로 손의 뼈에 부착한다.

④ 장근과 굴근은 전완에서만 볼 수 있는 특징이다.

17. 손바닥과 발바닥에 있는 5개의 길고 가느다란 뼈의 연결이 옳은 것은?

① 수지골 – 족지골 ② 수근골 – 족근골

③ 중수골 – 중족골 ④ 중족골 – 중수골

18. 손의 근육에 대한 설명 중 틀린 것은?

① 외 전 근 – 손가락을 벌어지도록 작용하는 것이다.

② 내 전 근 – 손가락을 합치게 한다.

③ 회 전 근 – 손을 안쪽으로 돌려주며 손바닥을 아래로 향하게 한다.

④ 반대근육 – 물건을 잡게 하는 역할을 한다.

19. 순환계의 설명 중 올바른 것은?

① 혈관계만 일컫는 말이다.

② 혈관계와 림프계를 합하여 일컫는 말이다.

③ 림프계만 일컫는 말이다.

④ 각 세포에서 생산된 산소와 이산화탄소를 운반한다.

20. 지각신경, 운동신경으로 되어 있으며 대뇌의 척수로부터 인체의 각 부분에 뻗쳐 있는 것은?

① 말초신경 ② 중추신경 ③ 자율신경 ④ 척수신경

정답 1.① 2.① 3.② 4.③ 5.④ 6.① 7.② 8.① 9.④ 10.① 11.③ 12.④ 13.① 14.③ 15.① 16.④ 17.③ 18.③ 19.② 20.①

CHAPTER **05**

피부학(Dermatology)

피부에 관한 기초적인 이해와 지식이 습득되어짐으로서 피부 감염과 질병에 대한 정확한 지식이 피부상태에 따라 어떠한 제품을 적절히 사용해야 하는지 판단할 수 있게 한다. 이는 네일 서비스의 신뢰도와 만족도를 높일 수 있다.

01 피부의 기능

1) 보호기능

인체의 모든 부분을 감싸고 있으며 외부의 마찰, 압박, 충격에 대해 피부를 보호하고 체내의 세균침입을 방어하는 역할을 한다.

2) 체온조절기능

외부의 온도 변화에 따라 정상 체온(36.5℃)을 유지하기 위하여 혈액과 한선의 작용으로 일정하게 체온을 조절한다.

3) 분비기능

피지는 지방으로 이루어져 있는 물질로 피부에서 과다한 수분 증발 및 침투를 방지하고 피부의 수분량을 일정하게 유지한다.

4) 감각기능

인체의 외부로부터 추위, 열, 압력, 통증 등 여러 가지 자극을 감지한다.

5) 배설기능

체내의 유해 물질과 노폐물질을 한선을 통해 땀으로, 모공을 통해 피지로 배설한다.

6) 흡수기능

외부로부터 수분, 산소, 영양분을 흡수하고 소량의 화학물질 등을 흡수한다.

7) 호흡기능

피부는 모공을 통해 산소를 흡수하고 이산화탄소를 배출하며 호흡한다. 폐호흡의 1%를 피부에서 호흡한다.

02 피부의 구조

피부는 표피, 진피, 피하조직의 3개의 층으로 구성된다.

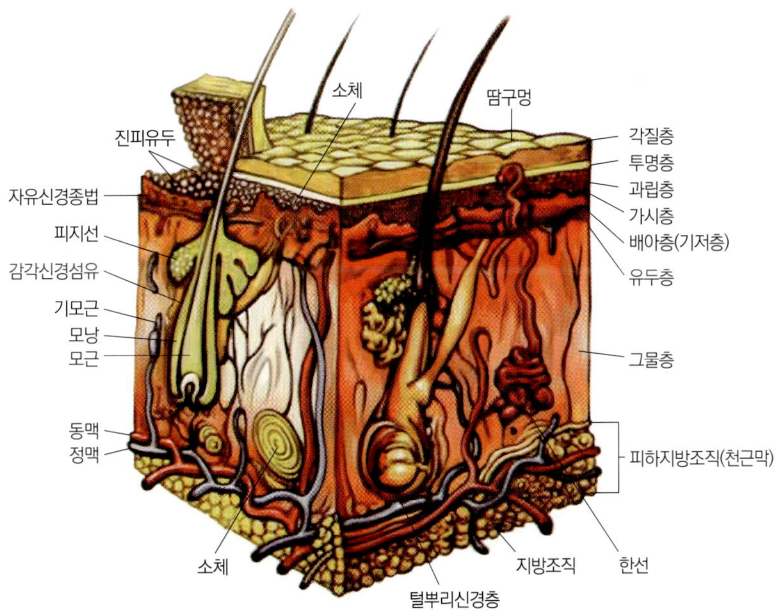

피부의 구조

1) 표피(epidermis)

피부의 가장 외부에 있는 층으로 혈관은 없으나 진피에 있는 혈관을 통해 영양을 공급받는다.

(1) 각질층(stratum corneum)

피부의 가장 바깥층으로 죽은 세포들이 각질화 되어 채워져 있으며 비늘같이 되어 있어 쉽게 벗겨지거나 떨어져 나가고 재생된다. 각질 세포는 10~20% 수분을 함유하고 있으며 유해물질의 침투를 방지하고 박테리아나 곰팡이가 번식하는 것을 억제한다. 세포의 각화 주기는 약 28일 정도이다.

(2) 투명층(stratum lucidium)

손바닥, 발바닥에만 분포되어 있는 투명한 세포들로 구성되어 있고 생명력이 없다.

(3) 과립층(stratum granulosum)

각화가 시작되는 층으로 과립층에서부터는 더 이상 세포분열이 일어나지 않음 외부로부터 이물질 통과 및 내부로부터의 수분 증발을 막는 방어막을 형성한다.

(4) 유극층(stratum spinosum)

표피 중에서 가장 두터운 층으로 정사각형 모양의 세포로 이루어져 있다. 이 층의 가장 하부는 배아층이라고 하며 멜라닌 색소를 가지고 있다. 수분이 비교적 많은 층으로 마사지 효과를 볼 수 있는 층이다.

(5) 기저층(stratum basale)

표피의 가장 아래층에 위치하여 피부의 색소를 결정짓는 멜라닌 형성세포가 있다. 피부색과 모발색을 결정하고 자외선으로부터 피부를 보호한다. 표피 발생의 근원지로 이 기저층을 다치면 흉터가 생긴다.

2) 진피(dermis)

피부의 90%를 차지하고 있는 결합조직으로 유두층과 망상층으로 구분된다. 더마, 코리

움, 큐티스, 투루 스킨이라고도 하며 인체를 보호하고 수분저장, 체온조절, 감각 수용체 역할 및 피부를 재생하는 기능을 한다. 혈관, 림프선, 신경, 한선, 피지선 등이 분포한다.

(1) 유두층(papillary layer)

혈관과 신경이 있으며 피를 통하여 영양을 공급한다. 콜라겐으로 구성되어 있으며 수분이 많아 피부 표면의 온도조절을 하고 피부를 탄력 있고 매끄럽게 하는 기능이 있다.

(2) 망상층(reticular layer)

교원섬유와 아교섬유로 구성되어 있으며 그물모양으로 되어 있는 층이다. 지방세포와 혈관, 림프관, 한선, 피지선 등에 분포되어 있다. 피부가 수축하면 털이 서기 때문에 기모근(털세움근)이라 한다.

3) 피하조직(subcutaneous fat tissue)

피부 밑 조직, 피부 밑 지방층 또는 지방조직이라고도 하며 지방층의 두께는 나이, 성별, 개인의 건강상태에 따라 다르다. 지방조직을 포함하고 있어 신체의 곡선미를 좌우하고 근육과 뼈 사이에 지방을 다량 함유하고 있다. 표피와 진피의 활동에 영양을 공급하며 인체열의 발산을 막아 몸을 따뜻하게 보호하고 물을 저장하여 수분조절을 한다. 피하조직은 외부로부터의 충격을 흡수하여 신경이나 혈관 등 내부기관을 보호한다.

03 피부의 부속기관

피부의 부속기관으로 손·발톱, 모발, 한선과 피지선 등이 있다.

1) 손·발톱(nail)

손톱과 발톱은 반투명한 각질세포로 이루어져 있으며 손가락과 발가락 끝을 덮고 보호하는 역할을 한다. 손톱과 발톱은 인체에서 가장 강한 각질로 되어 있으며 혈관이나 신경이 존재하지 않으나 아래 모세혈관과 말초신경이 분포되어 있다.

2) 모발(hair)

모발은 손·발바닥, 입술, 유두, 눈꺼풀, 배꼽, 생식기를 제외하고 거의 전신에 분포하는 가늘고 매끄러운 단백질 줄기로 대부분 머리, 겨드랑이, 팔, 다리, 생식기 주위와 남성의 경우 얼굴과 가슴에 많이 난다. 유전적인 요인에 따라 모발의 굵기, 색상 등이 좌우되며 모발은 피부 보호와 체온 유지 역할을 한다.

3) 한선(sweat gland)

한선은 거의 피부 전체에 분포되어 있으며 특히 손바닥과 발바닥, 이마 및 겨드랑이에 밀집되어 있다.

① **에크린선**(소한선) - 손·발바닥, 얼굴 등에 분포하며 노폐물 배설과 체온을 조절하고 피부건조를 방지한다.

② **아포크린선**(대한선) - 모낭과 연결되어 있는 겨드랑이, 젖꼭지, 생식기 주변 등에만 주로 분포하며 박테리아의 분비 작용으로 겨드랑이 냄새가 난다. 남성보다는 여성에게 많고 백인보다 흑인에게 많다.

4) 피지선(sebaceous gland)

진피층에 위치하며 모낭 주위에 분포한다. 특히 얼굴, 두피, 가슴 등에 발달되어 있으며 모공을 통해 분비하여 털과 피부를 부드럽고 매끄럽게 하며 방수 역할을 한다. 손바닥과 발바닥에는 존재하지 않는다.

CHAPTER 05

핵심문제

1. 피부의 기능이 아닌 것은?

① 보호기능 ② 분비기능 ③ 운반기능 ④ 호흡기능

2. 피부가 잡아당겨진 다음 원상태로 되돌아오는 능력을 무엇이라 하는가?

① 신축성 ② 탄력성 ③ 유연성 ④ 투명성

3. 피부에 해당되지 않는 것은?

① 표피층 ② 근육층 ③ 진피층 ④ 피하조직층

4. 상해를 입으면 흉터가 남게 되는 층은?

① 투명층 ② 과립층 ③ 유극층 ④ 기저층

5. 표피의 각 층의 설명 중 틀린 것은?

① 각질층은 표피의 가장 윗부분에 있으며 주성분은 케라틴이다.

② 투명층은 손바닥, 발바닥에 주로 존재한다.

③ 과립층은 물, 알코올에는 용해되지 않지만 알칼리와 산에는 용해된다.

④ 유극층은 미용상 관련이 가장 많으며 세포 외면에 섬세한 원형질을 가지고 있다.

6. 피지선이 없는 곳은?

① 팔　② 코　③ 손바닥　④ 이마

7. 피부에 색소세포가 존재하는 층은?

① 각질층　② 기저층　③ 유극층　④ 과립층

8. 인체의 체온을 조절하는 곳은?

① 투명층　② 림프선　③ 한선　④ 피지선

9. 피부의 탄력 및 신축성에 관여하는 것은?

① 과립층과 유극층　② 각질층　③ 망상층　④ 투명층

10. 피부를 부드럽게 해주는 역할을 하는 것은?

① 피지선　② 땀샘　③ 한선　④ 피하조직

정답 1.③ 2.② 3.② 4.④ 5.③ 6.③ 7.② 8.③ 9.③ 10.①

CHAPTER 06

네일숍의 위생과 안전

네일숍에서는 많은 고객들과의 접촉으로 예상치 못한 위험에 처할 수 있으므로 사전에 청결한 상태를 유지하고 적절한 조치를 취함으로서 고객과 자신을 안전하게 보호해야 한다.

01 질병의 주 오염원

박테리아는 따뜻하고 습기가 많은 환경에서 주로 증식한다.

1) 피부 접촉으로 인한 감염

개방된 상처를 통하여 다른 사람에게 병원균을 옮길 수 있다.

2) 손, 손톱, 발, 발톱

인조 팁 시술시 팁과 자연 네일 사이에 병원균이 생길 수 있다. 질환에 감염된 고객을 시술하게 되면 시술자도 감염될 수 있다.

3) 네일숍 내에 있는 물건

실내의 공기에 노출된 테이블, 의자, 타월 외에 네일 도구 전체에 병원균이 존재한다.

02 감염예방 및 위생관리

네일숍은 여러 사람이 방문하여 관리를 받는 곳이므로 자신과 고객을 감염으로부터 안전하게 보호하기 위하여 다음 사항을 준수한다.

1) 전염가능성이 있거나 이미 감염된 고객에게 시술하지 않는다.
2) 시술 전·후에 70% 알코올이나 손 소독 용액으로 시술자와 고객의 손을 소독한다.
3) 큐티클 정리 중 출혈이 있는 경우에는 소독 솜으로 지혈시키고 감염되지 않도록 한다.
4) 모든 타월은 뜨거운 물로 세탁하고 통풍이 잘 되는 햇볕에 완전히 말려서 사용한다.
5) 체액이나 피가 묻은 타월이나 세탁물은 반드시 멸균 처리한다.
6) 모든 살균제나 소독제는 통풍이 잘되고 건조한 장소에 보관한다.
7) 화학물질을 사용하는 동안 피부나 눈을 만지지 않도록 한다. 만약 눈에 들어갔다면 비비지 말고 응급조치 후 병원처치를 받도록 한다.
8) 네일 에나멜과 리무버, 글루 드라이어 등은 인화성이 강하므로 사용 중에는 난로나 온열기기 등을 멀리하고 흡연을 금한다.
9) 모든 용기에 내용물에 대한 라벨을 반드시 표기하여 사용하며 폭발 가능성이 있는 화학 물질성 스프레이는 냉암소에 보관한다.
10) 응급처치를 위한 상비구급용품을 네일숍 내에 준비해 둔다.

✓ 화학 물질의 과다노출 시 생길 수 있는 증상 및 응급처치

① 호흡장애, 피부발진, 두통, 눈물, 콧물, 불면증, 몸이 피곤하고 나른하며, 발가락이 따끔거린다.

② 화학물질 중 산성물질에 피부가 노출되었거나 눈에 들어가면 비비지 말고 흐르는 물로 닦고 알칼리수로 중화시켜 준다.

03 네일숍의 환경위생관리

네일숍 내부의 기기, 도구 등을 소독하여 항상 청결한 상태를 유지함으로서 병원균의 번식이나 감염을 예방하여 고객이 위생적인 환경에서 안전한 관리를 받을 수 있다.

1) 벽, 천정, 바닥, 작업장, 서랍, 캐비닛 등에 먼지가 없이 청결한 상태를 유지해야 한다.
2) 화학제품의 냄새와 증기가 빠져나갈 수 있도록 환기를 자주 시킨다.
3) 소독 및 세제용 화학물질은 서늘하고 건조한 곳에 보관한다.
4) 모든 물품을 보관할 때에는 뚜껑이 있는 것을 사용하고 뚜껑을 닫아 쏟아지거나 발산되지 않도록 한다.
5) 네일숍에는 인화성이 강한 물질이 많으므로 전기 열선과 전열기는 적절하고 안전하게 설치한다.
6) 모든 용기에 라벨을 표기하여 냉한 곳에 보관한다.
7) 파일링할 때 먼지가 날리므로 국소환기장치를 설치하는 것이 좋으며 시설이 되어있지 않다면 일회용 마스크를 착용한다.
8) 쓰레기는 자주 버리는 것이 좋으며 뚜껑이 있는 것을 사용한다.
9) 세탁된 타월은 밀폐된 서랍이나 장에 따로 보관하여 사용된 것과 분리하여 사용한다.
10) 고객의 관리 시술 전·후 , 화장실 다녀온 후, 음식물 섭취 후에는 반드시 손을 닦는다.
11) 응급처치를 위한 상비구급용품을 구비하고 응급사태를 대비해 가까운 응급실 전화번호를 비치해 둔다.

MSDS(material safety data sheet)

재료 안전 자료표로 제품을 사용하는 사람들이 제품에 필요한 정보를 볼 수 있게 제조회사가 수록해 놓은 것이다.

✓ MSDS에 기재사항 - 위험한 첨가물에 대한 정보, 보건위험, 물리적 위험, 신체적 합성, 화학물질의 발암 위험성, 주의 사항과 취급방법, 보호나 예방조치, 긴급 및 응급절차, 보관 및 처리방법 등

04 소독의 방법

소독은 감염예방을 위해 병원균의 발육이나 번식을 막는다. 소독법의 종류는 가열 등에 의한 물리적 소독방법과 화학약품을 사용하는 화학적 소독방법이 있다.

1) 물리적 소독법

(1) 건열 소독

건조한 높은 온도의 공기를 사용하며 160~170℃에서 1~2시간, 180℃에서 20분간 가열하는 방법이다. 물에 넣으면 안 되는 유리나 도자기류, 거즈나 솜, 의료기구 등을 멸균할 때 사용하며 고가의 장비가격으로 병원에서 많이 이용하는 방법이다.

(2) 습열 소독

끓는 물 100℃에서 10~20분 동안 소독 살균하는 방법으로 끓는 물에서 상하거나 변하지 않는 물건인 식기, 금속성, 유리, 의류 등을 소독할 때 이용하는 방법이다. 소독시간이 길고 완전 멸균이 힘들다.

(3) 소각 소독

대상물을 불에 태우는 방법으로 가장 확실하게 소독하는 방법이다. 천, 종이, 쓰레기, 휴지, 동물의 사체 등에 이용되지만 대기오염을 유발할 수 있다.

(4) 고압증기 멸균법

100~135℃ 고온의 증기를 미생물, 포자 등과 접촉하여 완전 멸균하는 방법이다. 기구, 의류, 거즈, 고무제품 등에 이용하는 방법이다.

(5) 간헐 멸균법

100℃ 유통 증기로 15~30분간씩 24시간 간격으로 3회를 가열하는 방법이다. 1회의 멸균에서 증식형 세포는 사멸된다.

(6) 저온 살균

우유를 소독하는데 이용되는 방법으로 프랑스 세균면역학자 파스퇴르에 의해 고안되었다. 63~65℃의 온도로 30분간 살균하는데 결핵균, 티푸스균, 콜레라균, 이질균, 연쇄상구균, 이푸테리아균 등의 유해균이 모두 사멸된다.

2) 화학적 소독법

소독력이 있는 약재를 사용하여 세균을 죽이는 방법으로 일반 네일숍에서 가장 많이 사용하는 방법이다. 병원성의 아포까지는 사멸시키지 못하므로 병원 미생물을 죽이거나 성장을 억제시키기 위하여 이용되는 방법이다. 소독약은 경제적이고 사용이 간편하며 안전성이 높은 것을 사용한다. 약품을 보관할 때에는 밀봉하며 라벨로 표기하여 냉암소에 보관한다.

(1) 알코올

수용액에서 살균력이 강하며 70% 용액은 피부, 기구 등의 소독에 사용된다. 무포자균에 효과적이나 아포형 성균에는 효과가 없다.

(2) 크레졸

물에 용해되지 않아 비누 상태로 사용하며 비누 액 3%에 물 97%의 비율로 희석하여 손이나 기구 등의 소독에 사용된다. 세균소독에 효과적이나 바이러스에는 효과가 적다.

(3) 포름알데히드

메틸알코올을 산화시켜 만든 가스체로 색이 없고 자극성이 있다. 실내소독, 도자기, 고무제품, 목제품, 의류 등의 소독에 사용되며 살균력이 강하다. 강한 자극성과 취급상의 어려움으로 인해 네일숍에서 잘 사용하지 않는다.

(4) 포르말린

메틸알코올을 산화시켜 얻어진 가스를 물에 녹인 것으로 40% 포름알데히드 수용액이다. 농도에 따라 기구나 실내 소독을 할 수 있으나 장기간 흡입하면 암을 유발할 수도 있다.

(5) 석탄산(페놀)

독성이 강해 사용 시 용해제를 쓰며 일반적 농도는 3~5%의 수용액으로 사용된다. 경제적이고 사용이 간편한 대신 강한 독성 때문에 피부 소독에는 거의 사용하지 않는다.

(6) 과산화수소

무취, 무색, 투명한 2~3%의 수용액으로 소독에 사용된다. 피부 소독이나 구강 치료제로 사용된다.

(7) 요오드팅크

피부 상처나 소독용으로 자상이나 찰과상 소독에 사용된다.

(8) 클로라젠

1% 용액으로 희석하여 감염 부위나 손을 세척할 때 사용된다. 정제나 파우더 형태로 되어있다.

(9) 승홍수

살균력이 강하며 대장균, 포도상 구균을 5~10분에 사멸 시킨다. 도자기, 유리, 의류, 실내 등의 소독에 사용된다.

(10) 염소제

살균력은 강하나 부식성이 있어 상·하수도 등의 대규모 소독에 사용된다.

3) 자연적 소독법

(1) 자외선 소독

일반적인 네일숍에서 널리 사용되며 소도구 등을 세척한 후 소독기에 넣어 사용하는 방법이다. 햇빛에 의해 소독할 수 있지만 이 경우 자외선의 침투력이 약해서 효과가 거의 없다. 장기 조사하면 피부 점막에 유해할 수 있으며 용기나 기구 등은 2~3시간가량 소독한다.

(2) 일광 소독

태양광선의 자외선에 의해 소독하는 방법으로 기구, 침구, 의류 등의 소독에 이용된다. 표면적인 소독으로 깊은 곳에까지 소독이 어려우며 신진대사 촉진과 곱사병을 예방한다.

(3) 건조 소독

소독력이 미약하고 긴 시간이 필요한 소독법으로 저항력이 약한 균만 사멸된다.

CHAPTER 06

핵심문제

1. 화학 물질의 과다노출 시 생길 수 있는 증상이 아닌 것은?

   ① 호흡장애가 생긴다. ② 두통이 생긴다.

   ③ 머리카락이 빠진다. ④ 발가락이 따끔거린다.

2. 재료 안전 자료표(MSDS material safety data sheet)에 반드시 포함되지 않아도 되는 사항은?

   ① 위험한 첨가물에 대한 정보 ② MSDS 준비 책임자의 인성

   ③ 주의 사항과 취급방법 ④ 보관 및 처리 방법

3. 위생처리 도구를 위생 소독기에 담가 두는 적합한 시간은?

   ① 최소 10분 이상 ② 최소 20분 이상

   ③ 최소 1시간 이상 ④ 최소 2시간 이상

4. 매니큐어 도구를 소독할 때 적절한 알코올의 농도는?

   ① 70% ② 60% ③ 50% ④ 40%

5. 소독하지 않아도 되는 것은?

   ① 니퍼 ② 푸셔 ③ 오렌지 우드스틱 ④ 콘 커터

6. 소독된 소도구를 보관하기에 적합한 곳은?

① 깨끗한 서랍장 ② 앞치마 주머니 ③ 자외선 소독기 ④ 온장고

7. 위생처리 방법으로 가장 효과적인 것은?

① 화학적 소독법 ② 물리적 소독법 ③ 습열 소독 ④ 자외선 소독

8. 네일 테크니션이 화학제품 중에서 산성 물질에 노출 되었을 경우 대처 방법은?

① 그냥 두어도 무관하다. ② 천으로 닦아준다.

③ 흐르는 물로 닦고 알칼리수로 중화시켜준다. ④ 오일을 발라준다.

9. 네일숍에서 가장 많이 사용하고 있는 소독제는?

① 치아염소산염 ② 쿼츠 ③ 포르말린 ④ 알코올

10. 가장 안정적인 소독제로 냄새와 색깔이 없는 소독제는?

① 알코올 ② 쿼츠 ③ 포르말린 ④ 과산화수소

11. 열이나 UV광선 등으로 위생 처리하는 방법은?

① 물리적 소독 ② 크레졸 ③ 화학적 소독 ④ 알코올

12. 자외선 소독기의 살균소독이 되는 시간은?

① 2~3분 ② 20~30분 ③ 1~2시간 ④ 2~3시간

13. 흡입하면 암을 유발할 수 있는 가능성이 있는 소독제는?

① 쿼츠 ② 포르말린 ③ 알코올 ④ 치아염소산염

14. 살균제가 아닌 것은?

① 암모늄 화합물　② 과산화 수소　③ 크레졸　④ 페놀

15. 청결에 대한 설명 중 맞는 것은?

① 포자만 사멸하는 단계　② 균의 성장 방지

③ 가장 기본적으로 이물질을 제거하는 단계　④ 병원성 미생물 완전 사멸 단계

16. 병원성 및 비병원성 미생물, 포자까지 완전 사멸 단계는?

① 청결　② 소독　③ 멸균　④ 위생

17. 도구 소독제로는 소독력이 약해서 적당하지 않은 소독법은?

① 멸균 소독법　② 항균 소독법　③ 살균 소독법　④ 방부 소독법

정답 1.③ 2.② 3.② 4.① 5.③ 6.③ 7.① 8.③ 9.④ 10.② 11.① 12.④ 13.② 14.② 15.③ 16.③ 17.④

CHAPTER 07

네일숍 내의 안전과 고객관리

네일숍 내의 안전과 깨끗한 환경을 고객에게 제공하여 청결함, 편리함, 안전함 등을 서비스해야 하며, 응급상황에 대비한 응급처치법과 용품이 잘 구비되어 있어야 한다.

01 네일숍 내의 안전관리

1) 고객의 가방, 귀중품, 옷 등이 분실되거나 바뀌지 않도록 주의한다.
2) 카운터는 잘 보이는 곳에 설치하고 만약의 사태를 대비하여 폐쇄회로 등을 이용한 화면을 설치한다.
3) 경찰이나 경비회사와 연결할 수 있는 비상버튼을 설치한다.
4) 화재를 대비하여 소화기를 숍 내에 비치한다.
5) 전기 가열이나 합선으로 인한 사고가 일어나지 않도록 숍 내의 전기 제품에 대하여 정기적인 점검을 한다.

02 고객관리

1) 고객의 안전관리

① 굳은살 제거 시 사용되는 면도날은 일회용으로 사용한다.

② 네일 인조 팁 시술 시 자연 네일 조상(네일 베드) 길이의 한배 반을 넘지 않도록 한다.

③ 네일 글루 과다 사용 시에 자연 네일을 약하고 부서지게 할 수 있으므로 적당한 량만 사용한다.

④ 큐티클을 푸셔로 너무 세게 밀어 올리거나 자연 네일 표면을 강하게 밀어 손상되지 않도록 한다.

⑤ 큐티클을 바짝 자르면 감염이나 출혈이 있을 수 있으므로 주의한다.

⑥ 화학제품에 대한 알레르기 또는 니퍼나 푸셔 등의 메탈 알레르기가 있는 고객은 관리를 중단하고 병원의 처방을 받도록 한다.

⑦ 아세톤이 함유된 리무버는 고객의 손톱을 손상시킬 수 있으므로 아세톤이 들어가 있지 않은 제품을 사용하도록 한다.

⑧ 고객의 감염예방을 위하여 네일 도구 등은 항상 소독하고 청결하게 사용한다.

2) 고객관리의 자세

① 공손하고 친절한 태도로 고객을 대한다.

② 고객관리 중요성을 인식하고 지속적인 교육을 갖는다.

③ 예약된 고객은 제 시간에 우선적인 서비스로 신뢰감을 준다.

④ 고객이 대기하는 동안 지루하지 않게 차와 잡지, 신문 등을 제공한다.

⑤ 차별화된 고객관리로 만족과 감동을 주는 고객관리를 한다.

⑥ 자신이 한 말에 책임을 지고 남을 평가하는 말이나 험담을 하지 않는다.

⑦ 전화는 밝고 상냥하게 받고 긍정적인 태도로 고객을 대한다.

⑧ 고객이 소중하다고 말로 하지 말고 진심으로 서비스하여 고객이 느낄 수 있게 한다.

⑨ 네일숍 내부는 쾌적하고 청결하게 유지하여 고객이 편안함을 느낄 수 있게 한다.

3) 네일숍에서의 응급처치

(1) 출혈

멸균 거즈 또는 지혈제를 출혈 부위에 직접 대거나 떨어뜨려 압박하며 지혈될 때까지 지긋이 눌러준다. 지혈이 10분 이상 되지 않을 경우 병원 처방을 받는다.

(2) 눈의 상해(고객관리 중 이물질들이 눈에 들어간 경우)

① 클리퍼로 자연 네일 또는 팁을 자를 때 작은 조각이 눈에 들어갔다면 손으로 비비지 말고 흐르는 물로 닦아내거나 눈물을 흘리도록 눈을 깜빡거려 이물질을 제거한다.

② 네일 리무버가 눈에 들어간 경우 눈을 비비지 말고 흐르는 물에 깨끗이 씻어준다.

③ 네일 글루가 눈에 들어간 경우 억지로 눈을 뜨지 말고 붙은 체로 보호자와 함께 안과에 가서 응급조치를 받는다.

CHAPTER 07

핵심문제

1. 고객으로부터 예약을 접수받았을 때 지켜야 할 사항이 아닌 것은?

   ① 전화를 받을 때 자신의 이름과 네일숍의 이름을 먼저 말한다.

   ② 예약 접수 기록부, 필기도구, 메모지를 준비한다.

   ③ 식사 중에는 전화를 받지 않는다.

   ④ 일찍 예약한 경우 전날 저녁에 고객에게 전화하여 재확인한다.

2. 네일숍 내의 안전관리로 맞지 않는 것은?

   ① 고객의 가방, 귀중 품 등이 분실되지 않도록 주의한다.

   ② 카운터는 잘 보이지 않는 곳에 설치한다.

   ③ 화재를 대비하여 소화기를 비치한다.

   ④ 전기 가열이나 합선으로 인한 사고를 대비해 전기 제품을 정기적으로 점검한다.

3. 고객의 안전관리로 맞지 않는 것은?

   ① 굳은살 제거 시 사용되는 면도날은 여러 번 사용한다.

   ② 큐티클 제거 시 감염이나 출혈에 주의한다.

   ③ 아세톤이 함유된 리무버는 고객의 손톱을 손상시킬 수 있으므로 사용하지 않는다.

   ④ 고객의 감염예방을 위해 네일 도구 등은 항상 소독하고 청결하게 사용한다.

4. 고객을 관리하는 자세로 올바른 것은?

① 예약된 고객보다 먼저 온 고객을 우선적으로 한다.

② 고객이 대기하는 동안은 신경 쓰지 않는다.

③ 고객관리 중요성을 인식하고 지속적인 교육을 갖는다.

④ 고객을 차별하는 모습을 보인다.

5. 네일숍에서 일어나는 응급처치로 맞지 않는 것은?

① 눈에 이물질이 들어간 경우 비비지 않고 흐르는 물로 닦아낸다.

② 출혈이 있을 경우 멈출 때까지 방치한다.

③ 리무버가 눈에 들어간 경우 흐르는 물에 깨끗이 씻어준다.

④ 글루가 눈에 들어간 경우 안과에 가서 응급조치를 받는다.

정답 1.③ 2.② 3.① 4.③ 5.②

PART 2. 실기

Nail Colors...

It must make your hands beautiful

before doing housework

CHAPTER **01**

네일 관리의 기초지식

매니큐어에 필요한 도구, 기구, 재료 등의 올바른 사용법을 알고 정확한 손톱 모양과 에나멜 바르는 순서, 방법 등을 습득하여 매니큐어 시술에 필요한 지식과 기술을 익힌다.

01 네일 도구 및 기구와 재료

1) 네일 도구

(1) 큐티클 니퍼(cuticle nipper)

손톱 주위의 큐티클(거스러미나 굳은살)을 자르는 도구이다. 날의 크기는 1/2좌(단위)와 1/4좌 등이 있으며 녹이 슬지 않는 제품을 선택하는 것이 좋다. 니퍼를 잡을 때는 니퍼의 날과 큐티클이 수평이 되게 해야 큐티클 제거 시 거스러미가 덜 생기고 상처를 예방할 수 있다.

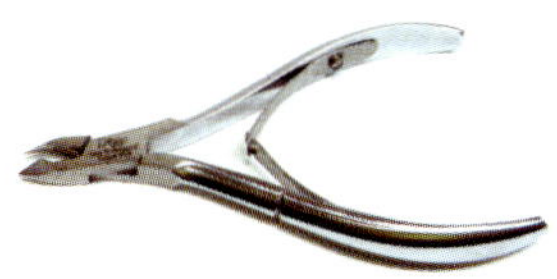

(2) 푸셔(metal pusher)

큐티클을 밀어 올릴 때 사용하며 모양은 크게 스푼형과 일자형이 있다. 45° 각도로 연필 잡듯이 잡아주며 이때 지나치게 힘을 주어 큐티클을 밀어 올리면 손톱 표면이 손상되거나 큐티클 깊숙이 들어가 상처를 낼 수 있으므로 주의한다.

(3) 네일 클리퍼(nail clipper)

자연 네일이나 인조 손톱 등의 길이 조절에 사용하며 전문가용 네일 클리퍼는 일자모양으로 되어 있어 손·발톱을 스퀘어(사각)로 자를 경우 편리하다.

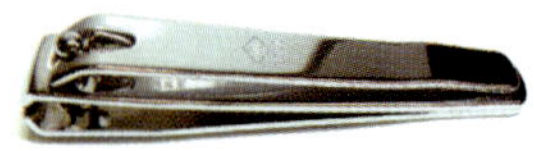

(4) 팁 커터(tip cutter)

인조 팁의 길이를 자르는데 사용하는 전문 도구이다.

(5) 실크 가위(silk scissors)

실크를 재단하는 전용 가위이며 실크 외에 다른 용도로 사용하면 날이 상할 수 있으므로 주의한다.

(6) 콘 커터(con cutter)

발바닥의 굳은살을 제거할 때 사용하는 도구로 날이 날카로우므로 살이 깊이 패이지 않도록 주의한다.

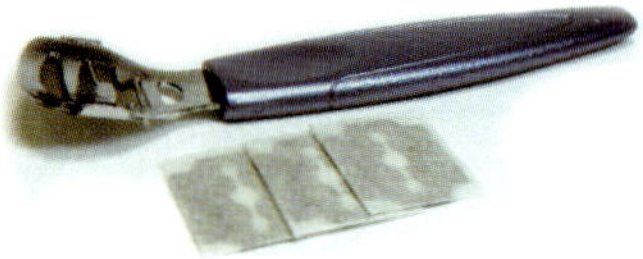

(7) 패디 화일(pedi file)

발바닥의 각질을 제거할 때 사용하는 도구로 굳은 각질이 심할 경우 콘커터 사용 후에 사용하면 더욱 효과적이다.

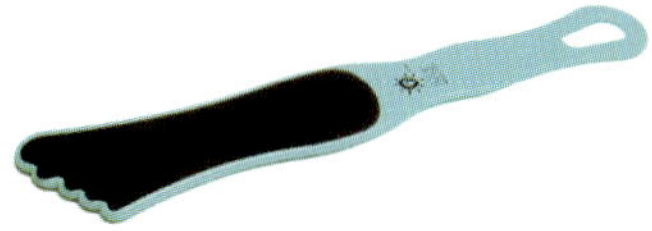

(8) 스톤 푸셔(stone pusher)

큐티클을 밀어 올리는데 사용하는 도구로 메탈 푸셔 사용 후에 손톱 표면의 각질과 거스러미 등을 좀 더 깨끗하게 관리하고자 할 때 사용한다.

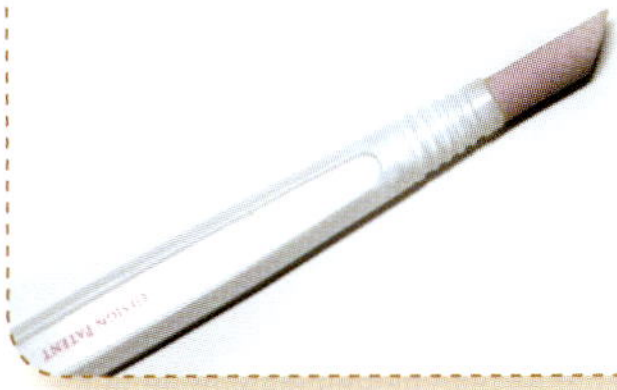

(9) 네일 브러시(nail brush)

인조 팁 시술시 파일링 후에 먼지를 털어 내거나 습식 매니큐어 시 물에 담궜던 손톱을 세척할 때 사용한다.

(10) 핑거볼(finger bowl)

큐티클을 불리기 위해 담글 수 있는 용기로 유리나 플라스틱이 있으며 핑거볼 대용으로 손가락을 담글 수 있을 정도의 둥근 볼을 사용할 수 있다.

(11) 디스펜서(dispenser)

아세톤이나 리무버를 필요한 만큼 덜어 사용하는 펌프 식 용기이다.

(12) 디펜디시(dappen dish)

아크릴릭 시술 시 아크릴릭 리퀴드 용액 등을 덜어 쓰는 용기이다.

(13) 핸드 드릴(hand drill)

댕글을 달기 위해 손톱에 구멍을 뚫을 때 사용한다.

2) 네일 기구

(1) 매니큐어 테이블

글루나 젤, 아세톤 등 화학용품에 쉽게 손상되지 않는 재질로 되어 진 것이 좋으며 청소가 쉽게 되는 것이 좋다.

(2) 시술용 의자

움직임을 편하게 하기 위하여 바퀴가 달린 것이 좋으며 천으로 된 것보다는 더러움이 타지 않는 레자로 되어진 것이 이물질 제거에 편리하다.

(3) 에나멜 드라이어(electronic enamel dryer)

에나멜을 빨리 건조시키는데 도움을 주는 전기 기구로 스위치를 누르면 센서에 의해 바람이 나온다.

(4) 습식 소독기

메탈로 되어 진 도구와 재료 등을 소독하고 살균할 대 소독 액을 담아두는 용기로서 사용하지 않을 때는 뚜껑을 덮어두는 것이 좋다.

(5) 솜 용기

깨끗하고 청결한 솜을 유지하기 위하여 담가두는 용기로 반드시 뚜껑이 있어야 한다.

(6) 족탕기(foot bathtub)

패디큐어나 발 마사지 시술 시 발의 피로를 풀어주고 발의 각질을 불리는 기구이다.

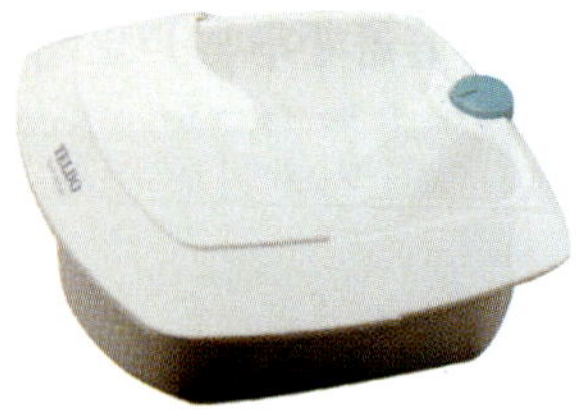

(7) 패디 스파(pedi spa)

패디큐어나 발 마사지 시술 시 족탕기 보다 편리하고 편안하게 받을 수 있도록 설계 된 의자로 등받이는 진동 마사지 기능과 스파에는 바이브레이션 기능이 있다.

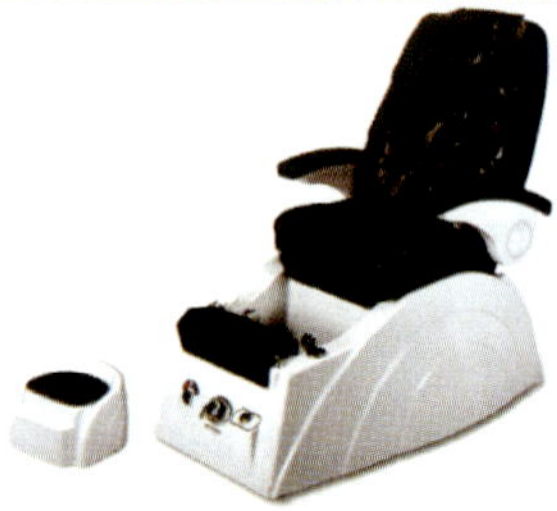

(8) 파라핀 워머(paraffin warmer)

파라핀을 녹일 때 쓰는 전기 기구로 녹이는데 시간이 걸리므로 시술 몇 시간 전에 전원을 켜 두는 것이 좋다.

(9) 왁싱 워머(waxing warmer)

왁스(wax)를 녹일 때 쓰는 전기 기구이다.

(10) 젤 큐어링 라이트기(gel curing light machine)

젤을 굳힐 때 사용하는 전기 기구로 단시간에 큐어링 할 수 있는 LED 라이트기도 있다.

(11) 자외선 살균 소독기

네일 관리 시 사용되는 도구들을 넣어 자외선으로 살균, 소독하는 기구이다.

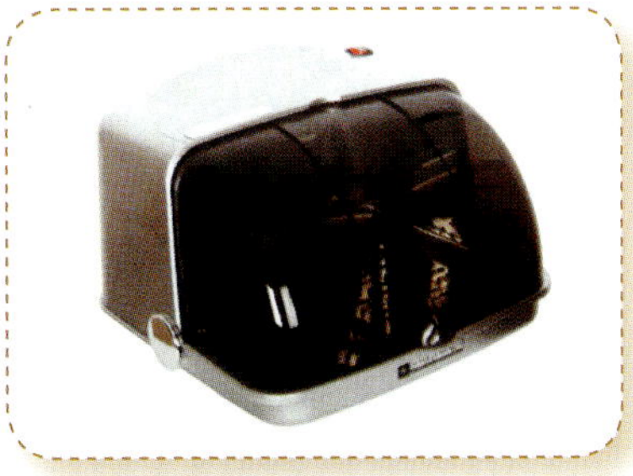

(12) 드릴 머신과 비트

드릴머신은 큐티클 손질이나 파일링 시 좀 더 편안하고 신속하게 하기 위한 전기 기구로 강약이 조절되고 제품에 따라 충전하여 사용할 수 있으며 비트는 드릴머신에 끼워 사용하는 네일 파일과 같은 것이다.

3) 네일 재료

(1) 페이퍼 타월(paper towel)

고객 관리 시 타월 위에 매번 시술 시마다 깔아 위생적으로 작업 할 때나 고객의 손에 물기를 제거할 때 사용한다.

(2) 솜(cotton)

네일 컬러를 지울 때, 손톱 표면의 유분기를 제거할 때, 손을 소독할 때 등 다양한 용도로 사용한다.

(3) 네일 에나멜(nail enamel)

팔리시(polish), 래커(lacquer), 컬러(color) 라고도 하며 손톱에 아름다운 색상을 부여하기 위해 바르는 유색의 화장제이다. 에나멜은 얇게 2회 정도 발라주어야 발색이 좋다.

(4) 베이스 코트(base coat)

에나멜을 바르기 전에 바르는 것으로 자연손톱이 누렇게 변하는 것(착색)을 방지하고 송진성분이 많아 네일 에나멜이 손톱에 잘 밀착되도록 도와주는 역할을 한다. 일반적으로 투명색과 우유 빛을 띠는 두 가지로 되어있다.

(5) 탑 코트(top coat)

에나멜을 바른 후 마지막 단계에 바르는 것으로 에나멜의 광택과 색상의 지속력을 높이고 보호한다. 탑 코트의 종류로는 일반적인 탑 코트와 광택을 더해주는 하이 글로시 탑 코트, 에나멜을 빨리 건조시킬 수 있도록 도와주는 퀵 드라이 탑 코트가 있다.

(6) 띠너(thinner)

에나멜이 끈적끈적할 때 묽게 해주기 위해 사용하며 농도에 따라 다르지만 두 세 방울 정도면 효과적이다.

(7) 네일 보강제(nail hardner)

자연 손톱이 약할 때 발라주며 찢어지거나 갈라지는 것을 예방한다. 베이스 코트 바르기 전에 사용하는 제품과 베이스 코트 대용으로 사용하는 제품이 있으며 자연 손톱의 손상도에 따라 2~3일에 한 번씩 덧 발라주면 효과적이다.

(8) 큐티클 오일(cuticle oil)

큐티클을 정리할 때 발라주는 오일로 큐티클을 유연하게 해주며 큐티클 제거를 쉽게 할 수 있도록 도와주는 역할을 한다. 손톱 주변에 수시로 발라주면 큐티클이 들뜨는 것을 방지하고 보호한다.

(9) 큐티클 리무버(cuticle remover)

큐티클 정리 시 큐티클을 부드럽고 느슨하게 만들어 준다. 젤 타입과 액상 타입이 있으며 큐티클 오일과 같이 사용하면 좀 더 편리한 큐티클 정리를 할 수 있다.

(10) 로션(lotion)

피부에 유·수분을 공급하기 위하여 마사지나 마무리 시 발라주는 로션이다.

(11) 핸드 스크럽(hand scrub)

손의 각질을 제거할 때 사용하며 거품형태와 알갱이가 들어있는 제품 등이 있으며 핸드 마사지를 하기 전에 사용한다.

(12) 지혈제(styptic liquid powder)

수렴성 약제로 큐티클 정리 중 상처가 나서 피가 날 때 발라주면 소독과 지혈효과가 있다.

(13) 알코올(alcohol)

소독용 에탄올로 손과 발 또는 기구 및 도구를 소독 할 때 사용한다.

(14) 안티셉틱(antiseptic)

액상 타입과 젤 타입이 있으며 네일 시술 전에 주로 손·발을 소독하는 피부 소독제이다.

(15) 리무버(remover)

아세톤(pure aceton)과 비 아세톤(non aceton)이 있으며 아세톤은 인조 손톱을 제거할 때 사용하고 비 아세톤은 일상에서 쓰는 리무버로 주로 에나멜을 제거할 때 사용한다. 에나멜 제거 시 아세톤(pure aceton)을 사용하면 손톱의 유·수분을 빼앗아 손톱과 손톱 주변이 하얗게 되는 탈수 현상이 일어날 수 있으므로 비 아세톤(non aceton)인 리무버를 사용한다.

(16) 파일(file)

에머리보드라고도 하며 손톱의 길이나 모양을 잡을 때 사용한다. 파일의 거칠기 정도를 그릿(grit) 번호로 구분하고 번호가 높을수록 파일은 부드럽다. 그릿 번호가 높은 부드러운 파일은 자연 손톱의 모양을 잡을 때나 큐티클 주위에 사용하고, 그릿 번호가 낮은 거친 파일은 인조 팁의 턱 제거나 아크릴릭 네일을 파일링할 때 사용한다.

(17) 샌딩블럭(sanding block)

버프(buff)라고도 하며 손톱 모양을 잡은 후 손톱 밑 거스러미를 제거할 때나 자연손톱 또는 인조손톱의 표면을 정리할 때 사용 한다.

(18) 삼색 파일(3-way file)

파일 하나에 거칠기가 다른 3면으로 구성되어 있고 손톱 표면의 광택을 낼 때 사용한다. 삼색 파일과 같은 용도로 2면이나 4면으로 구성된 것도 있으며 거친 면을 1번으로 시작하여 부드러운 면을 마지막에 사용한다.

(19) 오렌지 우드스틱(orange wood stick)

나무로 된 스틱으로 큐티클을 밀어주는 푸셔 대용으로 사용하거나 스틱 끝에 솜을 말아 손톱 표면의 불순물을 제거할 수 있고 리무버를 묻혀 잘못 발라진 에나멜을 제거할 때 사용한다. 위생 상 1회용으로 사용하는 것이 맞지만 사용 후 지저분해 지거나 쓰이는 용도에 따라 끝부분을 파일로 갈아 변형시켜 사용할 수 있다.

(20) 라운드 패드(round pad)

디스크 패드(disc pad) 라고도 하며 손톱 정리 후 생기는 거스러미를 제거 할 때 사용한다.

(21) 글루(glue)

손톱 전용 본드이며 보통 실크나 인조 팁을 접착할 때 사용한다.

(22) 젤(gel)

글루 보다 점성이 높고 접착력이 강한 손톱 전용 본드로 브러시 타입과 튜브 타입이 있다. 브러시로 된 젤은 인조 팁 접착할 때나 마무리할 때 사용하고 튜브 타입 젤은 주로 스톤이나 파츠 등을 손톱 표면에 부착 할 때 사용한다.

(23) 실크(silk)

랩의 한 종류로 자연 손톱이 약하고 갈라지거나 찢어졌을 경우 보수(랩핑)하는데 사용되며 손톱의 길이를 연장 할 때 사용한다.

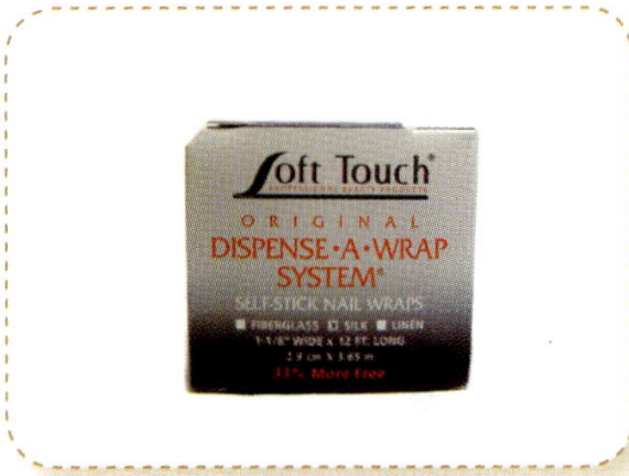

(24) 필러 파우더(filler powder)

손톱 표면의 굴곡이 심하거나 손톱의 두께를 만들 때 글루와 함께 사용하는 파우더이다. 인조 팁이 갈라졌거나 떨어져 나간부분을 보수할 때, 실크로 인조 팁을 연장할 때 주로 사용한다.

(25) 네일 팁(nail tip)

인조 손톱으로 손톱 길이를 연장 할 때 사용하며 소재는 플라스틱, 아세테이트, 나일론으로 되어있다.

(26) 글루 드라이어(glue dryer)

엑티베이터(activator) 라고도 하며 글루나 젤 도포 후 분사하여 빠른 건조를 유도 하는 스프레이이다. 너무 가까이에서 분사하면 뜨거울 수 있으므로 주의한다.

(27) 패디 스크럽(pedi scrub)

굵은 알갱이의 입자로 발바닥의 각질을 제거하기 위해 사용하는데 패디 파일과 같이 사용하면 효과적이다.

(28) 스파튤라(spatula)

왁싱(waxing) 작업 시 왁스를 위생적으로 덜어 낼 때 사용한다.

(29) 왁스(wax)

피부의 불필요한 털을 제거할 때 사용하며 꿀처럼 되어 진 형태이다.

(30) 무슬린 천(muslin)

제모를 할 때 왁스를 바른 후 위에 붙여 사용하며 이때 털 반대방향으로 뜯어야 제모가 된다.

(31) 아크릴릭 리퀴드(acrylic liquid)

아크릴릭 모노머 라고도하며, 액체 상태로 되어 있고 아크릴릭 파우더를 혼합할 때 사용한다. 냄새가 강하므로 마스크를 착용하는 것이 좋다.

(32) 브러시 클리너(brush cleaner)

아크릴릭 후 붓에 묻은 이물질을 제거할 때 사용한다.

(33) 프라이머(primer)

아크릴릭 시술 시 자연 네일에 아크릴릭이 잘 접착되도록 발라주는 촉매제 역할을 한다.

(34) 폼(form)

아크릴릭으로 손톱을 연장할 때 길이와 모양을 만드는 틀이다.

(35) 아크릴릭 파우더(acrylic powder)

아크릴릭 시술시 리퀴드와 같이 사용하며 분말 상태로 되어있다. 핑크, 클리어, 화이트는 주로 손톱길이를 연장할 때 사용하며 디자인 할 때 사용하는 여러 가지 색상의 컬러파우더가 있다.

(36) UV 젤(UV gel)

젤 상태로 인조 팁 위 또는 자연 네일에 올리거나 연장할 때 사용하며 자연 상태에서 건조되지 않는다.

(37) 젤 클리너(gel cleaner)

젤 큐어링 후 표면에 남아있는 끈적임(산화막)을 제거할 때 사용한다.

(38) 젤 본더(gel bond)

자연 네일의 유분기를 제거 해 젤 시술 시 접착력을 높여주는 촉매제이다.

(39) 탑 젤(top gel)

에나멜 타입과 젤 브러시를 이용해 바르는 타입이 있으며 젤 시술 시 마지막에 사용해 광택을 주고 단단하게 해 준다.

(40) 아크릴릭 브러시(acrylic brush)

아크릴릭 파우더를 손톱 위에 올릴 때 사용하는 아크릴릭 전용 붓으로 시술하고자 하는 용도에 따라 붓의 굵기와 모양이 다르다.

(41) 젤 브러시(gel brush)

UV 젤을 손톱 위에 올릴 때 사용하는 젤 전용 붓으로 주로 스퀘어나 오발 형태로 되어 진 것을 많이 사용한다.

(42) 보안경(goggle)

화학제품을 사용할 때 눈이 시리거나 눈에 이물질이 들어가는 것을 막아준다.

(43) 발가락 띄우개(toe separators)

발에 에나멜을 바를 때 발가락이 서로 닿지 않도록 사이를 띄우는데 사용한다.

02 손톱 모양과 파일링

1) 파일의 종류

에머리보드(emery board)라고도 하며 손톱의 길이나 모양을 잡을 때 사용한다. 파일의 거칠기 정도에 따라 거친 것과 부드러운 것으로 나누어지며 거친 것은 주로 인조 손톱에 사용하고, 부드러운 것은 자연 네일에 사용하는 것이 좋다.

180~240 : 자연 손톱에 사용하는 부드러운 파일
120~160 : 인조 손톱에 주로 사용하며 중간 정도 거친 파일
80~100 : 인조 손톱 중에서도 잘 갈리지 않는 아크릴릭 네일을 파일링할 때 쓰는 거친 파일

파일의 종류는 크게 디자인 파일, 우드 파일, 지브라 파일, 쿠션 파일 등이 있으며 색상, 재질, 모양 또는 브랜드에 따라서 구별되어 지기도 한다.

2) 손톱 모양별 파일링 방법

(1) 손톱 모양(쉐입) 잡는 방법

손톱은 두꺼운 각질층으로 이루어져 있어 클리퍼(손톱깎이)를 이용하여 자르게 되면 손톱 끝이 일어나는 경우가 많아 사용하지 않는 것이 좋지만 너무 길어진 손톱을 짧게 자르고 싶을 경우에는 원하는 길이보다 조금 길게 클리퍼로 자른 후 끝부분을 파일로 갈아준다. 파일링을 양 방향으로 비벼서 사용하게 될 때도 손톱 끝이 일어나는 경우가 있는데 파일은 최대한 한 방향으로 길게 써 주는 것이 좋으며 손톱의 끝부분은 부드러운 샌딩블럭을 이용해 정리해 준다. 손톱모양(쉐입)은 네모형, 둥근 네모형, 둥근형, 타원형, 송곳형으로 나눌 수 있다.

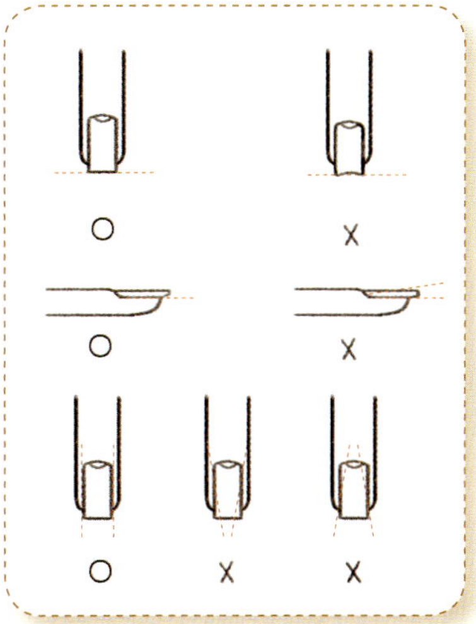

① **네모형 손톱**(square nail)

파일의 각도를 90°로 하고 손톱의 양쪽 모서리 부분이 사각인 형태로 활동적이고 손끝을 많이 쓰거나 컴퓨터를 사용하는 종사자들에게 어울리는 모양이다. 대회나 시험장에서 많이 사용되는 형태이다.

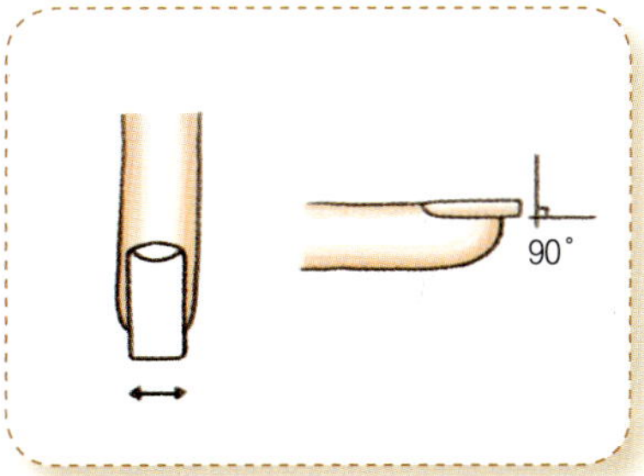

② **둥근 네모형 손톱**(round squar e nail)

네모형 손톱의 각진 모서리 부분의 단점을 보완하기 위해 양쪽 모서리를 둥글게 다듬는 형태이다.

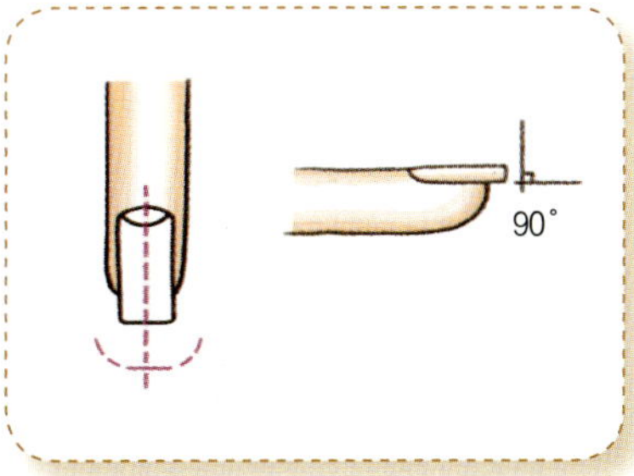

③ **둥근형 손톱**(round nail)

파일의 각도를 45°로 하고 양쪽 모서리에서 중앙으로 전체적으로 각 없이 다듬는 형태로 일반적이며 특히 남성들이 선호하는 모양이다.

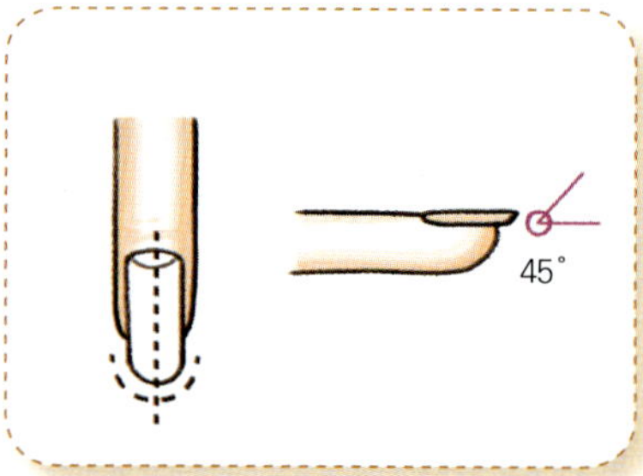

④ **타원형 손톱**(oval nail)

파일의 각도를 15°로 하고 양쪽 모서리를 둥근형 손톱보다 더 많이 둥글게 다듬는 형태로 여성미가 강조되어 손의 노출이 많은 여성들이 선호하는 모양이다.

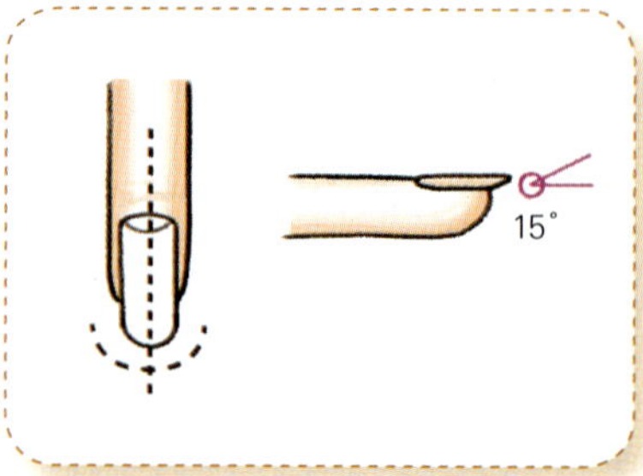

⑤ **송곳형 손톱**(point nail or almond nail)

파일의 각도를 10°로 하고 완전히 뉘어서 타원형 손톱보다 양쪽 모서리를 더 많이 갈아 뾰족하게 다듬는 형태로 손가락이 가늘고 길게 보이는 장점을 가지고 있는 반면 잘 부러지는 단점을 가진 모양이다.

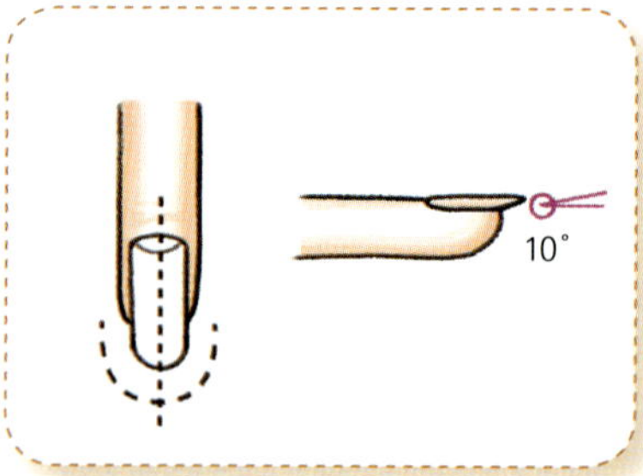

03 컬러링

1) 컬러링 방법

베이스 코트 1회, 에나멜 2회, 탑 코트 1회의 순으로 발라주며 컬러링을 완성하고 난 뒤 건조시간은 8시간 이상이므로 손을 많이 사용하는 일은 피하는 것이 좋다.

(1) 풀 코트(full coat) 방법

손톱 전체에 바르는 방법으로 컬러의 종류나 색에 따라 바르는 방법이 조금 다르다.

① 큐티클 라인과 사이드 라인을 깨끗하게 바를 수 있는 방법으로 손톱의 중앙에서 처음 시작하여 양쪽 가장자리를 이어 바른다.

② 컬러의 결을 최소화 시켜주고 컬러의 두께를 고르게 바를 수 있는 방법으로 한쪽 가장자리부터 시작하여 약간의 곡선형태(C자형)로 끌고 가듯 바른다.

③ 컬러의 결을 일자로 맞추어 주고 컬러의 두께를 고르게 바를 수 있는 방법으로 한쪽 가장자리부터 시작하여 일자 형태로 끌고 가듯 바른다.

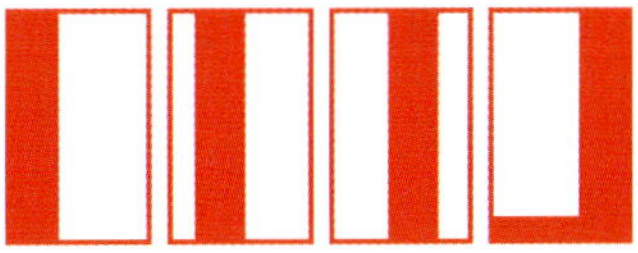

2) 다섯 가지 타입의 컬러링

(1) 풀 코트(full coat)

손톱 전체를 꽉 채워 바르는 방법이다.

(2) 프리엣지(free edge)

에나멜 색상의 벗겨짐 방지를 위하여 손톱의 프리엣지 부분에 에나멜을 바르지 않는 방법이다.

(3) 슬림라인 또는 프리월(slimline or freewalls)

손톱이 가늘고 길어 보이도록 바르는 방법으로 손톱의 양 옆을 1.5㎜정도 남기고 바르는 방법이다.

(4) 헤어라인 팁(hair line tip)

에나멜을 풀 코트로 바른 후 1.5㎜ 닦아 주어 파손을 사전에 방지하는 방법이다.

(5) 하프문 또는 루눌라(half moon or lunula)

손톱의 반달 부분을 남겨 놓고 에나멜을 바르는 방법이다.

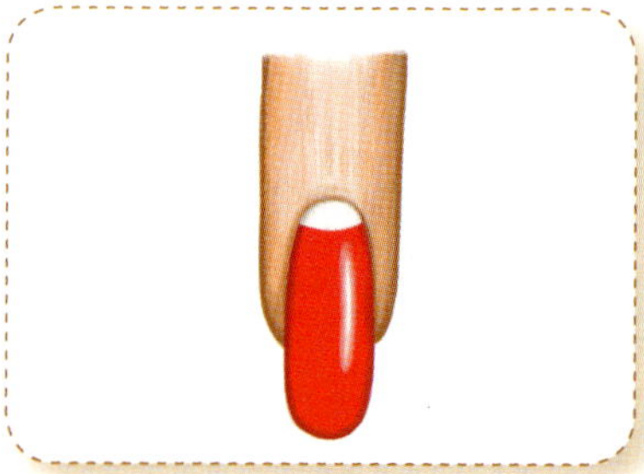

CHAPTER 01

핵심문제

1. 큐티클을 밀거나 글루, 젤을 네일 위에 얹을 때 또는 에나멜을 제거할 때 다양하게 사용되는 네일 도구는?

   ① 오렌지 우드스틱　② 푸셔　③ 네일 브러시　④ 파일

2. 베이스 코트의 설명이다. 옳지 않은 것은?

   ① 에나멜을 바르기 전에 바른다.　② 에나멜을 바른 후에 바른다.
   ③ 송진성분이 함유되어 있다.　④ 자연 네일의 변색을 방지한다.

3. 큐티클 오일을 사용하는 주된 목적은?

   ① 네일 표면에 광택을 주기위해　② 네일 표면의 변색과 오염을 방지하기위해
   ③ 큐티클을 유연하게 하기위해　④ 큐티클을 건조하게 하기위해

4. 거칠기가 다른 3면으로 구성되어 광택을 내는데 사용되는 도구의 명칭은?

   ① 철제파일　② 삼색파일　③ 우드파일　④ 쿠션파일

5. 네일 에나멜이 끈적끈적할 때 사용하는 전문적인 화학제품의 명칭은?

   ① 넌 아세톤　② 물　③ 퓨어 아세톤　④ 시너

6. 탑 코트의 또 다른 이름은?

   ① 네일 컨디셔너　② 하드너　③ 실러　④ 락커

7. 아세톤을 필요한 만큼 인출하는 용구의 올바른 명칭은?

   ① 디스펜서　② 디펜디시　③ 핑거볼　④ 새니타이저

8. 남성들이 가장 선호하는 네일 모양은?

① 둥근 사각 네일　② 둥근 네일　③ 사각 네일　④ 오발형

9. 네일 리스트가 에나멜의 색상선택에 있어 고려해야 하는 사항이 아닌 것은?

① 피부색　② 계절　③ 손님의 의상　④ 시술자의 기호

10. 손가락이 길어 보이는 장점이 있는 반면 부러지기 쉬운 단점이 있는 손톱 모양은?

① 아몬드 네일　② 오발 네일　③ 둥근 네일　④ 사각 네일

11. 에나멜을 바를 때 줄이 생기는 주원인은?

① 브러시를 너무 눌러서 바를 때　② 베이스 코트를 바르지 않았을 때
③ 첫 번째 에나멜이 완전히 마르기 전에 발랐을 때　④ 손톱이 너무 길고 넓을 때

12. 에나멜을 흔들었을 때 발생할 수 있는 것은?

① 바르기 어렵게 만든다.　② 굳어진다.
③ 에나멜 바르기 수월해진다.　④ 공기방울이 생길 수 있다.

13. 자연 네일의 쉐입(shape)을 잡을 때 파일의 방향을 주의해야하는 이유는?

① 네일의 과잉 성장 방지를 위하여
② 네일의 얇아지는 것을 방지하기 위하여
③ 네일의 파고드는 것을 방지하기 위하여
④ 네일의 결이 손상되는 것을 방지하기 위하여

14. 자연 네일의 쉐입(shape)을 잡는 올바른 방향은?

① 왼쪽에서 오른쪽으로 방향은 무관　② 양쪽 코너에서 중앙으로 한 방향
③ 양쪽 코너에서 중앙으로 양방향　④ 오른쪽에서 왼쪽으로 양 방향

15. 파일의 거칠기 정도를 구분하는 기준은 무엇인가?

① 그리트 번호　② 파일의 두께　③ 소프트 번호　④ 파일의 길이

정답 1.① 2.② 3.③ 4.② 5.④ 6.③ 7.① 8.② 9.④ 10.① 11.① 12.④ 13.④ 14.② 15.①

CHAPTER **02**

매니큐어(Manicure)

매니큐어란 손과 손톱의 관리, 마사지, 컬러링 등이 포함된다. 매니큐어의 종류에는 레귤러 매니큐어인 습식 매니큐어(water manicure), 프렌치 매니큐어(french manicure), 건성 피부를 위한 파라핀 매니큐어(paraffin manicure)와 핫 크림 매니큐어(hot cream manicure) 등으로 나눠진다.

01 습식 매니큐어(water manicure)

1) 시술재료

스킨소독제(안티셉틱), 알코올, 습식 소독기, 니퍼, 푸셔, 지혈제, 핑거볼, 파일, 클리퍼, 리무버, 베이스 코트, 탑 코트, 에나멜, 큐티클 오일, 오렌지 우드스틱, 로션, 솜, 샌딩블럭, 라운드 패드, 네일 브러시, 타 월, 페이퍼 타월, 손목 받침, 비닐 팩 등

2) 사전준비

① 소독된 테이블 위에 타월을 깔고 재료를 세팅한다.

② 습식 소독기 바닥에 솜을 깔고 소독약을 넣어 시술에 필요한 도구를 소독한다.

③ 핑거볼에 미온수를 준비하여 살균비누를 넣는다.

3) 시술과정

① **손 소독 :** 솜에 안티셉틱을 뿌려 시술자와 고객의 손을 소독한다.

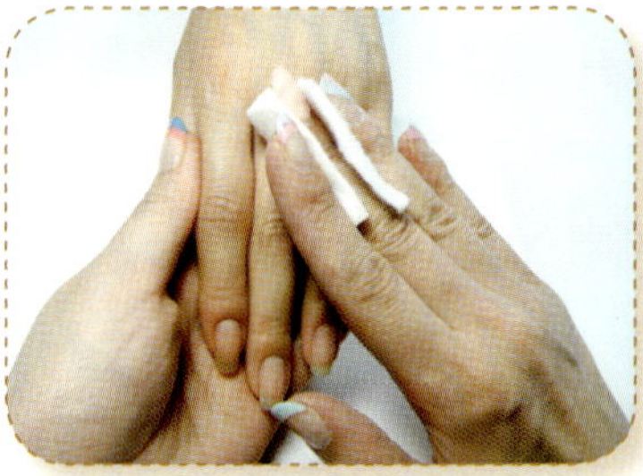

② **에나멜 제거 :** 리무버를 솜에 묻혀 손톱 표면에 5초 정도 올려놓은 후 좌·우로 굴리면서 아래로 쭉 쓸어내린다. 잔여물의 에나멜은 오렌지 우드스틱에 솜을 말아 리무버를 묻혀 닦아준다.

③ **손톱모양**(쉐입) **잡기 :** 손톱의 양 가장자리에서 중앙 쪽으로 파일링을 해 주며 길이와 모양은 일정하게 다듬는다.

④ **네일 표면 샌딩하기 :** 파일링 후 라운드 패드나 샌딩 블럭으로 손톱 밑에 거스러미를 제거하고 손톱 표면이 매끄럽지 않을 경우 샌딩 블럭을 이용하여 표면을 정리한다.

⑤ **핑거볼에 손 담그기 :** 살균비누를 넣은 미온수에 정리한 손을 3~5분 담근다. 담그는 동안 나머지 한손도 ①~④번의 동작을 시술한 후 교대로 담근다.

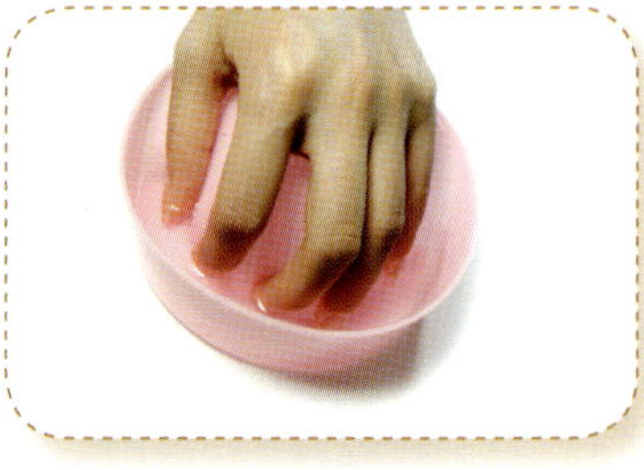

⑥ **큐티클 오일 바르기 :** 물에 담궜던 손의 물기를 제거하고 큐티클을 유연하게 하기 위하여 큐티클 주변에 오일을 바른다.

⑦ **큐티클 밀기 :** 푸셔는 연필 잡듯이 잡고 45° 각도로 큐티클을 밀어 올린다. 지나치게 힘을 주어 밀어 올리면 손톱 표면이 손상되거나 큐티클 깊숙이 들어가 상처를 낼 수 있으므로 주의한다.

⑧ **큐티클 정리하기 :** 니퍼의 날과 큐티클이 수평이 되게 하여 큐티클을 정리한다. 나머지 한 손도 ⑥~⑧번의 동작을 시술한다.

⑨ **소독하기 :** 큐티클 주변에 세균에 감염되지 않도록 스킨 소독제(안티셉틱)를 뿌려 소독한다.

⑩ **마사지하기 :** 피로를 풀어주고 혈액순환을 촉진시키기 위하여 적당량의 로션을 덜어 양 손을 마사지한다. 유분기 제거를 위하여 핫 타월로 닦아준다.

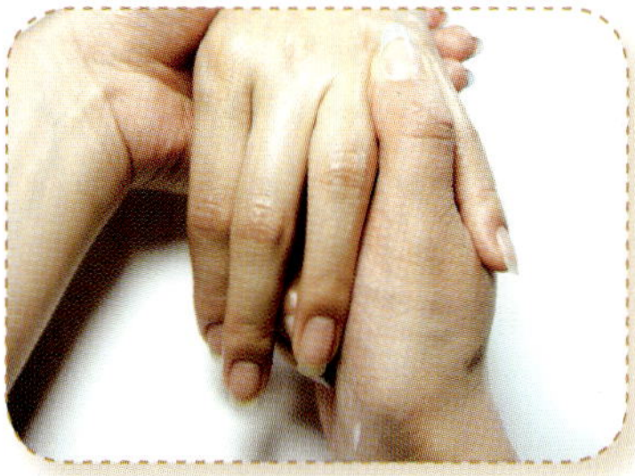

⑪ **유분기 제거하기 :** 오렌지 우드스틱에 솜을 말아 리무버를 묻혀 손톱 표면과 손톱 밑에 유분기를 제거한다.

⑫ **베이스 코트 바르기 :** 착색을 방지하고 에나멜이 잘 밀착될 수 있도록 얇게 1회 바른다. 경우에 따라 베이스 코트 대신 네일 보강제를 발라 주어도 된다.

⑬ **에나멜 바르기 :** 에나멜은 최대한 큐티클 라인에 가깝게 발라주며 풀 코트(full coat)로 얇게 2회 바른다.

⑭ **탑 코트 바르기 :** 에나멜이 적당히 건조 후 광택과 색상의 유지를 위해 탑 코트를 바른다.

습식매니큐어

02 프렌치 매니큐어(french manicure)

손톱이 자라나온 끝부분(프리엣지)에 흰색 또는 유색 컬러 등을 이용하여 일정한 라인을 잡아 모양을 내는 것으로 깔끔하고 세련된 느낌을 준다. 프렌치 라인의 모양은 라운드, 사선, 일자 등 다양하며 여러 가지 변형시켜 많은 디자인을 만들 수 있다. 풀 코트는 브러시가 위에서 아래로 내려오지만 프렌치의 경우 양 모서리 끝에서 중앙으로 라인을 잡아야하므로 브러시를 양 옆으로 덜어내어 사용하는 것이 편리하다. 프렌치는 최대한 얇게 발라주며 너무 두껍게 바를 경우 밀리거나 쉽게 벗겨질 수 있으므로 주의한다.

1) 프렌치의 종류

(1) 라운드 프렌치

손톱 모양이 스퀘어, 라운드, 오벌형에 어울린다.

(2) 일자 프렌치

손톱 끝부분에 일자모양으로 에나멜을 바른 것으로 손톱 모양이 스퀘어형에 어울린다.

(3) 사선 프렌치

손톱 길이에 따라 사선의 두께를 조절하고 모든 손톱 모양에 어울린다.

(4) V자 프렌치

양 사선이 중앙에서 만나는 형태로 스퀘어형에 어울린다.

2) 시술재료

습식 매니큐어 재료, 흰색 에나멜

3) 시술과정

① 습식 매니큐어 과정과 동일하게 기초 손질을 한다.

② **베이스 코트 바르기 :** 정리된 손톱 표면에 베이스 코트를 바른다.

③ **흰색 프렌치 바르기 :** 흰색 컬러를 이용해 손톱 아래쪽 스마일라인이 보이지 않게 브러시를 세워 양쪽 가장자리에서 중앙으로 2회 바른다.

④ **주변 컬러 지우기 :** 주변에 묻어 있는 컬러는 오렌지 우드스틱에 화장 솜을 말아 리무버를 묻힌 후 닦아준다.

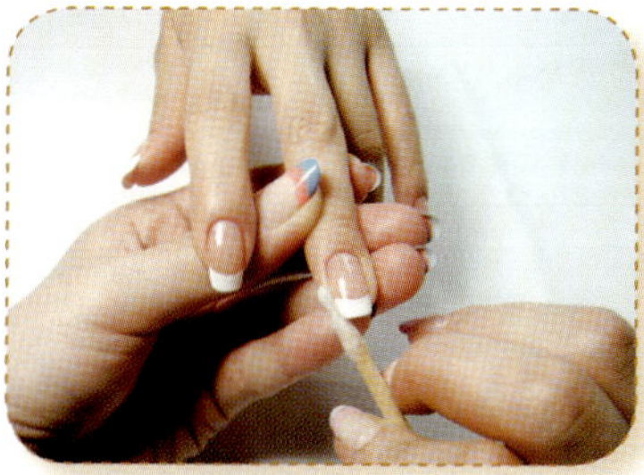

⑤ **탑 코트 바르기 :** 에나멜이 적당히 건조 후 광택과 색상의 유지를 위해 탑 코트를 바른다.

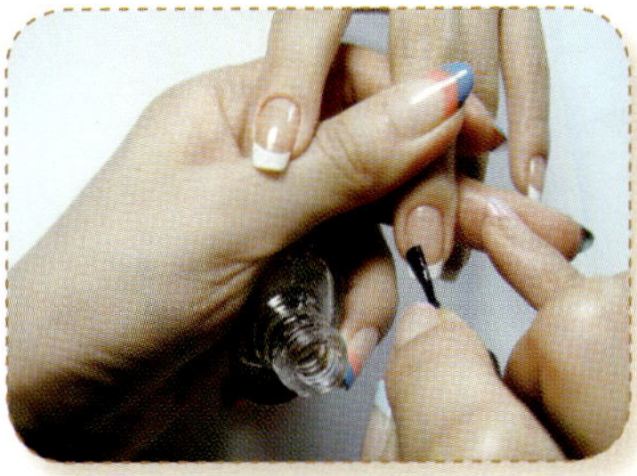

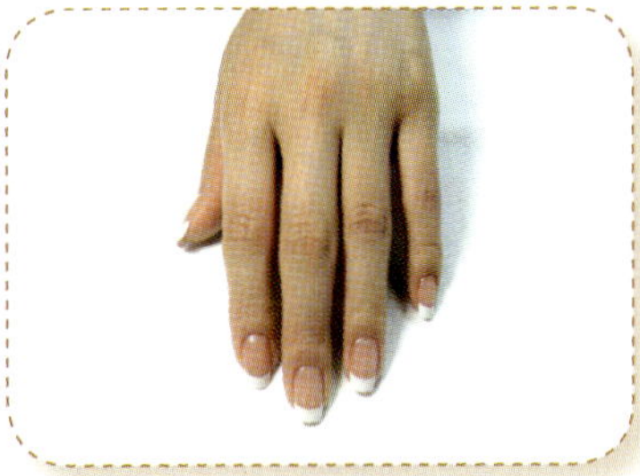

03 파라핀 매니큐어(paraffin manicure)

파라핀은 고온에서 액체로 존재하지만 상온에서는 고체가 되며 혈액순환이 좋지 않거나 관절염 환자에게 물리치료로 사용하기도 한다. 파라핀은 콜라겐, 유칼리투스, 비타민 E, 맨솔 성분 및 아로마 오일 등을 첨가하여 건조한 손톱과 거친 피부를 가진 사람들에게 효과적이다. 파라핀은 큐티클 제거 마무리 이후에 하는 것이 수월하며 에나멜을 바를 경우 유분기가 손톱 표면에 흡수 되는 것을 방지하기 위해 베이스 코트를 바른 후에 시술한다. 파라핀이 끝나면 미리 발라진 베이스 코트를 꼼꼼히 지워 유분기를 없애주고 컬러링을 위한 베이스 코트를 다시 바르고 컬러링에 들어간다.

1) 시술재료

습식 매니큐어 준비물, 로션 또는 아로마 오일, 파라핀 워머, 파라핀 왁스, 파라핀 장갑, 비닐 주머니

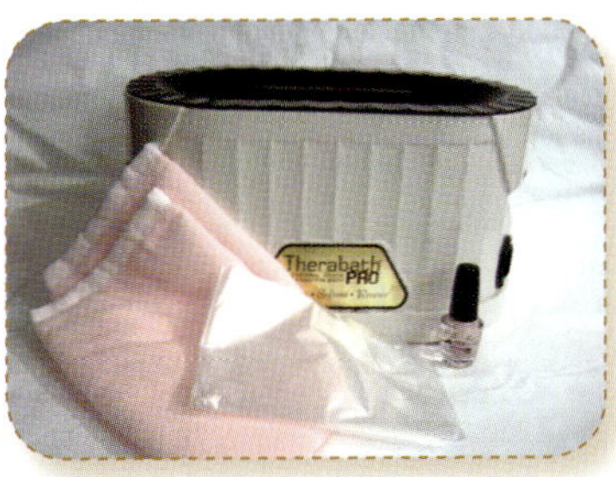

2) 시술과정

① 습식 매니큐어 과정과 동일하게 기초 손질을 한다.

② **베이스 코트 바르기 :** 정리된 손톱 표면에 베이스 코트를 바른다.

③ **로션 바르기 :** 보습용 로션이나 아로마 오일을 손 전체에 바른다.

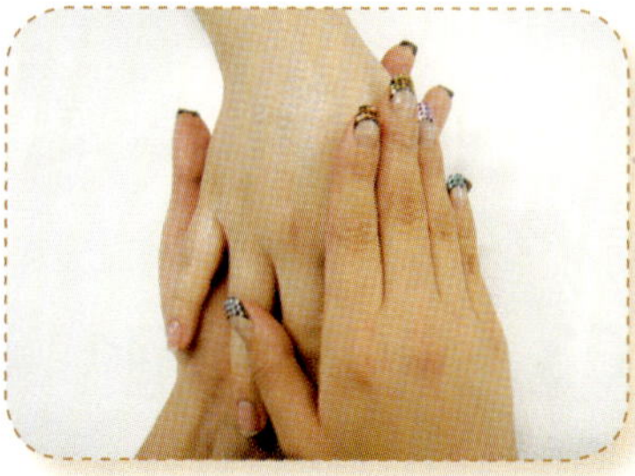

④ **파라핀에 담그기 :** 손목까지 담궜다 빼기를 3~4회 정도 반복한다.

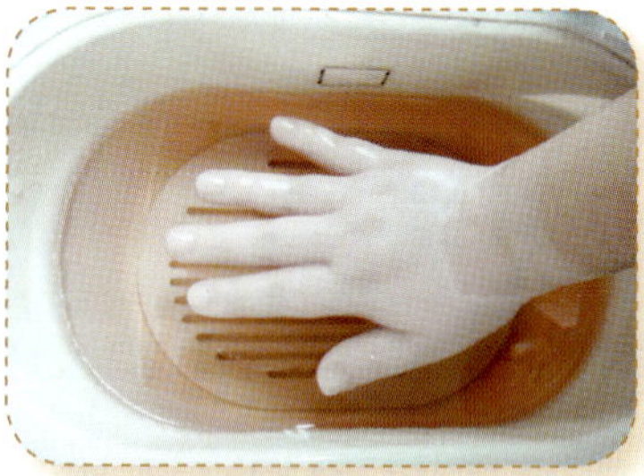

⑤ **비닐 주머니 씌우기 :** 열이 외부로 빠져 나가는 것을 방지하기 위하여 비닐을 씌워준다.

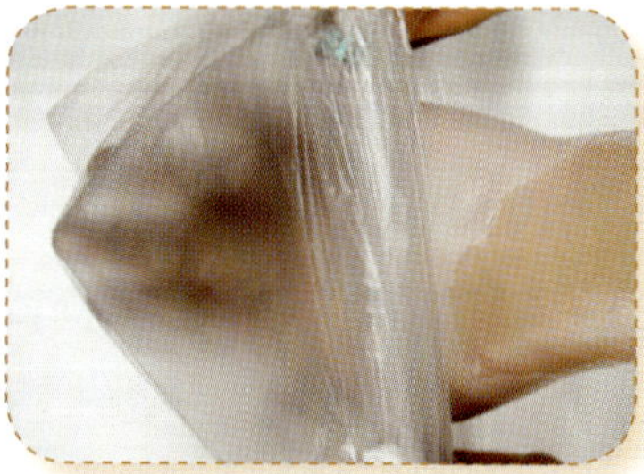

⑥ **파라핀 장갑 씌우기 :** 비닐 위로 장갑을 씌워 10분 정도 둔다. 때에 따라 전기장갑을 씌우기도 한다.

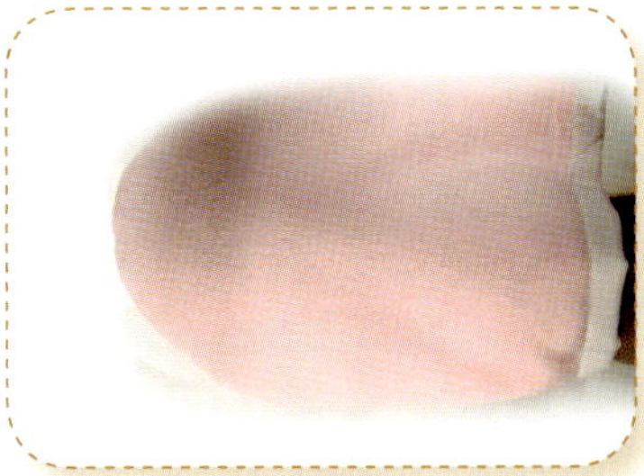

⑦ **파라핀 벗기기 :** 장갑을 벗긴 후 파라핀을 위에서 아래 방향으로 벗겨내고 미리 발라 둔 로션이나 아로마 오일이 흡수될 수 있도록 마사지 한다.

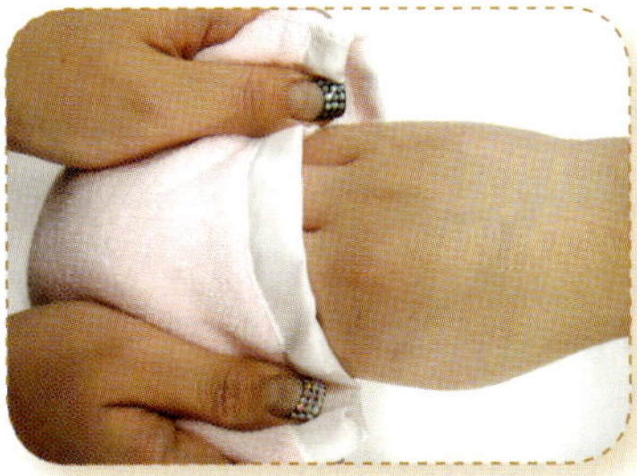

⑧ **베이스 코트 지우기 :** 미리 발라진 베이스 코트를 지우고 오렌지 우드스틱에 솜을 말아 리무버를 묻힌 후 유분기를 제거한다. 컬러링을 할 경우 베이스 코트, 에나멜, 탑 코트 순으로 마무리한다.

04 핫 크림 매니큐어(hot cream manicure)

핫 크림 매니큐어는 건조하고 갈라지기 쉬운 피부와 큐티클을 유연하고 부드럽게 도와주는 효과가 있다.

1) 시술재료

습식 매니큐어 준비물, 로션 워머, 로션, 플라스틱 로션 용기

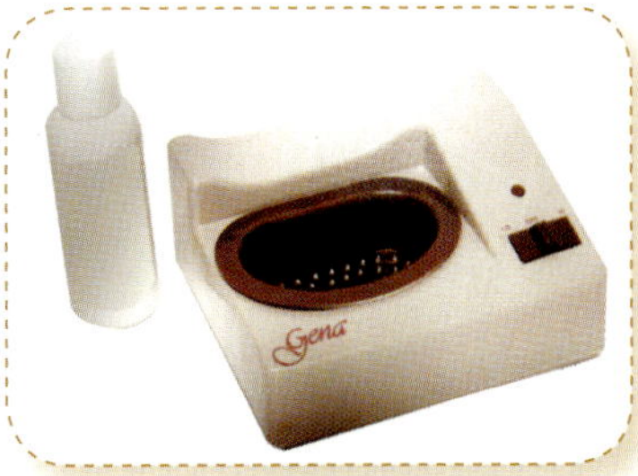

2) 시술과정

① **손 소독 :** 솜에 안티셉틱을 뿌려 시술자와 고객의 손을 소독한다.
② **에나멜 제거 :** 리무버를 솜에 묻혀 손톱 표면에 5초 정도 올려놓은 후 좌·우로 굴리면서 아래로 쭉 쓸어내린다. 잔여물의 에나멜은 오렌지 우드스틱에 솜을 말아 리무버를 묻혀 닦아준다.
③ **손톱모양(쉐입) 잡기 :** 손톱의 양 가장자리에서 중앙 쪽으로 파일링을 해 주며 길이와 모양은 일정하게 다듬는다.
④ **네일 표면 샌딩하기 :** 파일링 후 라운드 패드나 샌딩블럭으로 손톱 밑에 거스러미를 제거하고 손톱 표면이 매끄럽지 않을 경우 샌딩블럭을 이용하여 표면을 정리한다.
⑤ **로션 워머에 손 담그기 :** 한 손을 따듯해진 로션에 담근다. 나머지 한 손도 ①~④까지 시술한다.
⑥ **큐티클 정리하기 :** 손에 묻은 로션을 닦아내고 큐티클을 푸셔로 밀어 올려 니퍼로 정리한다. 나머지 한 손도 큐티클 정리를 한다.
⑦ **소독하기 :** 큐티클 주변에 세균에 감염되지 않도록 스킨 소독제(안티셉틱)를 뿌려 소독한다.
⑧ **손 마사지 :** 스파튤라로 로션을 덜어내어 손과 팔을 마사지한다.
⑨ **유분기 제거하기 :** 오렌지 우드스틱에 솜을 말아 리무버를 묻혀 손톱 표면과 손톱 밑에 유분기를 제거한다. 컬러링을 할 경우 베이스 코트, 에나멜, 탑 코트 순으로 마무리 한다.

05 손 마사지(hand massage)

마사지는 신체를 두드리거나 마찰하거나 주무르는 행위에 뜻이 있다. 손바닥이나 손가락 끝으로 피부나 근육을 이완시키며 혈액 순환을 개선시키고 혈액의 흐름을 증가시키는 방법으로 탄력과 유연성을 준다. 로션이나 아로마 오일 마사지는 피부에 영양분을 주어 윤기와 부드러움을 준다. 고혈압, 심장병, 중풍 등의 질병이 있는 사람은 마사지를 피하는 것이 좋으며 관절염이 있는 사람은 아주 조심스럽게 마사지 한다.

1) 시술재료

로션 또는 아로마 오일, 스팀 타월

2) 시술과정

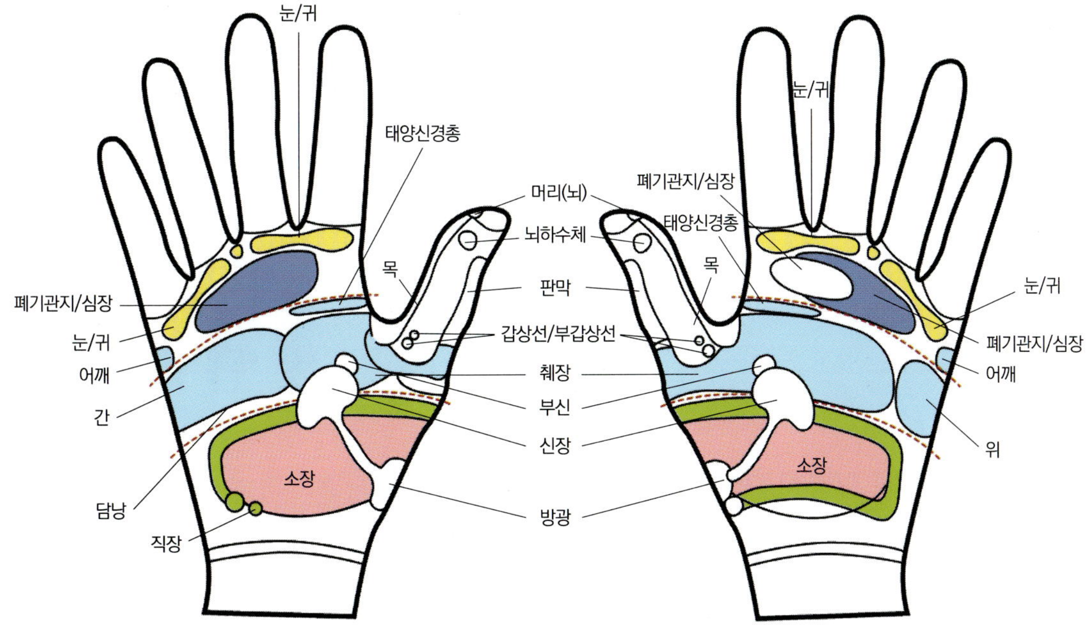

① **로션 바르기 :** 보습용 로션이나 아로마 오일을 손 전체에 골고루 펴 바른다.

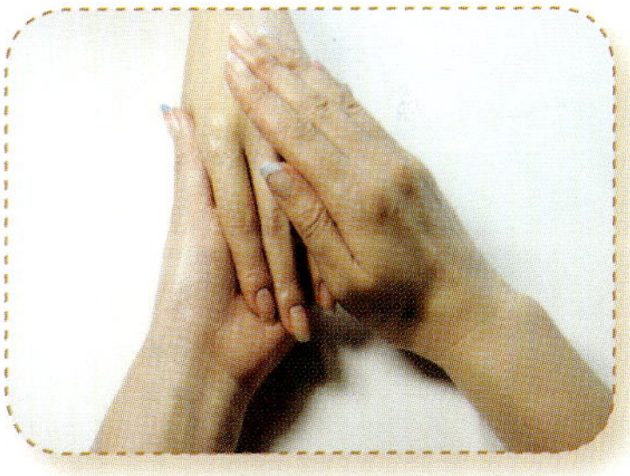

② **지압점 누르기 :** 손가락을 원을 그리듯이 굴려주며 손가락 사이의 관절을 지압한다.

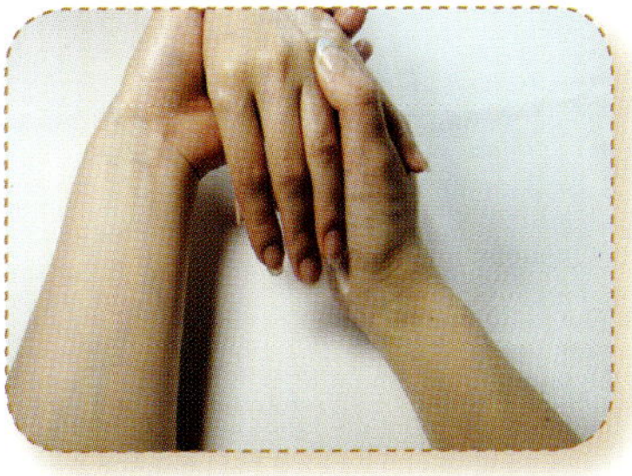

③ **쓰다듬기 :** 검지와 중지를 이용해 손가락 마디마디를 위·아래로 쓰다듬어 준다.

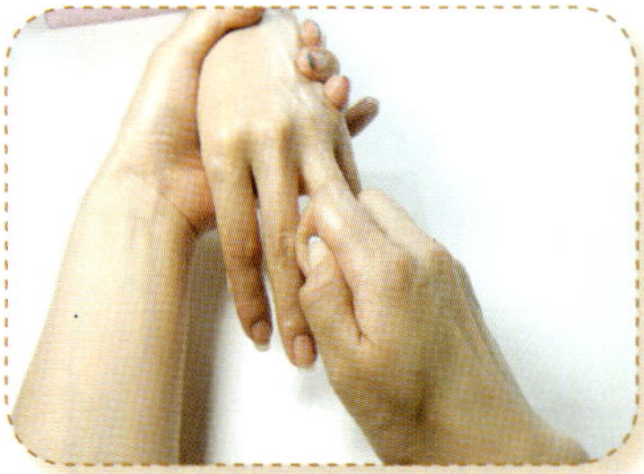

④ **튕겨주기 :** 손가락 하나하나를 잡아당기며 위에서 아래로 튕겨 준다.

⑤ **손목 돌리기 :** 깍지를 끼고 손목을 좌·우로 돌려가며 스트레칭 한다.

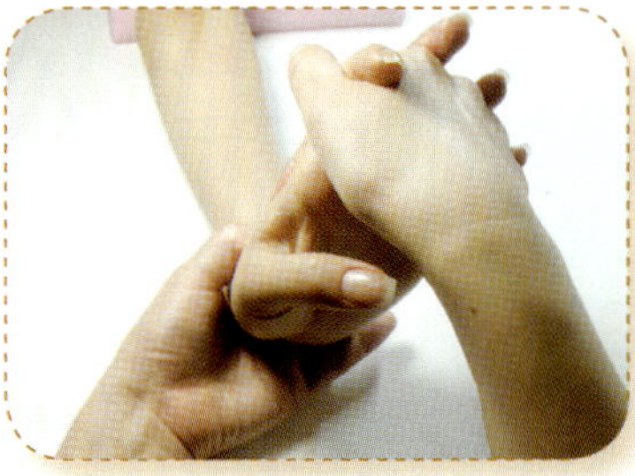

⑥ **손바닥 문지르기 :** 양 엄지를 이용하여 손바닥을 힘을 주어 문지르고 스트레칭 한다.

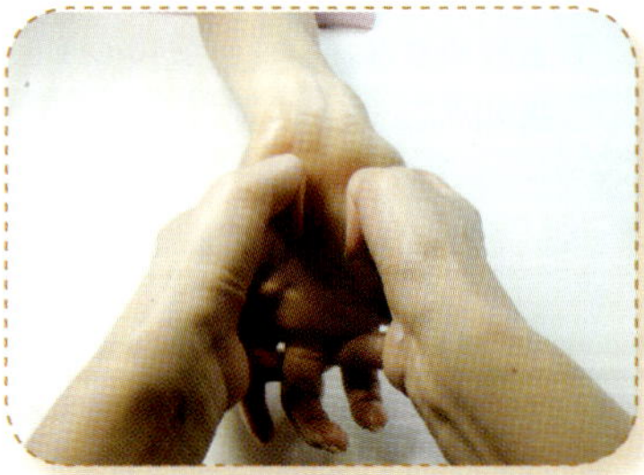

⑦ **두드리기 :** 손바닥과 손 등을 가볍게 두드려 마무리 한다.

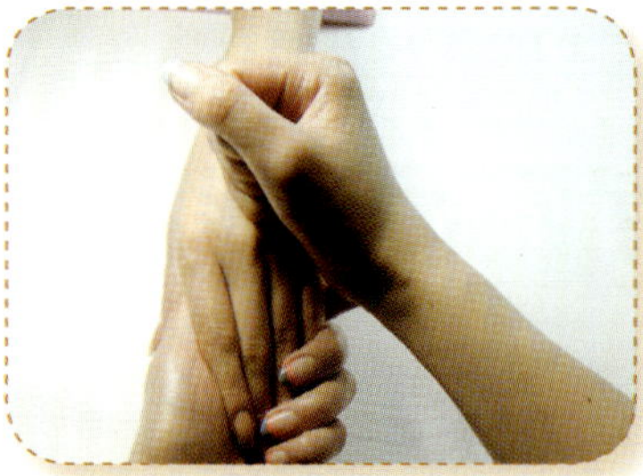

⑧ **스팀 타월 :** 손의 유분기를 제거한다.

손 마사지

CHAPTER 02

핵심문제

1. 다음 중 소독하지 않아도 되는 것은?

   ① 니퍼　② 오렌지 우드스틱　③ 푸셔　④ 콘 커터

2. 다음 중 매니큐어 시술에 관한 것이다. 틀린 것은?

   ① 큐티클은 죽은 각질 세포이므로 많이 잘라내는 것이 좋다.
   ② 버핑 시 너무 많이 또 너무 세게 문지르지 않도록 한다.
   ③ 탑 코트를 발라 유색 에나멜이 더 오래가도록 한다.
   ④ 큐티클 주위의 손톱 각질을 자르면 자를수록 딱딱해질 수 있다.

3. 네일 시술시 피가 났을 때 멈추게 하는 방법으로 가장 맞는 것은?

   ① 손으로 지긋이 누른다.　② 지혈제를 바르고 누른다.
   ③ 알코올에 담근다.　④ 흐르는 물에 씻는다.

4. 건성 피부나 네일을 가진 고객에게 효과적인 매니큐어는?

   ① 프렌치 매니큐어　② 습식 매니큐어　③ 파라핀 매니큐어　④ 건식 매니큐어

5. 파라핀 매니큐어와 흡사한 효과가 있는 매니큐어는?

   ① 프렌치 매니큐어　② 핫 로션 매니큐어　③ 습식 매니큐어　④ 건식 매니큐어

6. 파라핀 매니큐어 시 파라핀에 손을 담그기 전에 베이스 코트를 바르는 이유는?

① 파라핀을 제거 후 바로 컬러를 바르기 위해

② 컬러 시간을 단축시키기 위해

③ 자연 네일에 영양 공급을 방지하기 위해

④ 파라핀의 유분기로 인한 컬러 접착력 감소를 방지하기 위해

7. 네일 보강제 사용의 올바른 방법은?

① 베이스코트를 바르기 전에 바른다.

② 베이스코트를 바른 후에 바른다.

③ 컬러를 바른 후에 바른다.

④ 탑 코트 바른 후에 바른다.

8. 가장 효과적인 매니큐어 시술 주기는?

① 일주일에 1회 ② 일주일에 2회 ③ 이주일에 1회 ④ 자주할수록 좋다.

9. 핑거볼에 살균제를 넣는 주된 이유는?

① 큐티클을 유연하게 하기위해 ② 상처 난 부위를 소독 하기위해

③ 박테리아 살균을 위해 ④ 손톱의 세척을 위해

10. 고객을 시술하기 전 최소 몇 분전에 소독해야 하는가?

① 10~20분 전 ② 30~40분 전 ③ 1시간 전 ④ 하루에 한 번

정답 1.② 2.① 3.② 4.③ 5.② 6.④ 7.① 8.① 9.③ 10.①

CHAPTER 03

패디큐어(Pedicure)

패디큐어는 발과 발톱을 손질하고 발의 굳은살 제거와 마사지, 컬러 등이 포함된다. 또한 발 마사지는 혈액순환을 원활하게 해주고 발의 피로를 풀어주는 역할을 한다. 패디큐어는 발의 노출이 많은 여름철에 선호하며 다양한 컬러는 슬리퍼나 샌들을 신었을 때 효과적이다.

01 패디큐어(pedicure)

1) 시술재료

습식 매니큐어 재료, 족탕기 또는 스파, 콘 커터, 패디 파일, 토우 세퍼레이터, 패디 스크럽 등

2) 사전준비

① 족탕기나 스파에 따뜻한 물을 채우고 살균비누를 넣는다.

② 습식 소독기 바닥에 솜을 깔고 소독약을 넣어 시술에 필요한 도구를 소독한다.

③ 발과 발톱의 이상 유무를 확인한다.

3) 시술과정

① **소독 :** 솜에 안티셉틱을 뿌려 시술자와 고객의 발을 소독한다.

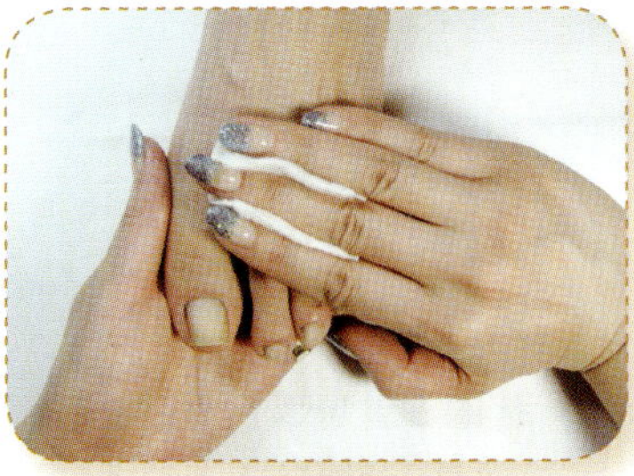

② **에나멜 제거 :** 리무버를 솜에 묻혀 발톱 표면에 5초 정도 올려놓은 후 좌·우로 굴리면서 아래로 쭉 쓸어내린다. 잔여물의 에나멜은 오렌지 우드스틱에 솜을 말아 리무버를 묻혀 닦아준다.

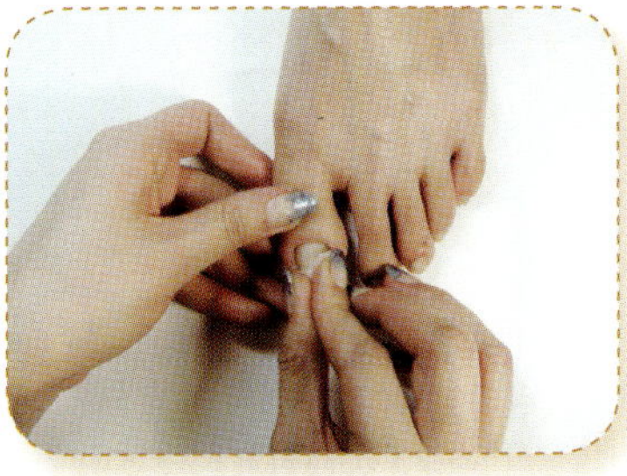

③ **발톱모양(쉐입) 잡기 :** 발톱의 길이가 길면 클리퍼로 자른 후 파일을 사용하여 길이는 일정하게, 모양은 일자로 다듬는다.

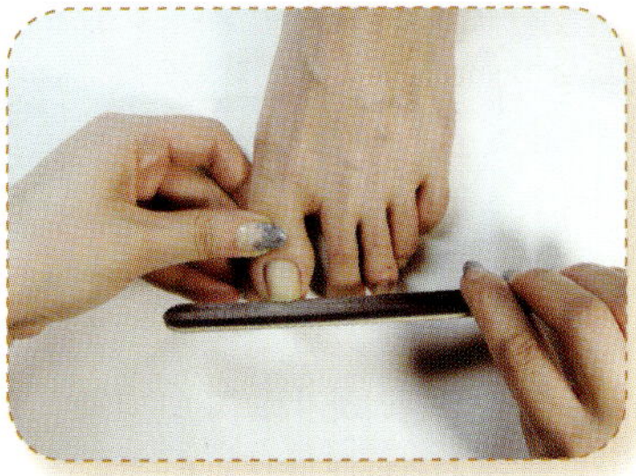

④ **발톱 표면 샌딩하기 :** 파일링 후 라운드 패드나 샌딩 블럭으로 발톱 밑에 거스러미를 제거하고 발톱 표면이 매끄럽지 않을 경우 샌딩 블럭을 이용하여 표면을 정리한다.

⑤ **발 불리기 :** 살균비누를 넣은 족탕기나 스파에 정리한 발을 5~10분정도 불린다. 발을 불리는 동안 나머지 한발도 ①~④번의 동작을 시술한 후 교대로 불린다.

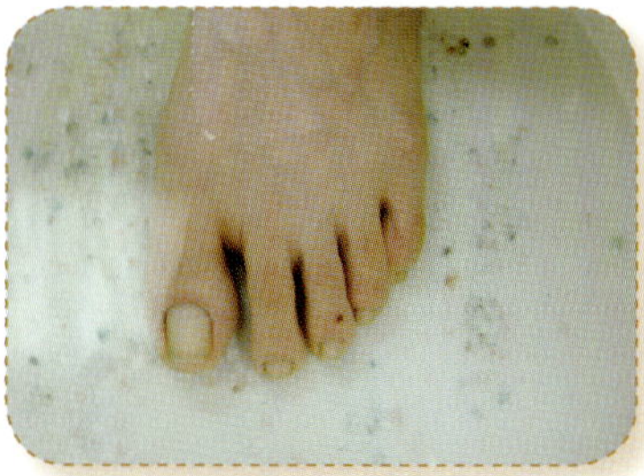

⑥ **큐티클 오일 바르기 :** 불린 발의 물기를 제거하고 큐티클을 유연하게 하기 위하여 큐티클 주변에 오일을 바른다.

⑦ **큐티클 밀기 :** 푸셔는 연필 잡듯이 잡고 45° 각도로 큐티클을 밀어 올린다. 지나치게 힘을 주어 밀어 올리면 발톱 표면이 손상되거나 큐티클 깊숙이 들어가 상처를 낼 수 있으므로 주의한다.

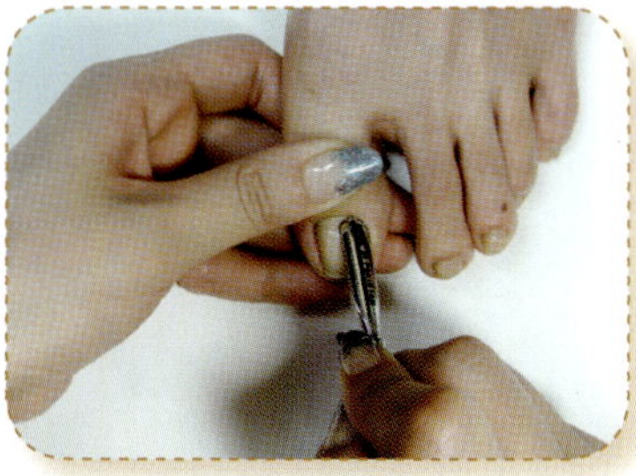

⑧ **큐티클 정리하기 :** 니퍼의 날과 큐티클이 수평이 되게 하여 큐티클을 정리한다. 나머지 한 발도 ⑥~⑧번의 동작을 시술한다.

⑨ **소독하기 :** 큐티클 주변에 세균에 감염되지 않도록 스킨 소독제(안티셉틱)를 뿌려 소독한다.

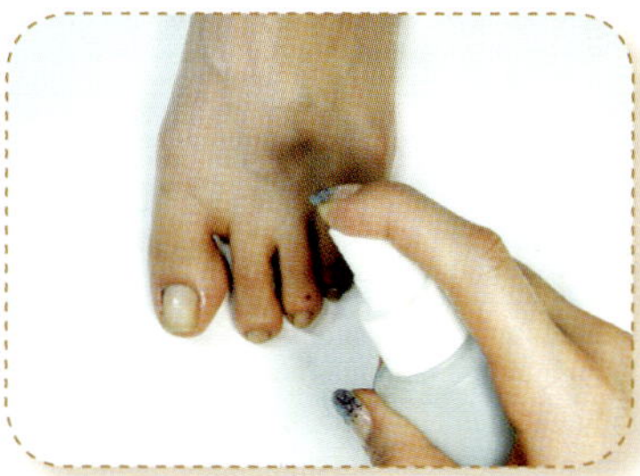

⑩ **굳은살 제거하기**(콘 커터) : 발바닥에 굳은살이 심할 경우 콘 커터를 발바닥과 날이 평행이 되게 하고 피부(족문) 결 방향으로 안쪽에서 바깥쪽, 위에서 아래로 사용하여 굳은살을 제거한다. 이때 한꺼번에 너무 많이 제거 하거나 면도날의 각도를 너무 세워서 하면 피부가 손상될 수 있으므로 주의한다.

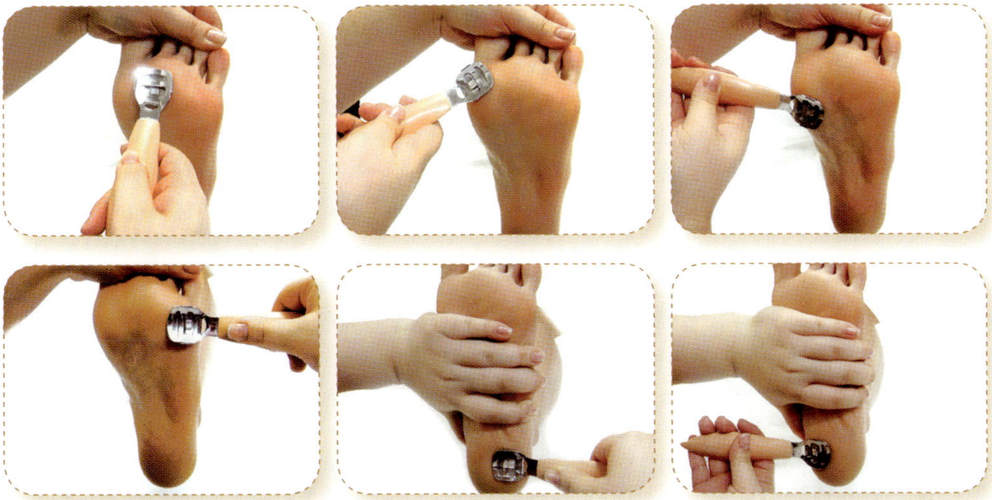

⑪ **각질 정리하기**(패디 파일) : 콘 커터로 제거한 굳은살 부위에 적당량의 스크럽 또는 로션 등을 바르거나 패디 파일에 묻혀 발바닥의 피부(족문)결 방향으로 안쪽에서 바깥쪽, 위에서 아래로 제거된 각질 부위가 부드러워 질 때 까지 문질러 준다.

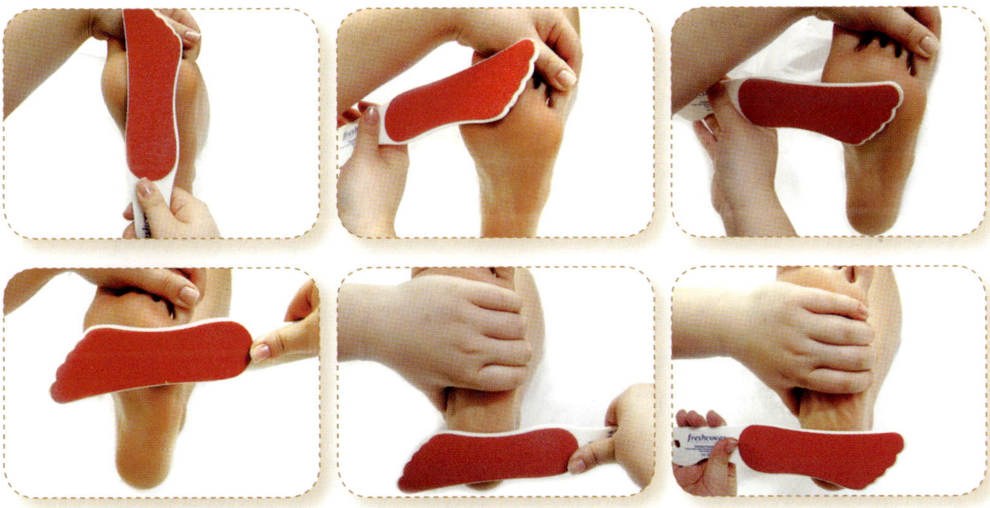

⑫ **마사지하기 :** 피로를 풀어주고 혈액순환을 촉진시키기 위하여 적당량의 로션을 덜어 양 발을 마사지한다. 유분기 제거를 위하여 핫 타월로 닦아준다.

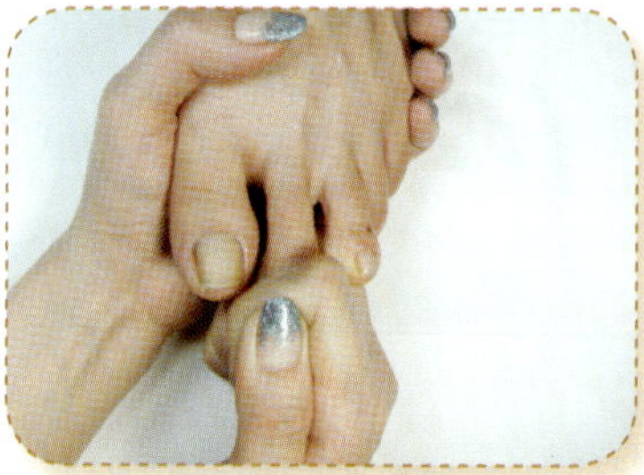

⑬ **유분기 제거하기 :** 오렌지 우드스틱에 솜을 말아 리무버를 묻혀 발톱 표면과 발톱 밑에 유분기를 제거한다.

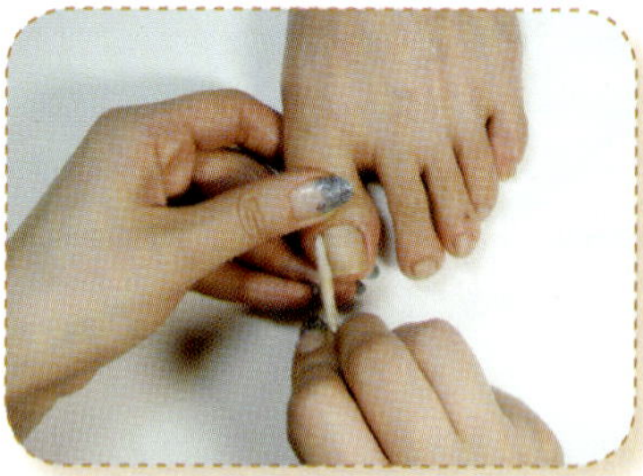

⑭ **토우 세퍼레이터 끼우기 :** 컬러링을 할 때 에나멜이 발톱 주위에 묻는 것을 방지하기위하여 토우 세퍼레이터를 끼운다.

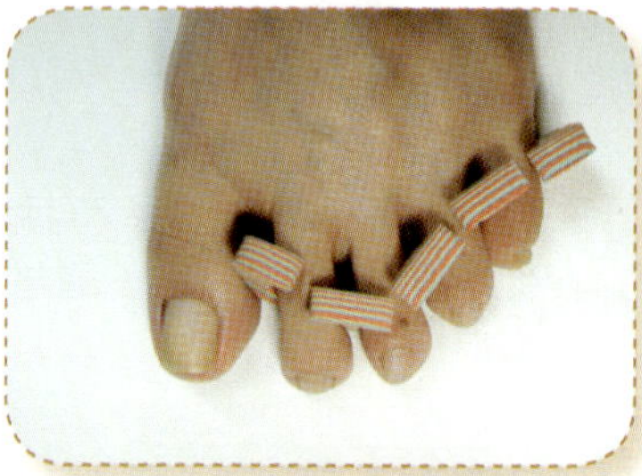

⑮ **베이스 코트 바르기 :** 착색을 방지하고 에나멜이 잘 밀착될 수 있도록 얇게 1회 바른다. 경우에 따라 베이스 코트 대신 네일 보강제를 발라 주어도 된다.

⑯ **에나멜 바르기 :** 에나멜은 최대한 큐티클 라인에 가깝게 발라주며 풀 코트(full coat)로 얇게 2회 바른다.

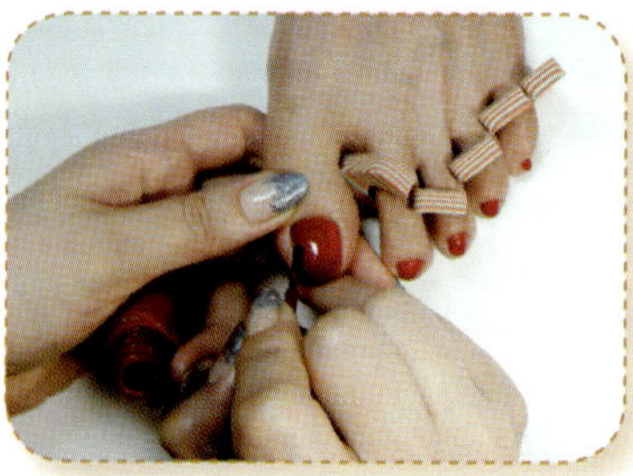

⑰ **탑 코트 바르기 :** 에나멜이 적당히 건조 후 광택과 색상의 유지를 위해 탑 코트를 바른다.

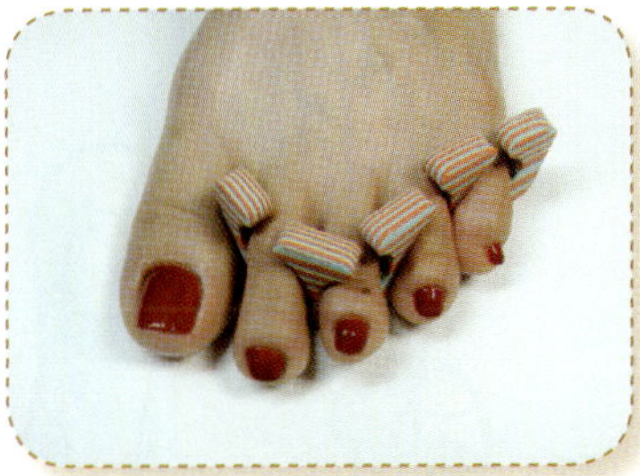

패디큐어

02 발 마사지(foot massage)

발에는 많은 신경들이 분포되어 있어 이런 신경들을 눌러주고, 비벼주거나 두들겨주게 되면 근육을 이완시키며 혈액 순환을 개선시키고 피로와 스트레스를 풀어주어 편안함을 준다. 로션이나 아로마 오일 등으로 마사지 해주면 매끈한 발을 유지할 수 있다.

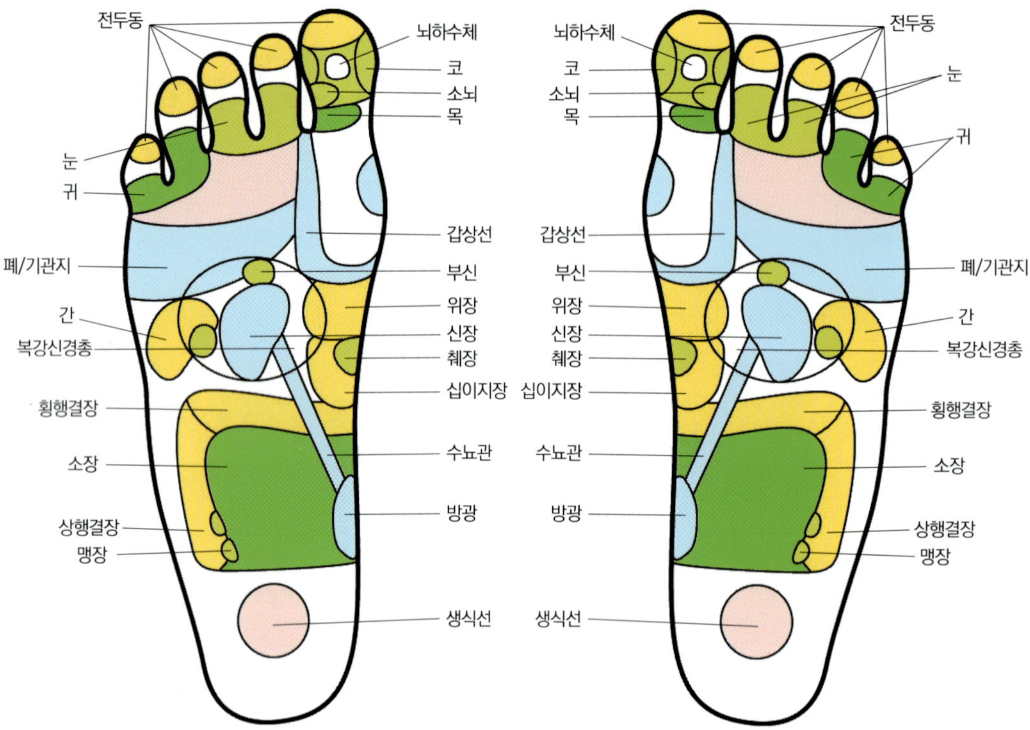

1) 시술재료

로션 또는 아로마 오일, 스팀 타월 등

2) 시술과정

① **로션 바르기 :** 보습용 로션이나 아로마 오일을 발 전체에 골고루 펴 바른다.

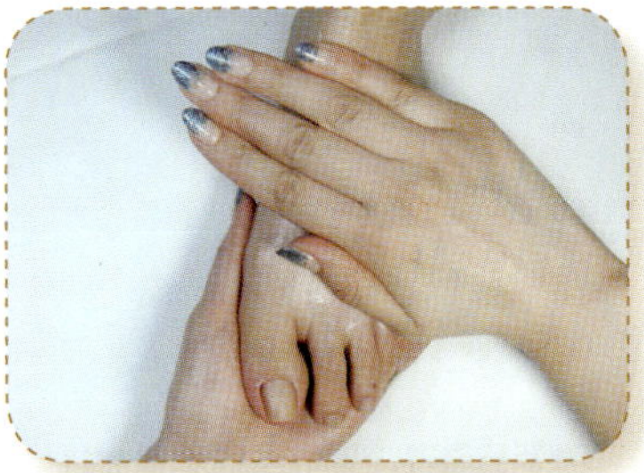

② **쓸어내리기 :** 양손으로 발을 감싸 쥐듯이 발가락에서 뒤꿈치 쪽으로 압을 주어 쓸어 내린다.

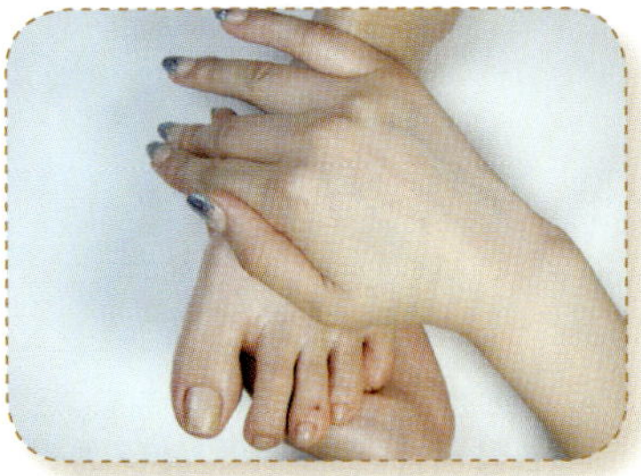

③ **지압점 누르기 :** 발가락을 원을 그리듯이 굴려주며 발가락 사이의 관절을 지압한다.

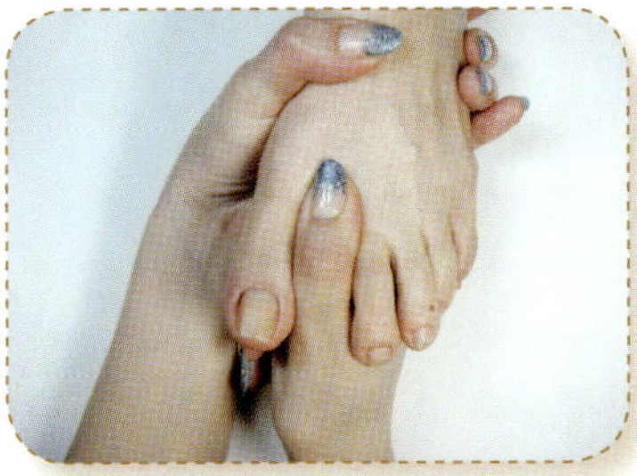

④ **튕겨주기 :** 발가락 하나하나를 잡아당기며 위에서 아래로 튕겨준다.

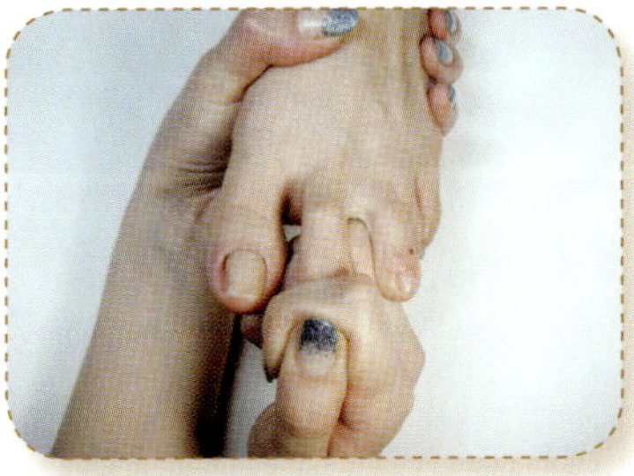

⑤ **발바닥 지압점 누르기 :** 발목을 꺾어 양손 엄지를 이용해 아래에서 위쪽으로 눌러주며 용천을 지압한다.

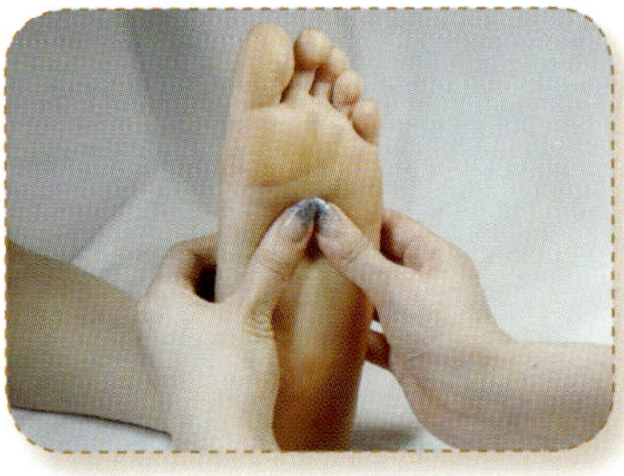

⑥ **발목 돌리기 :** 발목을 잡고 좌·우로 돌려준다.

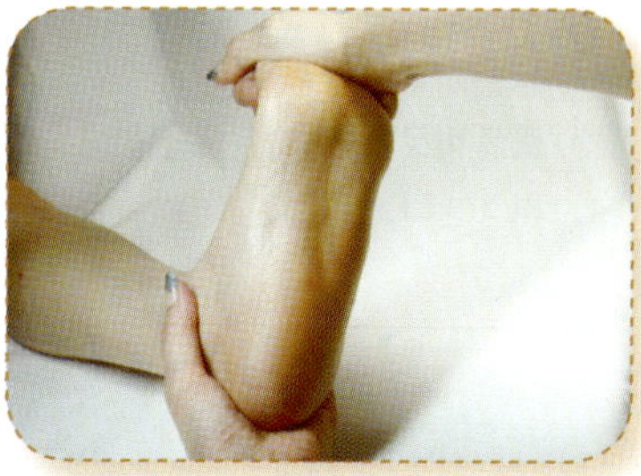

⑦ **두드리기 :** 발바닥 중앙과 발뒤꿈치를 가볍게 두드려 마무리 한다.

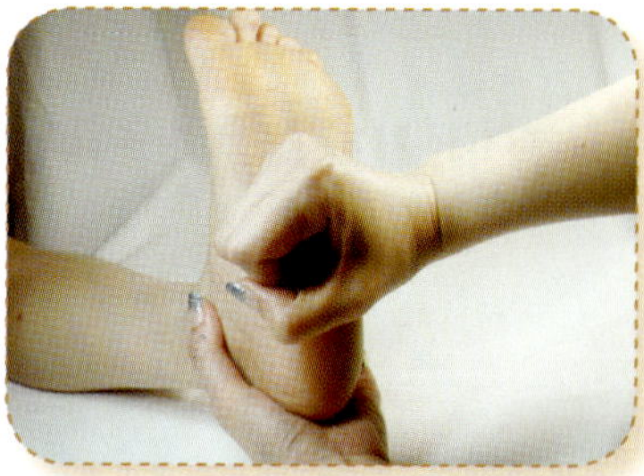

⑧ **스팀 타월 :** 발을 감싸 유분기를 제거한다.

CHAPTER 01

핵심문제

1. 패디큐어 시술시 발톱모양으로 적합한 것은?

① 스퀘어 ② 라운드 ③ 포인트 ④ 오발

2. 패디파일의 사용방향으로 맞는 것은?

① 아래에서 위 방향으로 ② 지그재그 방향으로
③ 족문의 결 방향으로 ④ 위에서 아래방향으로

3. 발톱이 살을 파고드는 원인으로 적당한 것은?

① 굽이 낮은 신발을 신어서 ② 발에 꽉 끼는 신발을 신어서
③ 발톱이 너무 많이 자라서 ④ 에나멜을 자주 발라서

4. 발바닥 굳은살을 제거할 때 사용하는 도구는?

① 클리퍼 ② 콘 커터 ③ 패디화일 ④ 토우 세퍼레이터

5. 패디큐어 시술시 필요하지 않은 것은?

① 니퍼 ② 푸셔 ③ 콘 커터 ④ 엑티베이터

6. 패디큐어 시술 시 족탕기나 스파에 첨가 시켜야 하는 것은?

① 알코올 ② 향균 비누 ③ 방부제 ④ 아로마 오일

정답 1.① 2.③ 3.② 4.② 5.④ 6.②

CHAPTER 04

드릴머신(Drill Machine)

파일링을 전기 동력을 이용하여 빠르고 매끄럽게 해주는 기계로 앞부분에 비트를 교체함으로서 다양한 기능을 갖는다. 시술시 신속하고 편리하게 서비스하기 위해 사용되며 미숙한 사용법은 손톱에 손상을 줄 수 있으므로 올바른 드릴머신 사용법을 숙지한 후 사용한다.

01 드릴머신의 구성

드릴머신은 본체와 핸드피스, 비트로 구성되어 있다.

스탠드형 드릴머신

포터블형 드릴머신

1) 비트의 종류

비트는 용도, 모양, 재질에 따라 구분되어지며 비트의 날이 너무 날카로우면 저속으로 회전시켜 파일에 갈아 조금 무뎌지게 만들어 사용할 수 있다. 메탈 비트의 경우 장시간 소독 액에 담궈 두거나 저렴하고 품질이 낮으면 녹이 생길 수 있으므로 주의한다.

(1) 테스트 바(test bar)

핸드피스에 끼워져 있는 것으로 비트 분리 후에는 꼭 테스트 바를 끼워 보관해야 핸드피스의 손상을 방지할 수 있다.

(2) 샌딩 밴드(sanding band)

일회용으로 사용되며 원통형 파일이나 갈색 페이퍼 파일로 맨비트에 끼워 손톱에 사용한다.

(3) 버핑 비트(buffing bit)

가죽이나 면 등의 천연소재로 만들어졌으며 손톱에 광택을 낼 때 사용한다.

(4) 카바이드 비트(carbide bit)

금속제로 되어 있으며 절삭력이 높다. 각 비트의 세로 홈(커트)의 양으로 세기를 측정하는데 홈이 깊어지면 거칠어지고 홈이 얕아지면 비트의 거칠기도 얇아진다.

(5) 다이아몬드 비트(diamond bit)

카바이드 비트보다 자극이 없으며 프리엣지 밑 부분 안쪽 C커브 부분을 마무리할 때 사용한다.

(6) 댕글 비트(dangle bit)

댕글을 프리엣지에 달기위하여 구멍을 뚫을 때 사용되는 카바이드 비트이다.

(7) 백필 비트(backfill bit)

프렌치 스캅춰를 백필할 때 스마일 라인의 자란부분을 깍는데 사용하는 비트이다.

(8) 카버렌덤(carborundum)

큐티클 주변 루즈스킨과 각질화 된 피부를 제거할 때 사용하는 비트이다.

(9) 큐티클 푸셔(cuticle pusher)

매니큐어 시술 시 푸셔 대신 사용하는 비트로 큐티클이 너무 단단할 경우에는 메탈 푸셔로 살짝 밀어낸 후 시술한다.

(10) 브러시(brush)

표면 정리 후 생겨난 먼지를 제거할 때 사용한다.

02 드릴머신의 사용방법

드릴머신은 스피드가 너무 빠르거나 압력이 강하면 손가락을 감아버리는 경우가 있으므로 스피드와 압력을 조절하고 사용용도에 따른 정확한 비트를 사용하도록 한다.

1) 비트 장착

핸드피스에 비트를 장착할 때 1㎝ 정도의 공간을 확보하여야 하며 올바르게 비트를 장착해야 시술 중에 비트가 분리되는 상황이 생기지 않는다. 비트는 일회용과 반영구적으로 사용하는 비트가 있다.

비트장착 전

비트장착 후

2) RPM(드릴머신의 회전수)

드릴머신의 스피드를 말하며 비트가 1분 동안 회전하는 수를 RPM이라 한다. 일반적으로 다이얼을 돌려가며 RPM을 조절할 수 있고 예를 들어 5,000RPM이라면 1분 동안 5,000번이 손톱에 닿는 것을 말한다. 대부분의 드릴머신은 최저 0~100RPM, 최고 35,000RPM이다. 네일 시술시 5,000~15,000RPM이 적합하다.

3) 회전방향(R/F)

드릴머신의 방향은 시계방향(R)으로 회전하지만 왼손잡이인 경우 드릴머신의 회전방향을 시계반대방향(F)으로 돌려 사용할 수 있다.

4) 드릴머신 및 비트 관리법

분리 된 비트는 전용 브러시를 사용하여 먼지를 제거하고 비눗물에 헹군 후 소독 액에 담가 준다. 소독 후에는 물에 헹구어 잘 말려 비트 전용용기에 보관하며 드릴머신 사용 후에는 핸드피스에 테스트 바를 장착하여 보관한다.

03 드릴머신의 시술방법

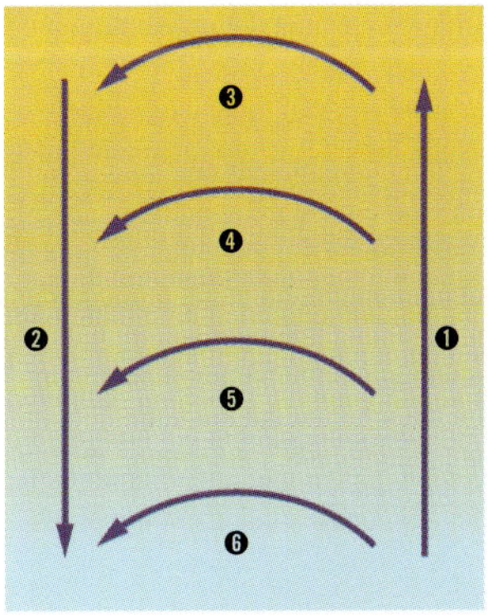

드릴링(R) 방향

1) 시술과정

① 완성된 인조 팁이나 아크릴릭 위 손톱의 중앙 라인부터 갈아 준다.

② 오른쪽 프리엣지에서 큐티클 방향으로 큐티클 라인을 지나 다시 왼쪽 프리엣지 방향으로 다듬는다.

③ 손톱의 길이를 파일로 다듬는다.

④ C커브를 확인하고 프리엣지 아랫부분도 다듬는다.

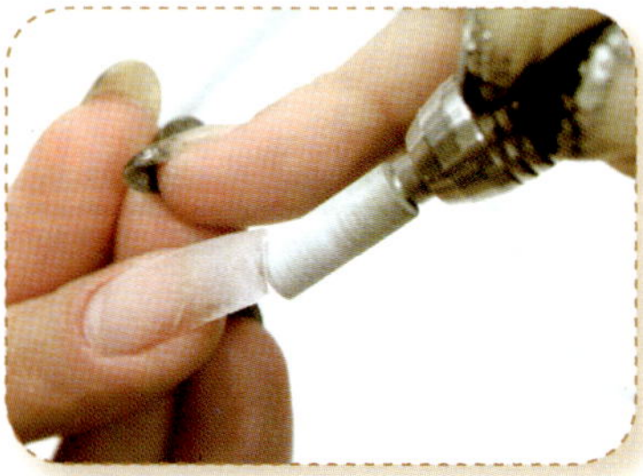

⑤ 파일을 이용하여 쉐입과 사이드를 다듬는다.

⑥ 샌딩 블럭을 이용하여 손톱표면을 매끄럽게 다듬는다.

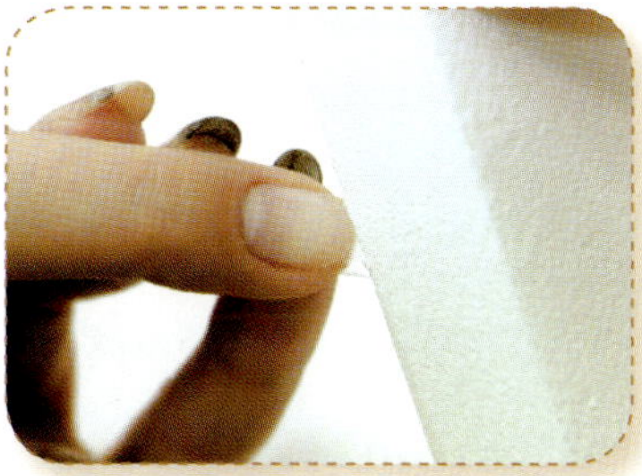

⑦ 큐티클에 오일을 발라 마사지해 주고 때에 따라 3-way로 광택을 낸다.

CHAPTER 04
핵심문제

1. 연마원반, 굳은살 밀어 올리기 등의 부품에 있어 시술시 활용할 수 있는 것은?

① 펀치 ② 푸셔 ③ 드릴머신 ④ 댕글 드릴

2. 드릴 머신 사용 시 설명으로 잘못된 것은?

① 같은 곳에 오랫동안 머물고 드릴링 하지 않으며 열이 나므로 조심해야 한다.

② 큐티클 부분은 무리가 가지 않게 얇게 갈아야 한다.

③ 기능에 따라 다양한 비트가 있다.

④ 핸드피스는 최대한 강하게 잡는다.

3. RPM이란 무엇인가?

① 비트가 1초에 회전하는 수

② 비트가 1분에 회전하는 수

③ 비트가 5분에 회전하는 수

④ 비트가 10분에 회전하는 수

정답 1.③ 2.④ 3.②

CHAPTER 05

네일 팁(Nail Tip)

네일 팁은 자연 손톱이 짧거나 멋을 내기 위하여 손톱 길이를 연장해주는 인조 네일을 말한다. 인조 네일의 재질은 플라스틱, 나일론, 아세테이트로 만들어졌으며 네일 팁 자체만으로는 약하므로 팁 위에 랩(wrap), 아크릴릭(acrylic), 필러 파우더(filler powder), 젤(gel)을 보강함으로서 견고성을 높일 수 있다.

01 팁의 기초지식

1) 팁의 종류

네일 팁은 모양과 커브, 길이에 따라 달라지며 팁의 크기(호수)는 보통 10가지(0~9호 또는 1~10호로 표기)로 구분되어 지고 자연 손톱의 길이를 연장하거나 자연 손톱의 형태 고정, 약한 손톱의 보호 기능을 가지고 있다.

① 풀 팁(full tip) – 자연 손톱 전체를 덮는 팁으로 풀 커버 팁(full cover tip)이라고도 하며 손톱이 작거나 길이를 연장하고 싶을 때 전체적으로 손톱모양에 맞게 붙이는 팁이다.

② 반 팁(half tip) – 손톱의 끝부분에 접착하여 손톱 길이를 연장하는 팁으로 팁의 접착하는 끝부분이 스퀘어 모양으로 되어 진 풀 웰(full well)팁과 라운드 모양으로 되어 진 하프 웰(half well)팁이 있다.

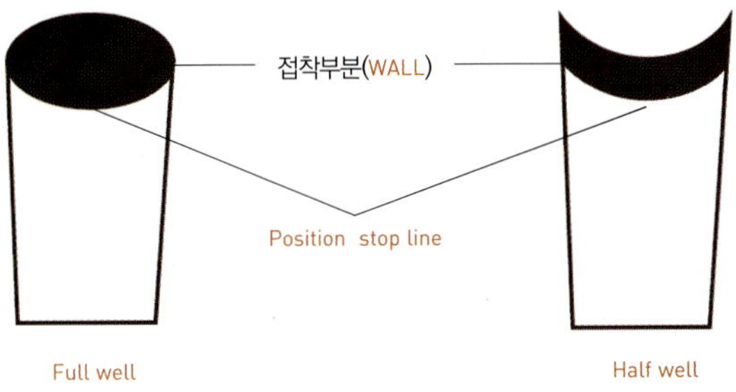

③ 디자인 팁(design tip) – 핸드 페인팅이나 도안, 에어브러시 등 여러 가지 문양이 디자인 되어 있는 팁으로 풀 팁과 반 팁이 있다.

④ 롱 커브 팁(long curve tip) – 다른 팁에 비하여 길이가 길고 커브가 많이 있어 연장하는 용도가 아닌 각종 대회나 작품 출품에 사용되는 팁이다.

⑤ 클리어 팁(clear tip) – 팁의 색이 투명하여 유리 같은 느낌을 주며 풀 팁, 반 팁, 롱 커브 팁 등이 있다.

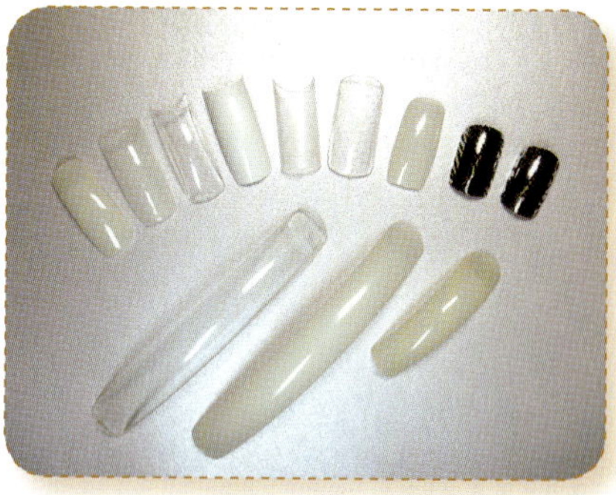

여러 가지 팁

2) 팁의 선택과 접착 방법

(1) 팁의 선택

① 자연 손톱의 넓이가 맞는 팁으로 손톱 양쪽 끝을 모두 커버해야 한다.

② 웰의 크기가 너무 클 경우에는 파일로 갈거나 클리퍼로 잘라서 사용한다.

③ 자연 손톱의 1/2 이상을 덮어서는 안 된다.

④ 자연 손톱의 모양과 길이에 맞는 팁 모양을 사용한다.

(2) 팁의 접착 방법

① 팁을 접착할 때 팁의 각도를 45 ° 로 자연 손톱 끝부분에 대고 공기가 들어가지 않게 밀착시켜 접착한다. 이때 5~10초정도 눌러주어야 접착이 잘되고 공기방울이 생기지 않는다.

② 팁의 방향은 손가락 끝 마디 선과 평행이 되도록 하고 손가락과 손톱의 방향이 휘어졌을 경우에는 손가락 전체의 방향에 맞추어 접착한다.

③ 팁의 접착제인 글루나 젤은 팁의 웰 부분에 바르거나 자연 손톱에 바른 후 접착한다.

④ 팁의 접착제인 글루나 젤의 양이 적을 경우 접착이 잘 되지 않고 양이 많을 경우 손톱 주위 피부에 흘러내릴 수 있으므로 양 조절이 중요하다.

02 팁 위드 파우더(tip with powder)

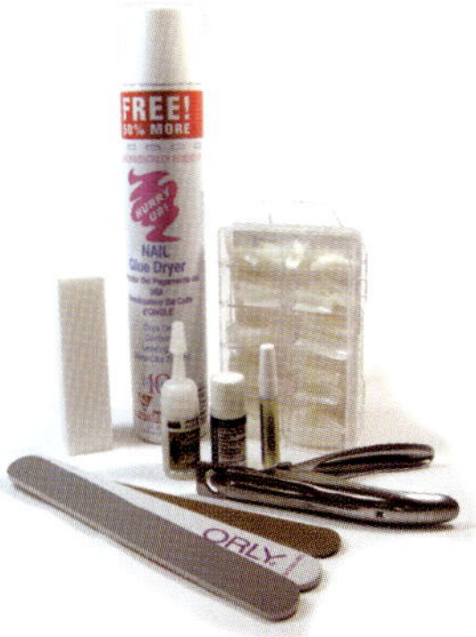

1) 시술재료

팁, 글루, 젤, 글루 드라이어, 팁 커터, 필러 파우더, 파일, 샌딩 블럭, 3-way, 습식 매니큐어재료

2) 시술과정

① **소독하기 :** 솜에 안티셉틱을 뿌려 시술자와 고객의 손을 소독한다.

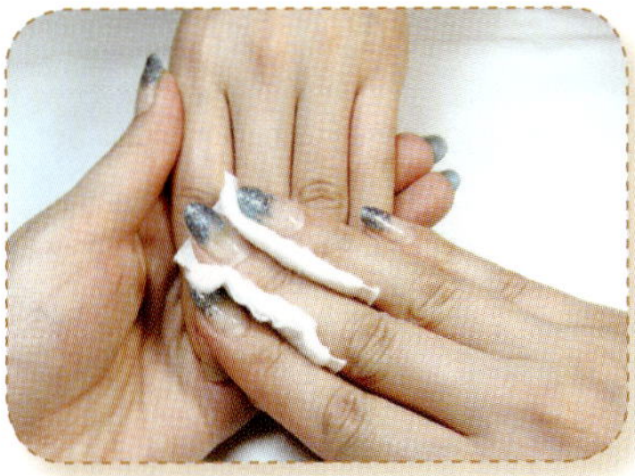

② **손톱모양(쉐입) 잡기 :** 파일을 이용하여 자연 손톱의 모양을 둥근형으로 만들어주며 자연손톱의 길이는 0.5~1㎜ 정도가 적당하다.

③ **큐티클 밀기 :** 오렌지 우드스틱이나 푸셔로 자연손톱 표면이 손상되지 않게 큐티클을 부드럽게 밀어 올린다.

④ **유분기 제거하기**(에칭) **:** 네일 팁의 접착력을 좋게 하기 위해 부드러운 파일이나 샌딩 블럭으로 손톱 표면의 광택을 제거한다.

⑤ **팁 접착하기 :** 자연 손톱에 맞는 크기의 팁을 고른 후 글루나 젤을 팁의 웰 부분에 바르고 자연 손톱에 45˚ 각도로 접착하여 5~10초정도 눌러준다.

⑥ **팁 길이 조절과 모양잡기 :** 팁 커터나 클리퍼를 이용하여 원하는 길이로 자른 후 파일로 모양(쉐입)을 다듬는다.

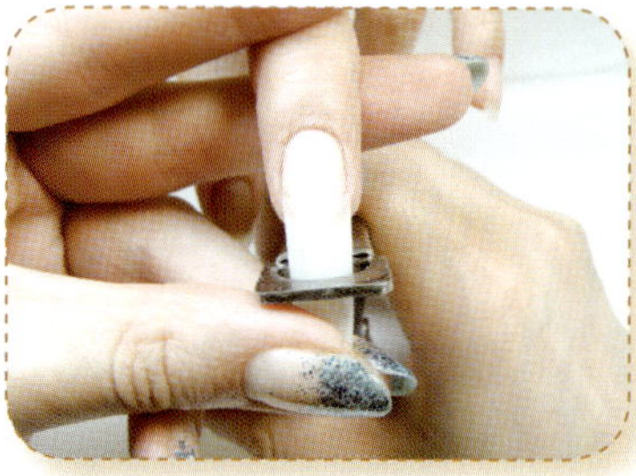

⑦ **팁 턱 제거하기 :** 자연 손톱과 팁의 웰 부분(연결부분)을 부드러운 파일(180grit)로 파일링 한다. 이때 자연 손톱에 손상 없이 턱을 제거해야 한다.

⑧ **글루 바르기 :** 턱 제거 후 손톱 전체에 글루를 네일 주위 피부에 묻지 않게 바른다.

⑨ **필러 파우더 뿌리기 :** 글루가 마르기 전 필러 파우더를 전체적으로 고르게 뿌린다. 특히 자연 손톱의 꺼져 있는 부분이나 하이 포인트를 만들어 준다.(2~3회)

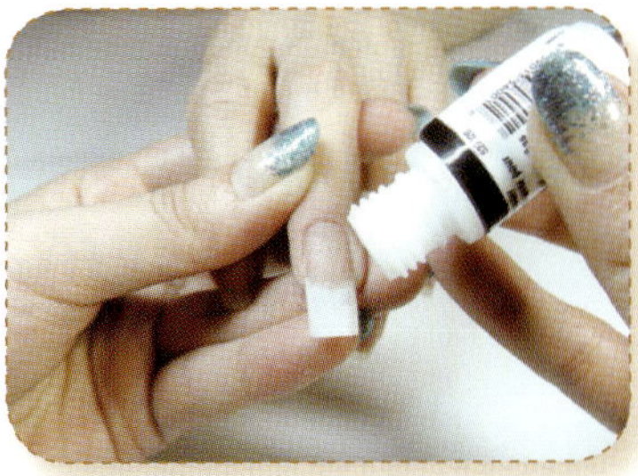

⑩ **글루 바르기 :** 손톱 주위나 손톱 가장자리에 뿌려진 필러 파우더를 오렌지 우드스틱으로 제거하고 글루를 발라 필러 파우더가 손톱에 접착될 수 있게 한다. 이때 글루의 양이 너무 적으면 기포가 생길 수 있고 글루 양이 너무 많으면 손톱 가장 자리로 흘러 들어 갈 수 있으므로 글루 양 조절에 주의한다.

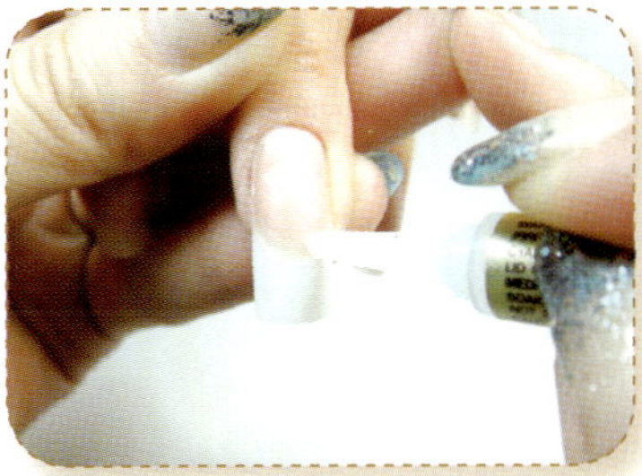

⑪ **파일링 하기 :** 파일을 이용하여 손톱 전체를 파일링하며 표면을 매끄럽게 다듬고 정확한 손톱모양을 잡는다.

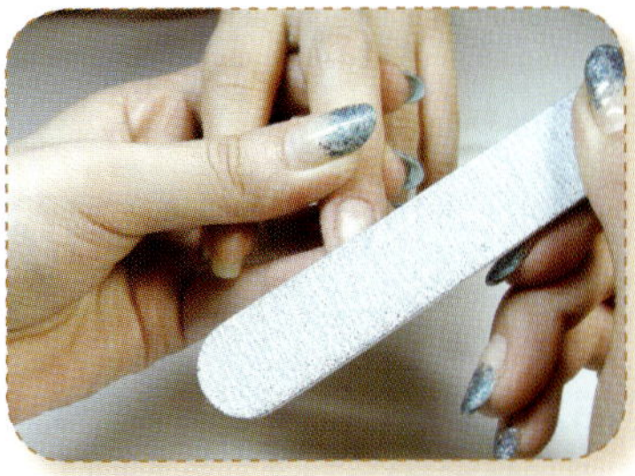

⑫ **글루, 젤 바르기 :** 손톱 전체에 글루나 젤을 손톱 주위 피부에 묻지 않게 바른 후 글루 드라이어를 분사하여 건조시킨다.

⑬ **표면 정리하기 :** 샌딩 블럭을 이용하여 손톱 표면을 매끄럽게 다듬는다.

⑭ **오일 바르기 :** 큐티클에 오일을 발라 마사지 해주고 때에 따라 3-way로 광택을 낸다.

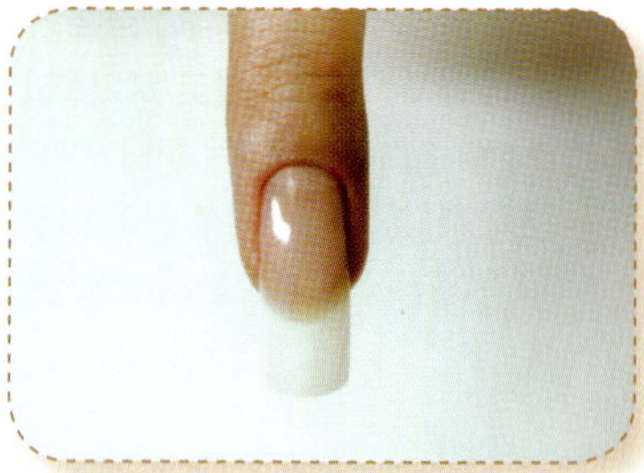

팁 위드 파우더

03 프렌치 팁 위드 파우더(french tip with powder)

1) 시술재료

프렌치 팁(화이트 팁), 글루, 젤, 글루 드라이어, 팁 커터, 필러 파우더, 파일, 샌딩 블럭, 3-way, 습식 매니큐어재료

2) 시술과정

① **소독하기 :** 솜에 안티셉틱을 뿌려 시술자와 고객의 손을 소독한다.

② **손톱모양(쉐입) 잡기 :** 파일을 이용하여 자연 손톱의 모양을 둥근형으로 만들어주며 자연손톱의 길이는 0.5~1㎜ 정도가 적당하다.

③ **큐티클 밀기 :** 오렌지 우드스틱이나 푸셔로 자연 손톱 표면이 손상되지 않게 큐티클을 부드럽게 밀어 올린다.

④ **유분기 제거하기(에칭) :** 네일 팁의 접착력을 좋게 하기 위해 부드러운 파일이나 샌딩 블럭으로 손톱 표면의 광택을 제거한다.

⑤ **팁 접착하기 :** 자연 손톱에 맞는 크기의 화이트 팁을 고른 후 글루나 젤을 팁의 웰 부분에 바르고 자연 손톱에 45° 각도로 접착하여 5~10초정도 눌러준다.

⑥ **팁 길이 조절과 모양잡기 :** 팁 커터나 클리퍼를 이용하여 원하는 길이로 자른 후 파일로 모양(쉐입)을 다듬는다.

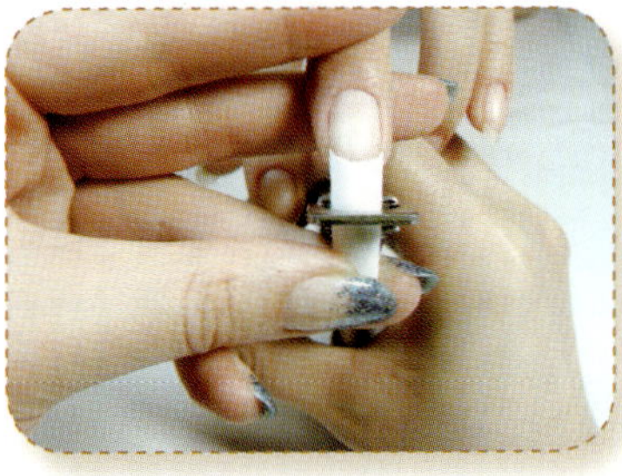

⑦ **글루 바르기 :** 손톱 전체에 글루를 네일 주위 피부에 묻지 않게 바른다.

⑧ **필러 파우더 뿌리기 :** 글루가 마르기 전 필러 파우더를 전체적으로 고르게 뿌린다. 특히 화이트 팁과 자연 손톱의 턱 부분이나 하이 포인트를 만들어 준다. (2~3회)

⑨ **글루 바르기 :** 손톱 주위나 손톱 가장자리에 뿌려진 필러 파우더를 오렌지 우드스틱으로 제거하고 글루를 발라 필러 파우더가 손톱에 접착될 수 있게 한다. 이때 글루의 양이 너무 적으면 기포가 생길 수 있고 글루 양이 너무 많으면 손톱 가장 자리로 흘러 들어 갈 수 있으므로 글루 양 조절에 주의한다.

⑩ **파일링 하기 :** 파일을 이용하여 손톱 전체를 파일링하며 표면을 매끄럽게 다듬고 정확한 손톱모양을 잡는다.

⑪ **글루, 젤 바르기 :** 손톱 전체에 글루나 젤을 손톱 주위 피부에 묻지 않게 바른 후 글루 드라이어를 분사하여 건조시킨다.

⑫ **표면 정리하기 :** 샌딩 블럭을 이용하여 손톱 표면을 매끄럽게 다듬는다.

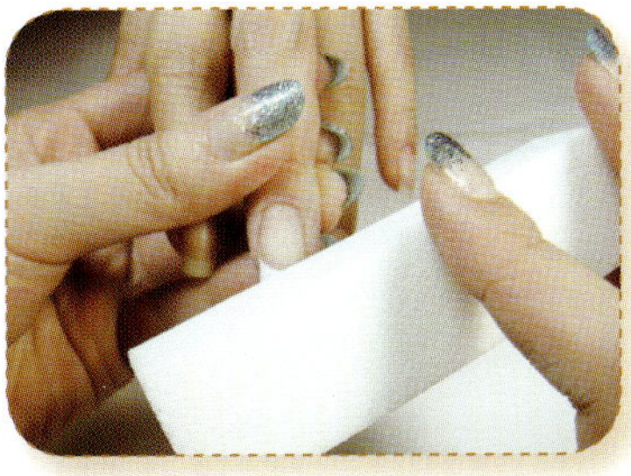

⑬ **오일 바르기 :** 큐티클에 오일을 발라 마사지 해주고 때에 따라 3-way로 광택을 낸다.

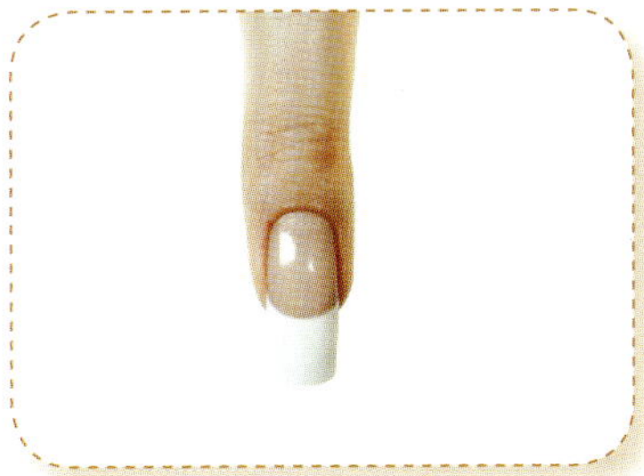

04 팁 위드 랩(tip with wrap)

1) 시술재료

팁, 글루, 젤, 글루 드라이어, 팁 커터, 필러 파우더, 랩(실크), 랩 가위, 파일, 샌딩 블럭, 3-way, 습식 매니큐어 재료

2) 시술과정

① **소독하기 :** 솜에 안티셉틱을 뿌려 시술자와 고객의 손을 소독한다.

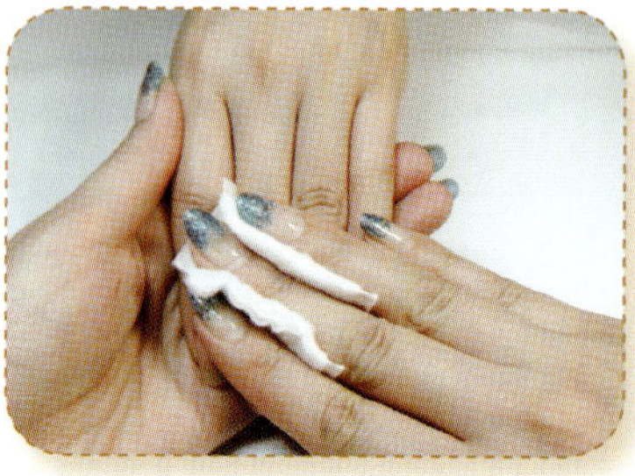

② **손톱모양**(쉐입) **잡기 :** 파일을 이용하여 자연 손톱의 모양을 둥근형으로 만들어주며 자연손톱의 길이는 0.5~1㎜ 정도가 적당하다.

③ **큐티클 밀기 :** 오렌지 우드스틱이나 푸셔로 자연 손톱 표면이 손상되지 않게 큐티클을 부드럽게 밀어 올린다.

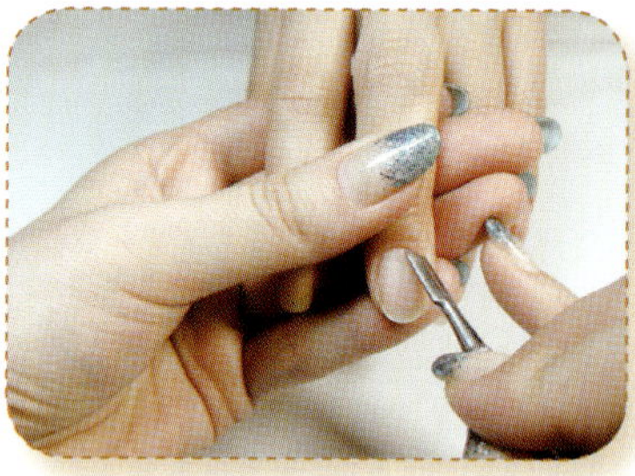

④ **유분기 제거하기**(에칭) **:** 네일 팁의 접착력을 좋게 하기 위해 부드러운 파일이나 샌딩 블럭으로 손톱 표면의 광택을 제거한다.

⑤ **팁 접착하기 :** 자연 손톱에 맞는 크기의 팁을 고른 후 글루나 젤을 팁의 웰 부분에 바르고 자연 손톱에 45° 각도로 접착하여 5~10초정도 눌러준다.

⑥ **팁 길이 조절과 모양잡기 :** 팁 커터나 클리퍼를 이용하여 원하는 길이로 자른 후 파일로 모양(쉐입)을 다듬는다.

⑦ **팁 턱 제거하기 :** 자연 손톱과 팁의 웰 부분(연결부분)을 부드러운 파일(180grit)로 파일링 한다. 이때 자연 손톱에 손상 없이 턱을 제거해야 한다.

⑧ **글루 바르기 :** 손톱 전체에 글루를 네일 주위 피부에 묻지 않게 바른다.

⑨ **필러 파우더 뿌리기 :** 글루가 마르기 전 필러 파우더를 자연손톱의 꺼져 있는 부분이나 하이 포인트 부분에 고르게 뿌린다.

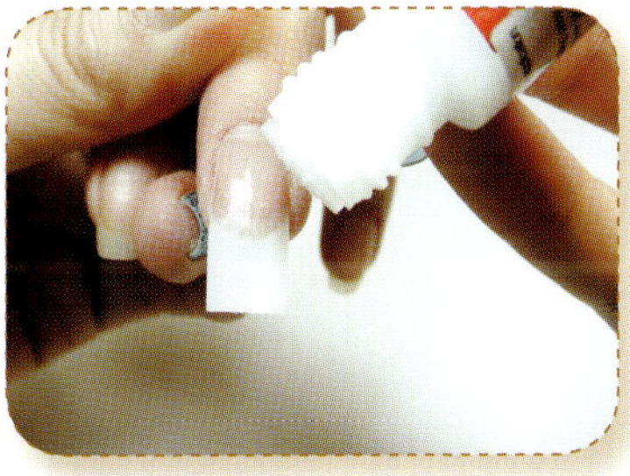

⑩ **글루 바르기 :** 손톱 주위나 손톱 가장자리에 뿌려진 필러 파우더를 오렌지 우드스틱으로 제거하고 글루를 발라 필러 파우더가 손톱에 접착될 수 있게 한다. 이때 글루의 양이 너무 적으면 기포가 생길 수 있고 글루 양이 너무 많으면 손톱 가장 자리로 흘러 들어 갈 수 있으므로 글루 양 조절에 주의한다.

⑪ **파일링 하기 :** 파일을 이용하여 손톱 전체를 파일링하며 표면을 매끄럽게 다듬는다.

⑫ **랩(실크) 접착하기 :** 랩(실크)을 손톱 크기에 맞게 재단하여 큐티클에서 1㎜정도 여유를 두고 손톱에 접착한 후 양 가장자리도 랩 가위로 손톱 크기에 맞게 재단하고 글루를 손톱 전체에 바른다.

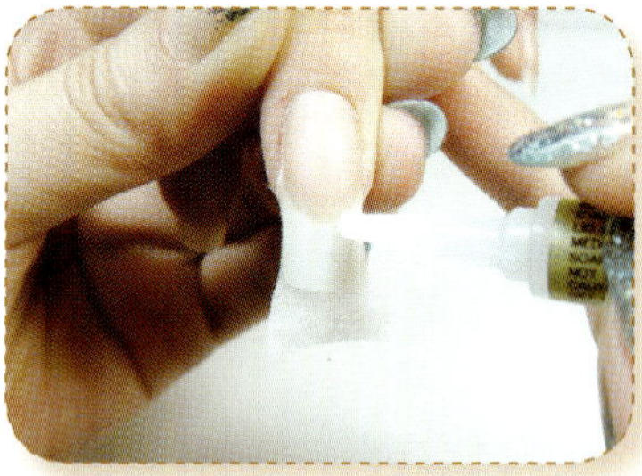

⑬ **랩 턱 제거하기 :** 부드러운 파일(180grit)로 랩 턱을 갈아준 후 정확한 손톱모양을 잡는다.

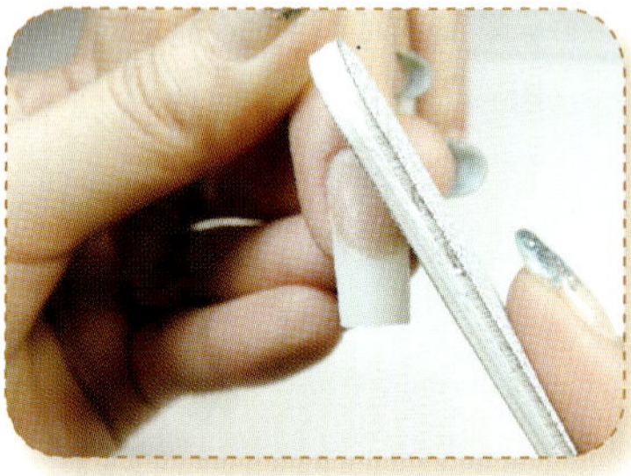

⑭ **글루, 젤 바르기 :** 손톱 전체에 글루나 젤을 손톱 주위 피부에 묻지 않게 바른 후 글루 드라이어를 분사하여 건조시킨다.

⑮ **표면 정리하기 :** 샌딩 블럭을 이용하여 손톱 표면을 매끄럽게 다듬는다.

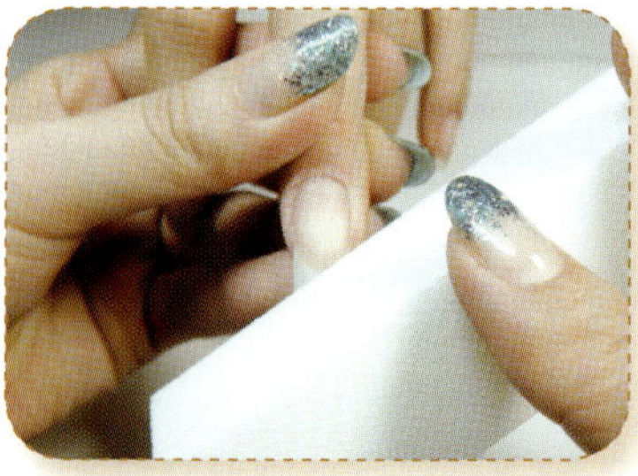

⑯ **오일 바르기 :** 큐티클에 오일을 발라 마사지 해주고 때에 따라 3-way로 광택을 낸다.

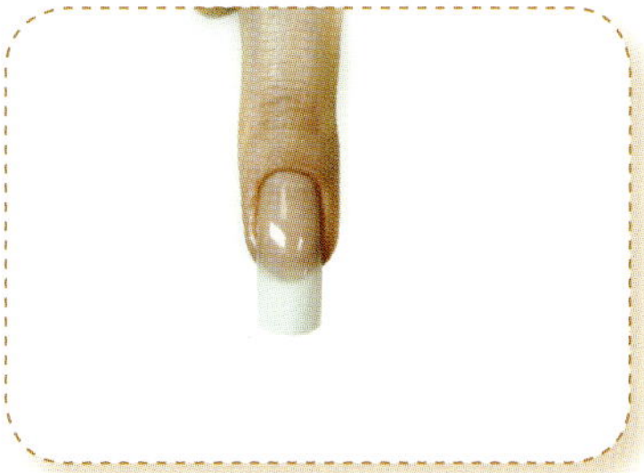

팁 위드 랩

05 팁 보수 및 제거방법

1) 팁 보수 방법

인조 팁은 시술 후 10일이나 2주에 한 번씩 정기적인 관리를 받아야 곰팡이가 생기는 것을 방지하고 오래 유지 할 수 있다.

① 새로 자라나온 자연 손톱과 팁의 턱 또는 리프팅 된 부분을 부드러운 파일로 제거하고 전체적으로 가볍게 파일링 한다. 필요하다면 길이 조절도 같이 한다.

② 손톱 전체에 글루와 젤을 바른 후 건조되면 샌딩 블럭으로 표면을 매끄럽게 다듬는다. 이때 새로 자라나온 손톱 부분에 경계가 심할 경우 필러 파우더를 채워 두께나 모양을 만들 수 있다.

③ 큐티클에 오일을 발라 마사지 해주고 때에 따라 3-way로 광택을 낸다.

2) 팁 제거 방법

자연 상태로 방치하거나 무리하게 뜯어내면 손톱이 찢어지거나 갈라지는 등 손상될 수 있다.

① 자연 손톱 길이를 확인 후 인조 손톱을 클리퍼를 이용하여 자른다.

② 화장 솜을 손톱 크기로 잘라 아세톤(100%)을 충분히 적셔 팁 위에 얹어 준다.

③ 화장 솜이 고정될 수 있도록 호일로 감싸준다.

④ 10분 정도 방치 후 에나멜을 지우듯이 화장 솜을 위에서 아래로 닦아 내 주거나 오렌지우드스틱 등으로 잔여물을 벗겨내고 잔여물이 많이 남아 있을 경우 시간을 조금 더 길게 두고 제거한다.

CHAPTER 05

핵심문제

1. 네일 팁 접착 시 자연 네일의 (　　) 이상을 커버하면 안 된다.

① 1/2　　② 1/3　　③ 1/4　　④1/5

2. 네일 팁 부착 시 주의 점이 아닌 것은?

① 프리엣지의 길이는 1㎜정도가 적당하다.　　② 자연 네일의 모양은 라운드형이 적당하다.
③ 자연 네일의 길이가 일정하지 않더라도 그냥 시술한다.
④ 오렌지 우드스틱이나 푸셔를 이용해 큐티클을 밀어준다.

3. 다음 중 네일 팁의 재질이 아닌 것은?

① 플라스틱　　② 아크릴릭　　③ 나일론　　④ 아세테이트

4. 네일 팁 시술과정 중 손톱의 광택을 제거해 주는 이유는?

① 글루가 잘 퍼지게 하기위해　　② 손톱을 부드럽게 하기위해
③ 손톱의 유분기 제거를 위해　　④ 에나멜의 접착을 좋게 하기 위해

5. 네일 팁 접착 시 올바른 각도는?

① 45°　　② 50°　　③ 55°　　④ 60°

6. 팁을 제거하기 위한 방법으로 가장 적절한 것은?

① 자연적으로 제거될 때까지 방치한다.　　② 알코올에 담근다.
③ 니퍼로 뜯어낸다.　　④ 아세톤에 담근 후 우드스틱으로 제거한다.

7. 네일 팁 시술에 필요하지 않은 것은?

① 팁 커터　　② 손목 받침대　　③ 디펜디시　　④ 샌딩블럭

정답 1.① 2.③ 3.② 4.③ 5.① 6.④ 7.③

CHAPTER 06

네일 랩(Nail Wrap)

찢어지거나 얇은 자연 손톱, 팁 접착 후에 덮어씌움으로서 보수와 더불어 손톱 자체의 강도를 높여준다. 랩은 실크, 린넨, 파이버글래스, 종이 랩 등이 있으며 손톱 크기에 맞추어 재단하여 사용하기도 하고 손톱 모양대로 만들어진 제품을 사용하기도 한다.랩 자체에 무늬가 들어가 있는 것도 있으며 뒷면이 접착형태로 되어있는 실크를 가장 많이 사용한다.

01 랩의 종류

1) 실크(silk)

가느다란 명주실로 짜여져 있으며 글루를 이용하여 손톱에 접착하면 강도가 강하고 투명도가 높으며 자연스럽다.

2) 린넨(linen)

굵은 실로 짜여져 있어 두껍고 투박하지만 강하다. 투명성이 없어 반드시 짙은 에나멜을 발라야 린넨이 보이지 않는다.

3) 파이버글래스(fiberglass)

가느다란 인조섬유로 짜여져 있으며 글루가 잘 스며들고 랩 중에서 가장 자연스럽고 강하다.

4) 종이 랩(paper wrap)

얇은 종이로 되어 있으며 자연스럽고 투명하다. 리무버나 아세톤에 용해되고 약하므로 임시적으로 사용한다.

02 랩핑(wrapping)

1) 시술재료

글루, 젤, 글루 드라이어, 필러 파우더, 랩(실크), 랩 가위, 파일, 샌딩 블럭, 3-way, 습식 매니큐어 재료

2) 시술과정(찢어진 손톱 보수 방법)

① **소독하기 :** 솜에 안티셉틱을 뿌려 시술자와 고객의 손을 소독한다.

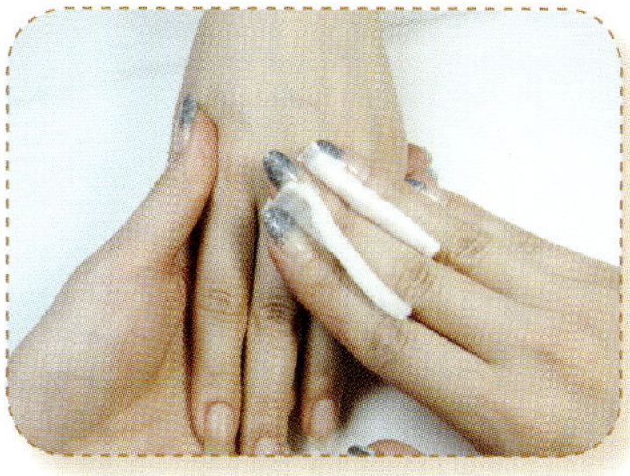

② **큐티클 밀기 :** 오렌지 우드스틱이나 푸셔로 자연 손톱 표면이 손상되지 않게 큐티클을 부드럽게 밀어 올린다.

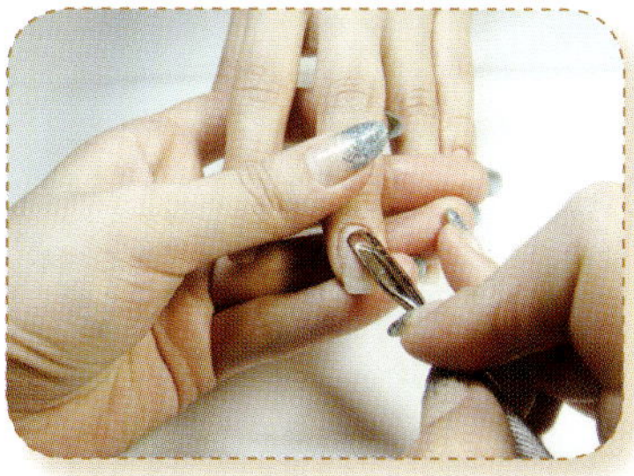

③ **유분기 제거하기(에칭) :** 네일 랩의 접착력을 좋게 하기 위해 부드러운 파일이나 샌딩 블럭으로 손톱 표면의 광택을 제거한다.

④ **글루 바르기 :** 찢어진 부분에 글루를 바른다. 이때 찢어진 정도가 심할 경우 필러 파우더와 글루를 이용해 채워준 후 파일과 샌딩 블록으로 표면을 정리한다.

⑤ **랩 붙이기 :** 랩을 찢어진 손톱 크기를 감쌀 수 있도록 재단하고 랩이 늘어나지 않게 밀착하여 붙인 후 글루를 바른다.

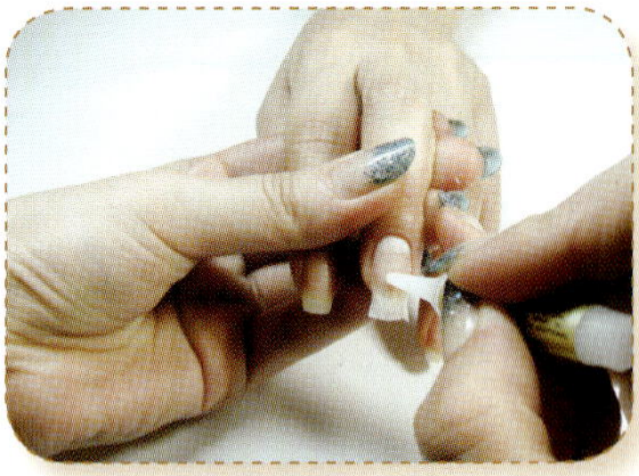

⑥ **랩 턱 제거하기 :** 자연 손톱과 랩의 턱을 부드러운 파일(180grit)로 제거하고 손톱표면을 전체 파일링하여 매끄럽게 한 후 원하는 모양을 만든다. 이때 자연 손톱에 손상 없이 턱을 제거해야 한다.

⑦ **글루, 젤 바르기 :** 손톱 전체에 글루나 젤을 손톱 주위 피부에 묻지 않게 바른 후 글루 드라이어를 분사하여 건조시킨다.

⑧ **표면 정리하기 :** 샌딩 블럭을 이용하여 손톱 표면을 매끄럽게 다듬는다.

⑨ **오일 바르기 :** 큐티클에 오일을 발라 마사지 해주고 때에 따라 3-way로 광택을 낸다.

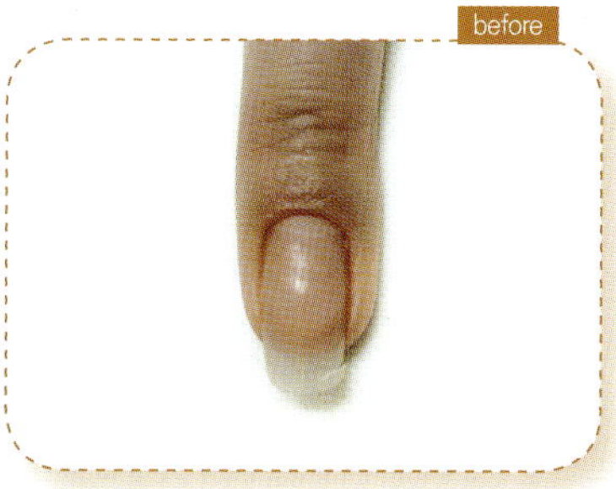

before

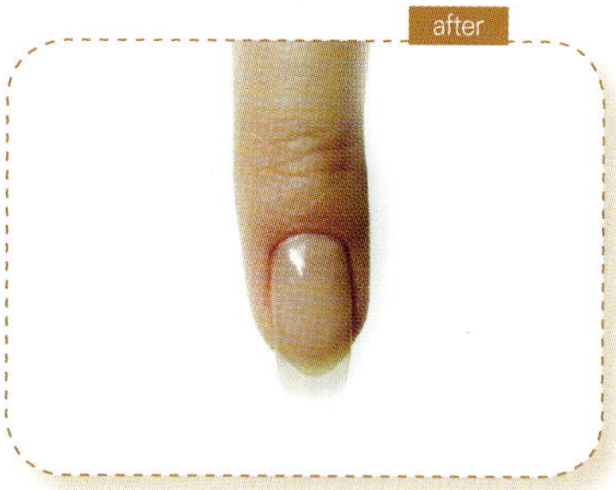

after

03 실크 익스텐션(silk extension)

자연 손톱 위에 실크와 글루, 필러파우더를 이용하여 자연 손톱 길이를 연장하는 시술방법이다. 팁보다 강도가 강하고 투명도가 높아 자연스럽다. 실크 익스텐션은 손톱의 형태를 만들기 때문에 완성 시 C커브가 중요하다. 일반적인 사람들의 자연 손톱 커브는 15~20% 가 많지만 대회나 자격시험용은 30~40%의 C커브가 적당하다.

1) 시술재료

실크, 글루, 젤, 글루 드라이어, 필러 파우더, 파일, 샌딩 블럭, 3-way, 습식매니큐어 재료

2) 시술과정

① **소독하기 :** 솜에 안티셉틱을 뿌려 시술자와 고객의 손을 소독한다.

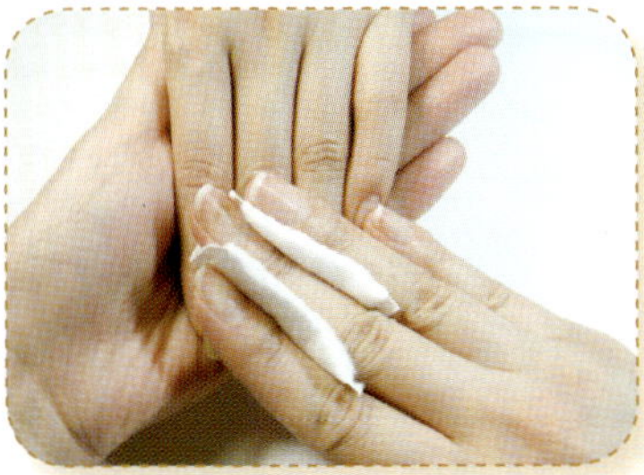

② **손톱모양(쉐입) 잡기 :** 파일을 이용하여 자연 손톱의 모양을 둥근형으로 만들어주며 자연손톱의 길이는 0.5~1㎜ 정도가 적당하다.

③ **큐티클 밀기 :** 오렌지 우드스틱이나 푸셔로 자연손톱 표면이 손상되지 않게 큐티클을 부드럽게 밀어 올린다.

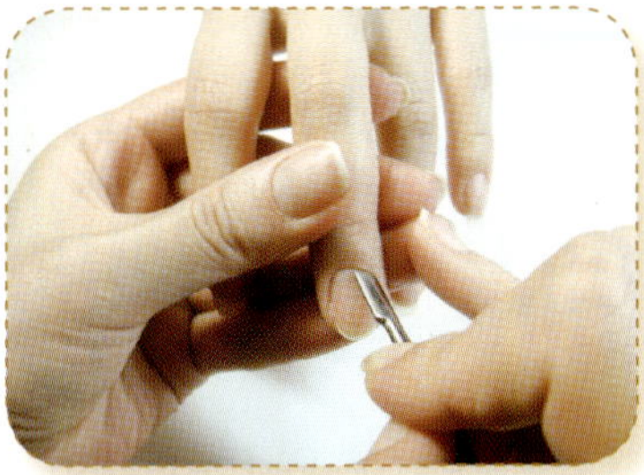

④ **유분기 제거하기(에칭) :** 실크의 접착력을 좋게 하기 위해 부드러운 파일이나 샌딩 블럭으로 손톱 표면의 광택을 제거한다.

⑤ **실크 접착하기 :** 실크는 큐티클에서 0.1㎜ 정도 띄워 접착하며 부채꼴 형태로 가장자리의 한쪽을 먼저 접착하고 나머지 한쪽도 실크가위로 재단하여 접착한다.

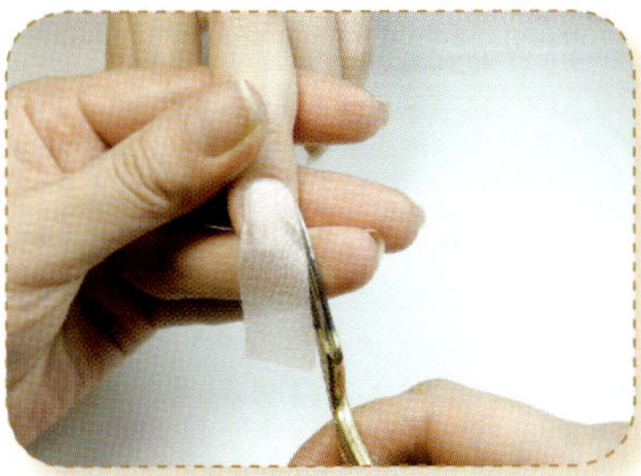

⑥ **글루 바르기 :** 밀착된 실크 위에 전체적으로 글루를 적당히 바르고 늘리고자 하는 길이만큼 글루를 바른 후 글루가 마르기 전 양쪽 모서리를 잡아당겨 C커브 형태로 모양을 만든다.

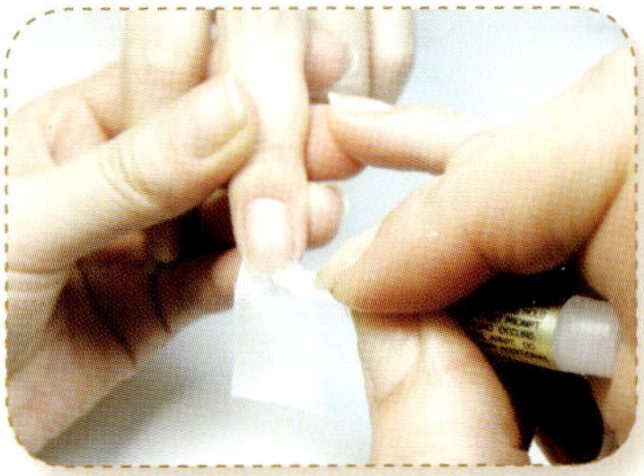

⑦ **필러 파우더 뿌리기1 :** 글루가 마르기 전 필러 파우더를 연장 부분부터 고르게 뿌리고 다시 글루를 도포한다.

⑧ **핀치 주기 :** 자연 손톱과 익스텐션의 연결부위 양 가장자리를 양 엄지손톱으로 C 커브가 잘 나오도록 누른다.

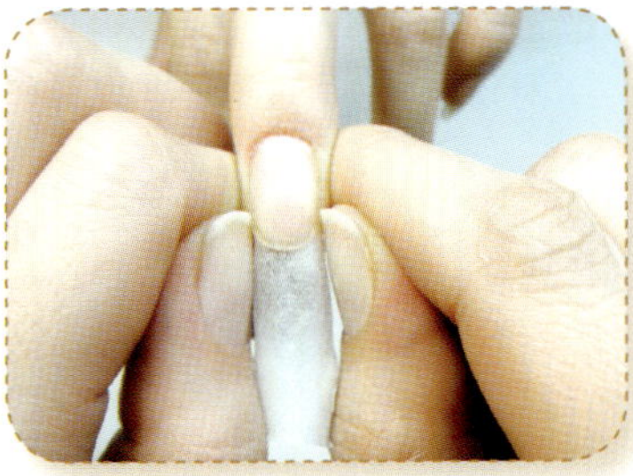

⑨ **길이 자르기 :** 클리퍼를 이용하여 불필요한 사이드 스트레이트 부분과 원하는 길이로 자른다.

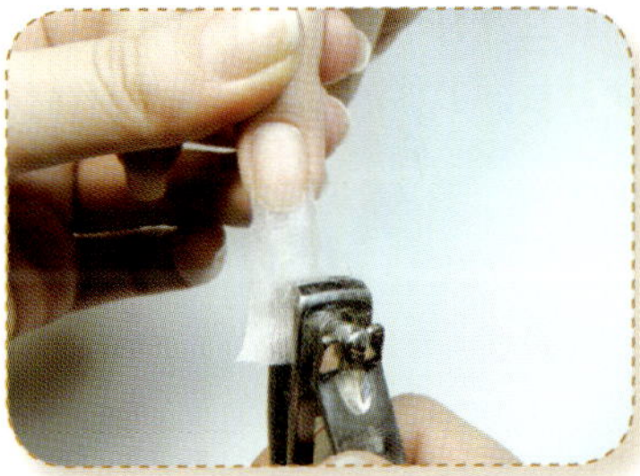

⑩ **필러 파우더 뿌리기2 :** 글루와 필러 파우더를 반복하여 전체적인 두께를 만들고 핀치를 준다. 이때 프리에지 부분에 두께를 만들고 큐티클 가까이는 필러 파우더를 뿌리지 않는다. 한꺼번에 많은 양의 필러 파우더를 뿌리면 기포가 생기거나 표면이 고르지 않게 뿌려질 수 있으니 얇게 2~3회 반복하여 하이 포인트와 두께를 만들어 준다.

⑪ **뒷면에 글루 바르기 :** 투명도를 위하여 뒷부분에 글루를 바른다.

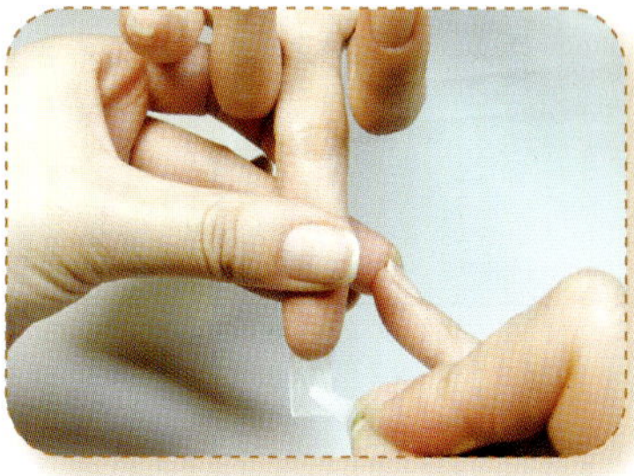

⑫ **파일링 하기 :** 거친 파일, 중간 파일, 부드러운 파일을 이용하여 손톱 전체를 파일링하고 샌딩 블럭으로 표면을 매끄럽게 다듬는다. 사이드 스트레이트의 밸런스와 적절한 하이 포인트를 만들고 C커브가 나오도록 파일링 한다.

⑬ **글루, 젤 바르기 :** 손톱 전체에 글루나 젤을 손톱 주위 피부에 묻지 않게 바른 후 글루 드라이어를 분사하여 건조시킨다.

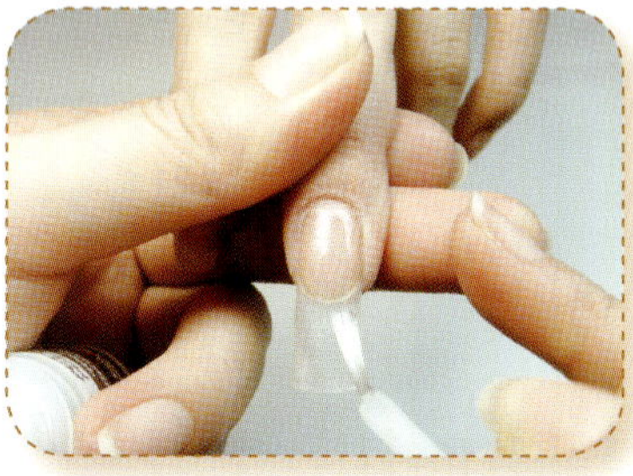

⑭ **표면 정리하기 :** 샌딩 블럭을 이용하여 손톱 표면을 매끄럽게 다듬는다.

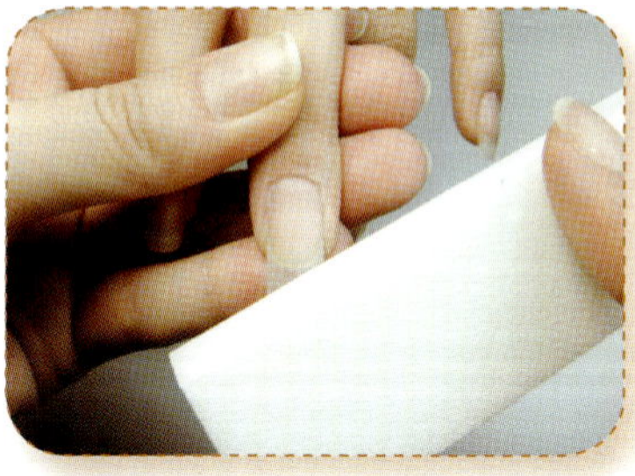

⑮ **오일 바르기 :** 큐티클에 오일을 발라 마사지 해주고 때에 따라 3-way로 광택을 낸다.

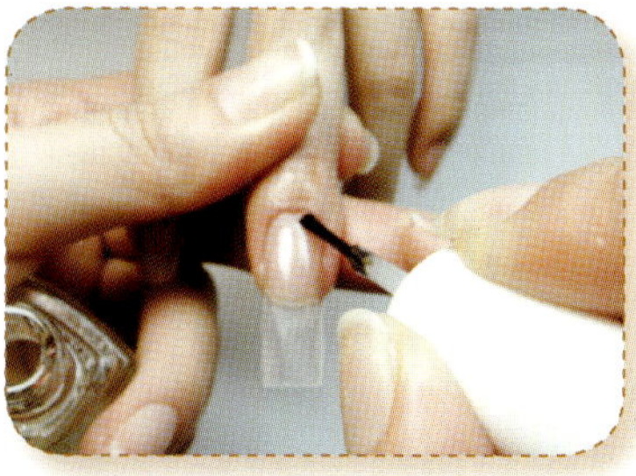

실크 익스텐션

04 디자인 실크 익스텐션(design silk extension)

실크 익스텐션과 같은 방법으로 디자인이 그려진 실크를 사용하여 익스텐션 하거나 필러 파우더에 색상을 첨가하여 그라데이션 등을 하는 것이다. 실크에 디자인을 할 때 두꺼워지면 글루가 잘 스며들지 않으므로 주의한다.

1) 사전준비

무지의 실크에 아크릴릭 물감이나 에어브러시 등을 이용하여 원하는 디자인을 그려 넣는다.

2) 시술재료

디자인 실크, 글루, 젤, 글루 드라이어, 필러 파우더, 글리터 필러 파우더, 파일, 샌딩 블럭, 3-way, 습식매니큐어 재료

3) 시술과정

① **소독하기 :** 솜에 안티셉틱을 뿌려 시술자와 고객의 손을 소독한다.

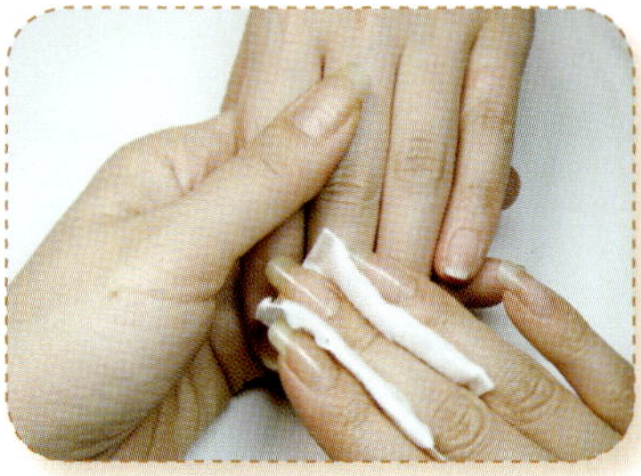

② **손톱모양(쉐입) 잡기 :** 파일을 이용하여 자연 손톱의 모양을 둥근형으로 만들어주며 자연손톱의 길이는 0.5~1㎜ 정도가 적당하다.

③ **큐티클 밀기 :** 오렌지 우드스틱이나 푸셔로 자연손톱 표면이 손상되지 않게 큐티클을 부드럽게 밀어 올린다.

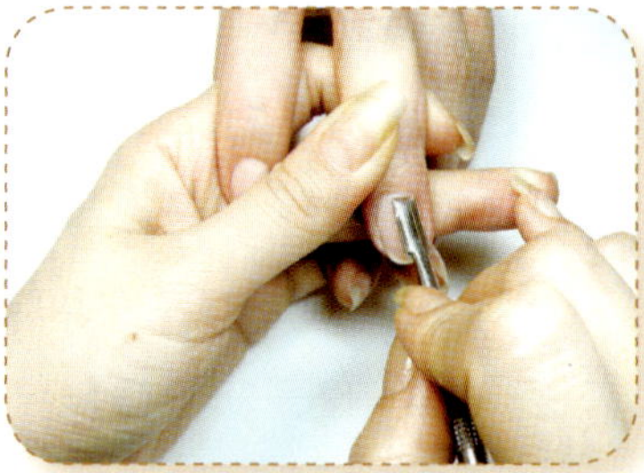

④ **유분기 제거하기(에칭) :** 실크의 접착력을 좋게 하기 위해 부드러운 파일이나 샌딩 블럭으로 손톱 표면의 광택을 제거한다.

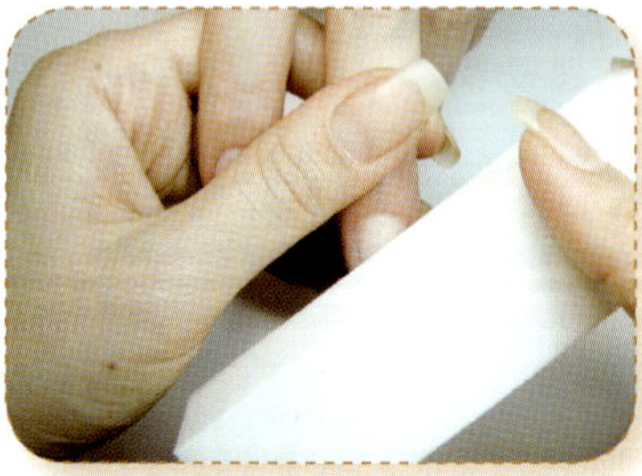

⑤ **디자인 실크 접착하기 :** 실크는 큐티클에서 0.1㎜ 정도 띄워 접착하며 부채꼴 형태로 가장자리의 한쪽을 먼저 접착하고 나머지 한쪽도 실크가위로 재단하여 접착한다.

⑥ **글루 바르기 :** 밀착된 실크 위에 전체적으로 글루를 적당히 바르고 늘리고자 하는 길이만큼 글루를 바른 후 글루가 마르기 전 양쪽 모서리를 잡아당겨 C커브 형태로 모양을 만든다.

⑦ **필러 파우더 뿌리기1 :** 글루가 마르기 전 필러 파우더를 연장 부분부터 고르게 뿌려고 다시 글루를 도포한다.

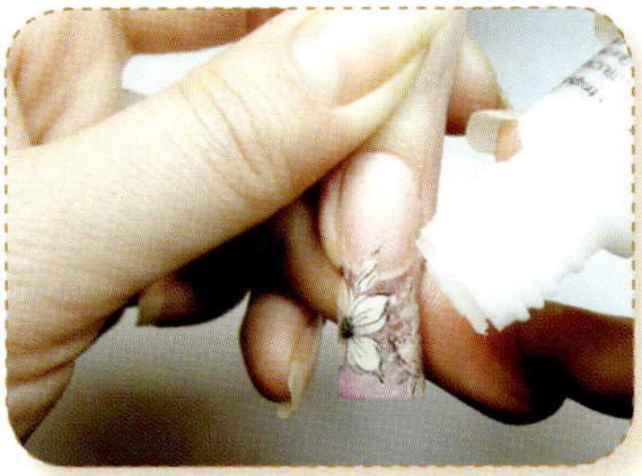

⑧ **핀치 주기 :** 자연 손톱과 익스텐션의 연결부위 양 가장자리를 양 엄지손톱으로 C 커브가 잘 나오도록 누른다.

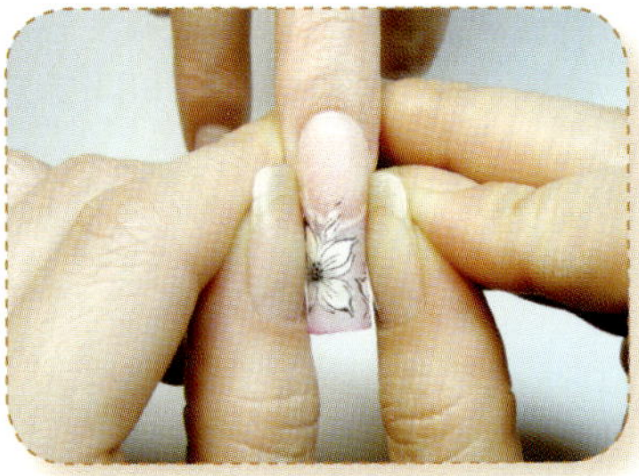

⑨ **길이 자르기 :** 클리퍼를 이용하여 불필요한 사이드 스트레이트 부분과 원하는 길이로 자른다.

⑩ **필러 파우더 뿌리기2 :** 글루와 필러 파우더를 반복하여 전체적인 두께를 만들고 핀치를 준다. 이때 프리에지 부분에 두께를 만들고 큐티클 가까이는 필러 파우더를 뿌리지 않는다. 한꺼번에 많은 양의 필러 파우더를 뿌리면 기포가 생기거나 표면이 고르지 않게 뿌려질 수 있으니 얇게 2~3회 반복하여 하이 포인트와 두께를 만들어 준다.

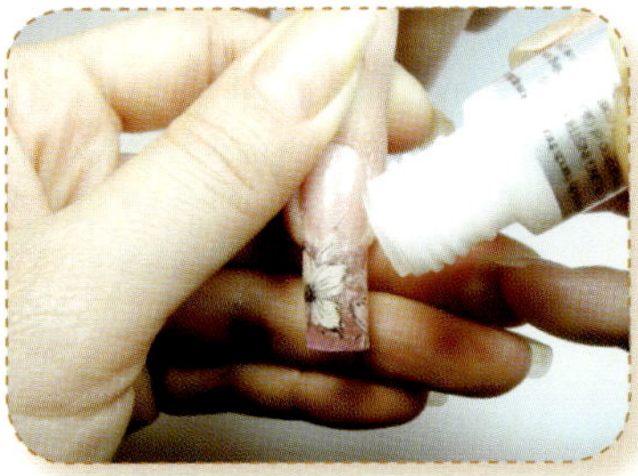

⑪ **뒷면에 글루 바르기 :** 투명도를 위하여 뒷부분에 글루를 바른다.

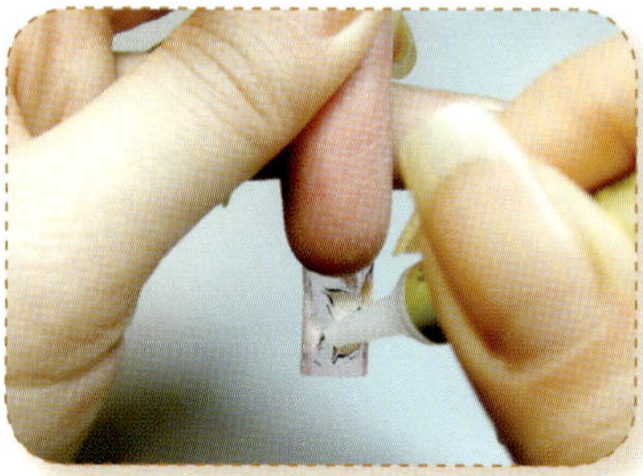

⑫ **파일링 하기 :** 거친 파일, 중간 파일, 부드러운 파일을 이용하여 손톱 전체를 파일링하고 샌딩 블럭으로 표면을 매끄럽게 다듬는다. 사이드 스트레이트의 밸런스와 적절한 하이 포인트를 만들고 C커브가 나오도록 파일링 한다.

⑬ **글루, 젤 바르기 :** 손톱 전체에 글루나 젤을 손톱 주위 피부에 묻지 않게 바른 후 글루 드라이어를 분사하여 건조시킨다.

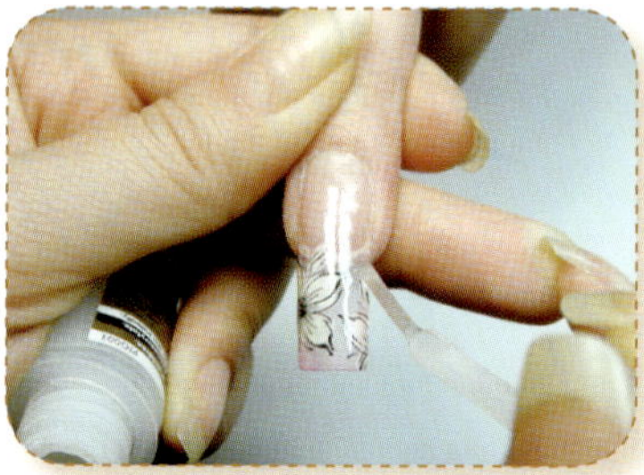

⑭ **표면 정리하기 :** 샌딩 블럭을 이용하여 손톱 표면을 매끄럽게 다듬는다.

⑮ **오일 바르기 :** 큐티클에 오일을 발라 마사지 해주고 때에 따라 3-way로 광택을 낸다.

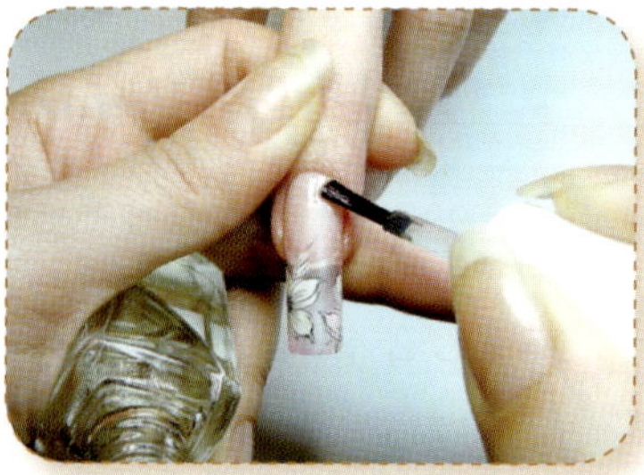

05 랩 보수 및 제거방법

1) 랩 보수 방법

랩은 시술 후 1~2주에 한 번씩 정기적인 관리를 받아야 오래 유지 할 수 있다.

① 새로 자라나온 자연 손톱과 랩의 턱 또는 리프팅 된 부분을 부드러운 파일로 제거하고 전체적으로 가볍게 파일링 한다. 필요하다면 길이 조절도 같이 한다.

② 손톱 표면의 꺼진 부분에 필러 파우더를 전체적으로 고르게 뿌려 준다. 이때 필러 파우더가 큐티클 라인에 가까이 가지 않도록 주의한다.

③ 부드러운 파일을 이용하여 전체적으로 파일링하여 다듬는다.

④ 손톱 전체에 글루와 젤을 바른 후 건조되면 샌딩 블럭으로 표면을 매끄럽게 다듬는다.

⑤ 큐티클에 오일을 발라 마사지 해주고 때에 따라 3-way로 광택을 낸다.

2) 랩 제거 방법

자연 상태로 방치하거나 무리하게 뜯어내면 손톱이 찢어지거나 갈라지는 등 손상될 수 있다.

① 자연 손톱 길이를 확인 후 인조 손톱을 클리퍼를 이용하여 자른다.

② 화장 솜을 손톱 크기로 잘라 아세톤(100%)을 충분히 적셔 랩 위에 얹어 준다.

③ 화장 솜이 고정될 수 있도록 호일로 감싸준다.

④ 10분 정도 방치 후 에나멜을 지우듯이 화장 솜을 위에서 아래로 닦아 내 주거나 오렌지우드스틱 등으로 잔여물을 벗겨내고 잔여물이 많이 남아 있을 경우 시간을 조금 더 길게 두고 제거한다.

CHAPTER 06

핵심문제

1. 다음 중 랩 종류에 속하지 않는 것은?

① 실크 ② 코튼 ③ 린넨 ④ 파이버글래스

2. 실크 익스텐션 시술 시 동일한 힘으로 연장 부위 양쪽을 누르는 작업을 무엇이라 하는가?

① 에칭 ② 핀칭 ③ 파일링 ④ 샌딩

3. 네일 랩 시술과정 중 첫 번째로 해야 하는 것은?

① 글루 도포 ② 랩 접착 ③ 큐티클 밀기 ④ 젤 도포

4. 랩 익스텐션 시술에서 글루와 필러 파우더의 양 조절이 안 될 경우 일어나는 현상은?

① 투명도가 떨어진다. ② 사이드스트레이트를 잡기가 어려워진다.
③ C커브 형성에 도움이 된다. ④ 두께가 두꺼워진다.

5. 랩 익스텐션 시술시 염두 하지 않아도 되는 것은?

① 두께 ② 스마일 라인 ③ 투명도 ④ 하이 포인트

6. 익스텐션이나 아크릴릭 시술에서 핀칭을 하는 주된 이유는?

① C커브에 도움이 된다. ② 하이 포인트 형성에 도움이 된다.
③ 두께 형성에 도움이 된다. ④ 투명도에 도움이 된다.

7. 자연 네일에 랩을 접착하는 방법으로 맞는 것은?

① 큐티클로부터 0.1~0.2㎜ ② 큐티클로부터 0.2~0.3㎜

③ 큐티클로부터 0.3~0.4㎜ ④ 자연 네일의 크기와 동일하게

8. 랩 익스텐션 시술시 네일의 아래부분에 글루를 도포하는 이유는?

① 적당한 두께감을 주기 위하여 ② 투명도를 높이기 위하여

③ 필러 파우더를 뿌리기 위하여 ④ C커브를 잡기 위하여

9. 랩 익스텐션 시술 시 두께를 만들기 위해 사용하는 재료는?

① 필러 파우더 ② 실크 ③ 글루 ④ 아크릴릭 파우더

10. 하이 포인트에 대한 설명으로 맞는 것은?

① 네일의 길이에 따라 하이 포인트의 위치는 약간의 차이가 있다.

② 네일의 길이가 길어지면 하이 포인트 위치는 큐티클 라인에 가깝다.

③ 네일의 길이가 짧아지면 하이 포인트 위치는 큐티클 라인에 가깝다.

④ 하이 포인트의 위치는 어떤 네일이나 똑같은 위치에 있다.

정답 1.② 2.② 3.③ 4.① 5.② 6.① 7.① 8.② 9.① 10.①

CHAPTER 07

아크릴릭 네일(Acrylic Nail)

아크릴릭 네일은 아크릴릭 파우더(acrylic powder)와 아크릴릭 리퀴드(acrylic liquid)를 적절히 혼합하여 만드는 방법으로 내수성이 강하고 지속성이 뛰어난 매우 단단한 인조 네일이다. 아크릴릭은 길이 연장은 물론 자연 네일 위 또는 인조 네일 위에 시술이 가능하며 물어뜯는 네일(교조증)을 보강하거나 파고드는 네일(조내생증)을 교정하는 등 다양하게 활용할 수 있다.

01 아크릴릭의 기초 지식

1) 아크릴릭의 화학물질 3가지

(1) 모노머(monomer : 단량제)

보통 리퀴드를 말하며 서로 연결되지 않은 아주 작은 구슬 형태의 구형물질이다.

(2) 폴리머(polymer : 종합제)

딱딱하게 굳어 완성된 아크릴릭 네일로 구슬이 길게 체인 모양으로 연결된 형태로 구성되어 있으며 매우 단단하게 변화된다.

(3) 카탈리스트(catalyst : 촉매제)

아크릴릭을 빨리 굳게 하는 작용을 하며 카탈리스트의 양 조절로 빨리 굳게 할 수도 있고 늦게 굳게 할 수도 있다.

2) 브러시 사용 방법

브러시의 필요 부분을 정확히 알고 사용하면 좀 더 쉽게 아크릴릭 네일을 만들 수 있다.

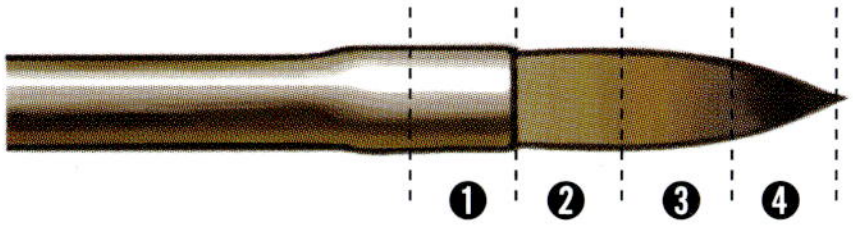

① 리퀴드를 저장하는 역할을 한다.

② 힘을 주어 파우더 볼을 펴줄 때 사용한다.

③ 표면을 쓸어내리거나 다질 때 사용한다.

④ 스마일 라인을 만들거나 섬세한 디자인을 표현할 때 사용한다.

3) 브러시 관리 방법

① 사용한 브러시는 브러시 클리너(brush cleaner)를 사용하여 깨끗이 세척한다.

② 브러시의 털을 자르거나 잡아 뽑지 않는다.

③ 세척한 브러시는 브러시 끝을 아래로 향하게 하거나 케이스에 넣어 보관한다.

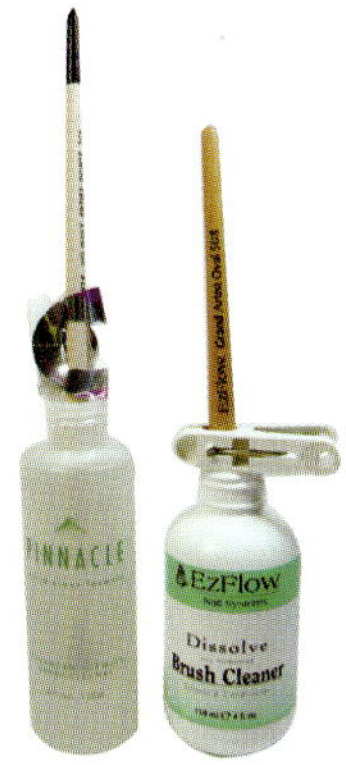

4) 아크릴릭 볼 만들기

클리어 파우더

화이트 파우더

① 리퀴드를 적신 브러시를 리퀴드 볼(디펜디시) 둘레에 대고 여분의 액을 덜어낸다.

② 리퀴드가 적당히 묻은 브러시를 아크릴릭 파우더에 살짝 찍어 빼면 동그란 볼이 만들어 진다.

③ 볼 믹스춰는 리퀴드의 양 조절이 중요하다. 리퀴드 양이 적을 경우 너무 빨리 건조되어 시술하기 힘들거나 흰 점이 생길 수 있고, 리퀴드 양이 많을 경우 양 사이드로 흘러 내리며 건조시간이 오래 걸리고 견고성이 떨어진

다. 리퀴드와 파우더의 가장 좋은 배합 상태가 1:1이라고 생각한다면 사용하는 용도에 따라 묽은 볼 또는 딱딱한 볼을 만들 수 있다.

5) 아크릴릭 네일의 문제점과 원인

(1) 들뜸(리프팅 : lifting)

① **현상 :** 아크릴릭이 자연 네일로부터 들떠 분리된 현상

② **원인**

- 아크릴릭 리퀴드와 파우더의 부적절한 배합
- 자연 네일의 유·수분기가 남아 있을 경우
- 아크릴릭 리퀴드와 파우더에 불순물이 섞인 경우
- 큐티클 라인에 아크릴릭 볼을 두껍게 올리고 턱을 충분히 제거하지 않아 틈 사이로 습기가 스며든 경우
- 프라이머가 오염되었거나 공기, 빛에 노출되어 산이 약화되었을 경우

(2) 깨짐(크랙 : crack)

① **현상 :** 아크릴릭 네일이 어떤 충격이 가해져 금이 가거나 깨진 현상

② **원인**

- 아크릴릭을 너무 얇게 올린 경우
- 겨울철의 낮은 온도
- 부주의한 관리

(3) 곰팡이(펑거스 : fungus)

① **현상 :** 자연 네일과 인조 네일 사이에 습기가 스며들어 곰팡이가 생기는 현상

② **원인**

- 들뜸 현상을 방치했을 경우
- 아크릴릭 네일의 들뜬 부분을 제대로 제거하지 않고 보수한 경우
- 아크릴릭 네일을 떼어내야 할 시기에 떼어내지 않고 계속 보수만 하여 자연 네일에서 수분이 자생하여 들떴을 경우

02 팁 위드 아크릴릭(tip with acrylic)

네일 팁 접착 후 아크릴릭을 올려 보강해주는 인조 네일로 아크릴릭 팁(acrylic tip) 또는 아크릴릭 오버레이(acrylic overlays)라고도 한다.

1) 시술재료

팁, 글루, 글루 드라이어, 팁 커터(또는 클리퍼), 아크릴릭 파우더(클리어 또는 핑크), 프라이머, 브러시, 브러시 클리너, 아크릴릭 리퀴드, 디펜디시, 파일, 샌딩 블럭, 3-way 파일, 습식매니큐어 재료

2) 시술과정

① **손 소독 :** 솜에 안티셉틱을 뿌려 시술자와 고객의 손을 소독한다.

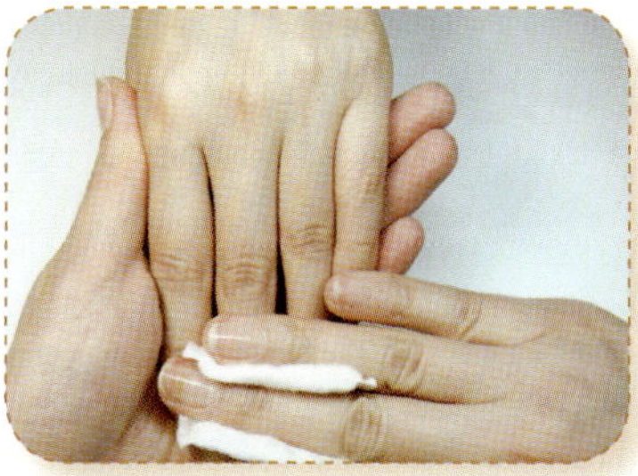

② **큐티클 밀기 :** 오렌지 우드스틱이나 푸셔로 자연 손톱 표면이 손상되지 않게 큐티클을 부드럽게 밀어 올린다.

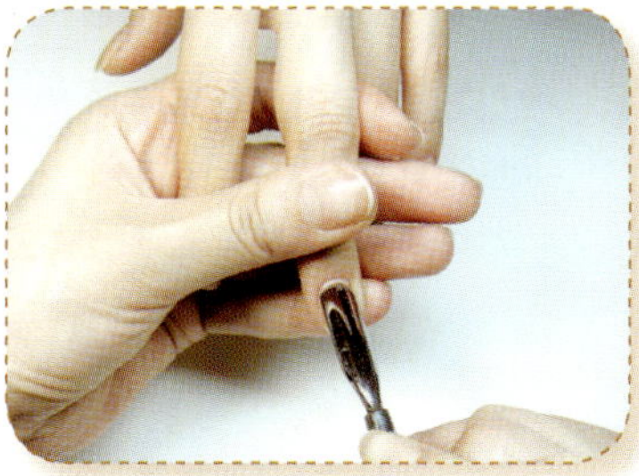

③ **손톱모양**(쉐입) **잡기 :** 파일을 이용하여 자연 손톱의 모양을 둥근형으로 만들어주며 자연손톱의 길이는 0.5~1㎜ 정도가 적당하다.

④ **유분기 제거하기**(에칭) **:** 네일 팁과 아크릴릭의 접착력을 좋게 하기 위하여 부드러운 파일이나 샌딩 블럭으로 손톱 표면의 광택을 제거한다.

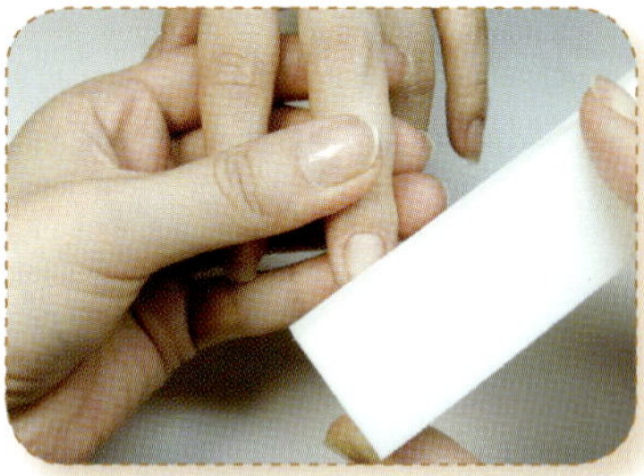

⑤ **팁 접착하기 :** 자연 손톱에 맞는 크기의 팁을 고른 후 글루나 젤을 팁의 웰 부분에 바르고 자연 손톱에 45° 각도로 접착하여 5~10초정도 눌러준다.

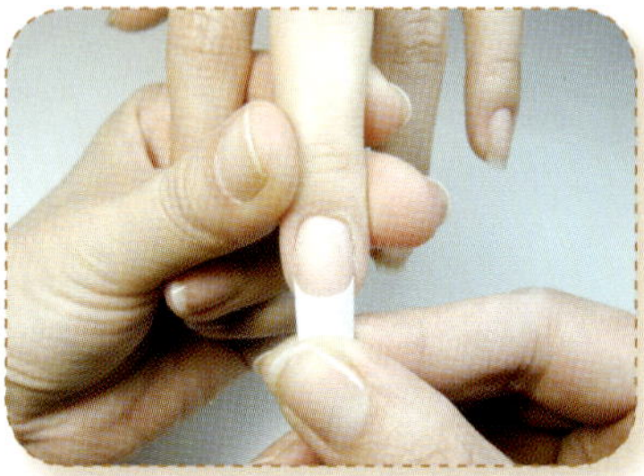

⑥ **팁 길이 조절과 모양잡기 :** 팁 커터나 클리퍼를 이용하여 원하는 길이로 자른 후 파일로 모양(쉐입)을 다듬는다.

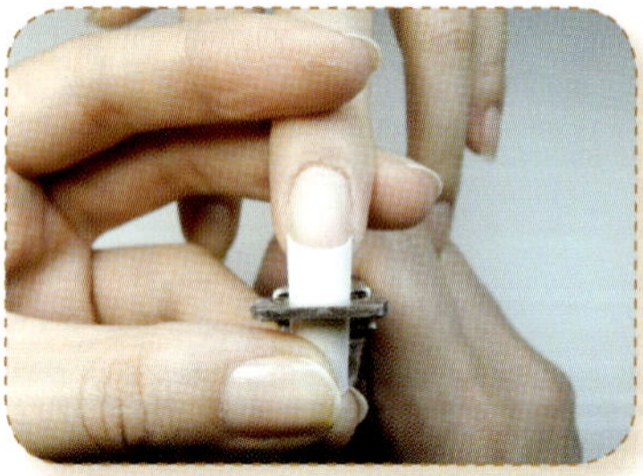

⑦ **프라이머 바르기 :** 아크릴릭 제품이 자연 손톱에 잘 접착 되도록 피부에 닿지 않게 자연 손톱에만 소량의 프라이머를 바른다.

⑧ **아크릴릭 볼 올리기 :** 큐티클 라인 1㎜ 정도에서 시작하여 믹스춰 볼을 올려 아래쪽으로 쓸어내리고 누르기를 반복한다. 큐티클 라인, 양 사이드, 하이 포인트 등 부족한 부분은 다시 채운다.

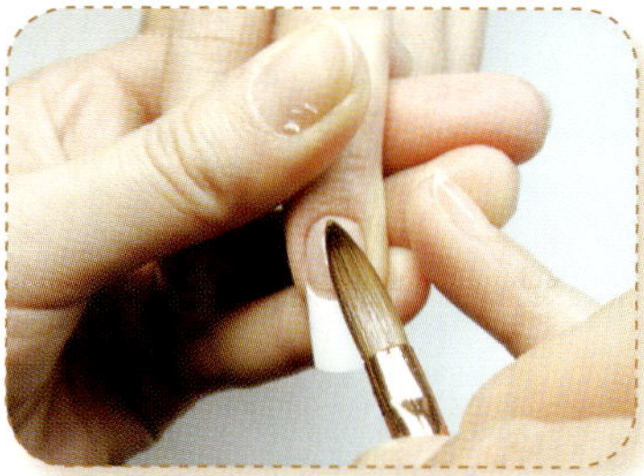

⑨ **파일링 하기 :** 아크릴릭이 완전히 건조 된 것을 확인 후 거친 파일, 중간 파일, 부드러운 파일을 이용하여 손톱 전체를 파일링한다.

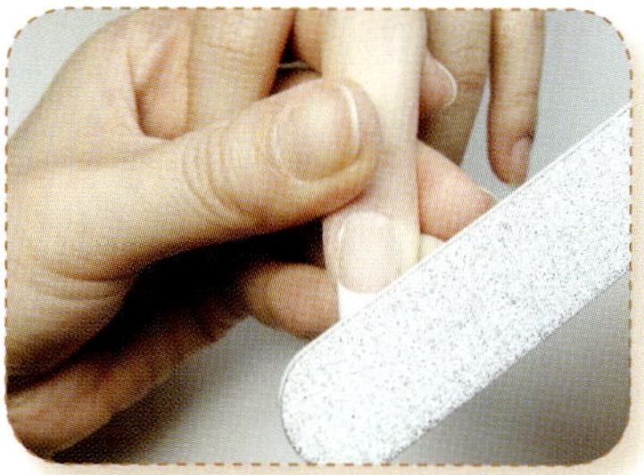

⑩ **표면 정리하기 :** 샌딩 블럭을 이용하여 손톱 표면을 매끄럽게 다듬는다.

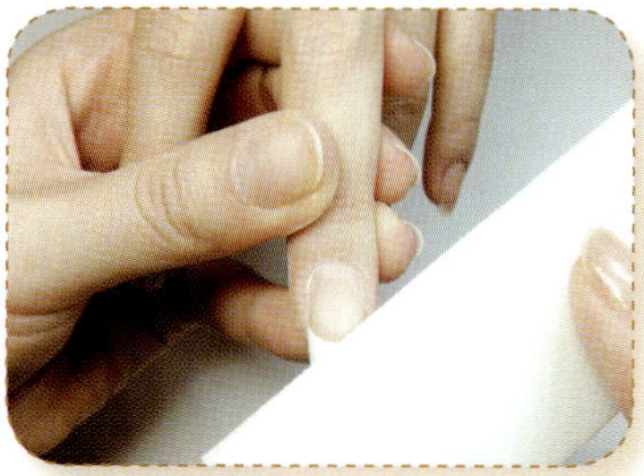

⑪ **오일 바르기 :** 큐티클에 오일을 발라 마사지 해주고 때에 따라 3-way로 광택을 낸다.

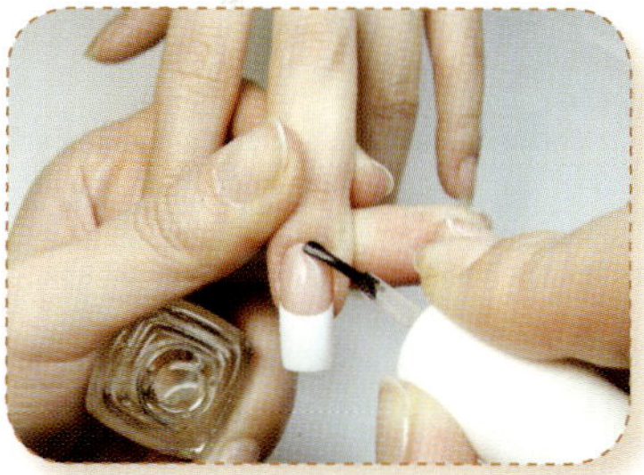

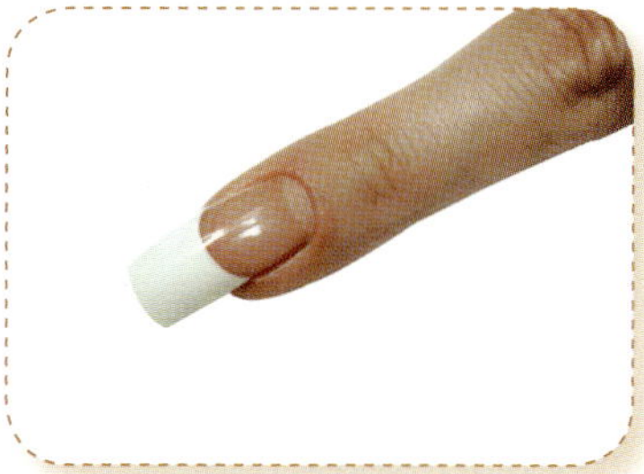

03 원톤 스컬쳐(one tone sculpture)

인조 팁을 사용하지 않고 네일 폼을 이용하여 손톱의 길이를 연장하는 방법으로 클리어 또는 핑크 파우더 등과 같이 네츄럴한 단일 색을 사용한다.

1) 시술재료

아크릴릭 파우더(클리어 또는 핑크), 종이 폼, 프라이머, 브러시, 브러시 클리너, 아크릴릭 리퀴드, 디펜디시, 파일, 샌딩 블럭, 3-way 파일, 습식매니큐어 재료

2) 시술과정

① **손 소독 :** 솜에 안티셉틱을 뿌려 시술자와 고객의 손을 소독한다.

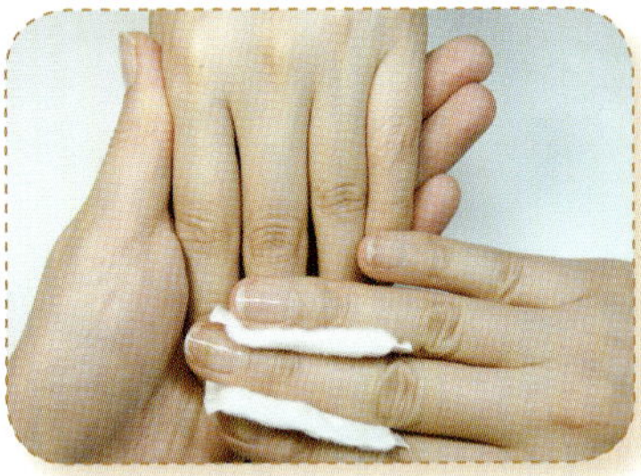

② **큐티클 밀기 :** 오렌지 우드스틱이나 푸셔로 자연 손톱 표면이 손상되지 않게 큐티클을 부드럽게 밀어 올린다.

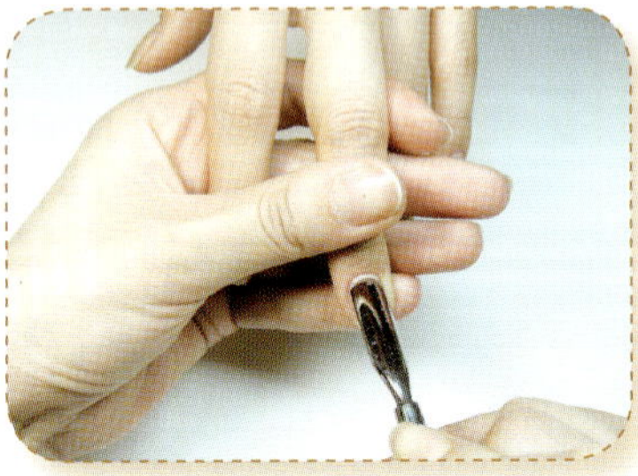

③ **손톱모양(쉐입) 잡기 :** 파일을 이용하여 자연 손톱의 모양을 둥근형으로 만들어주며 자연손톱의 길이는 0.5~1㎜ 정도가 적당하다.

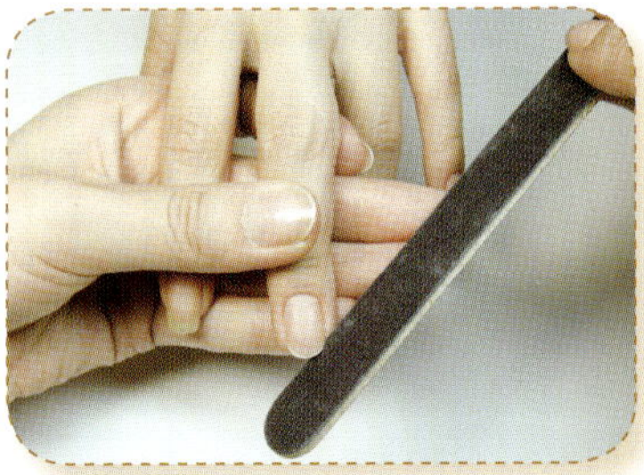

④ **유분기 제거하기**(예칭) **:** 아크릴릭의 접착력을 좋게 하기 위하여 부드러운 파일이나 샌딩 블럭으로 손톱 표면의 광택을 제거한다.

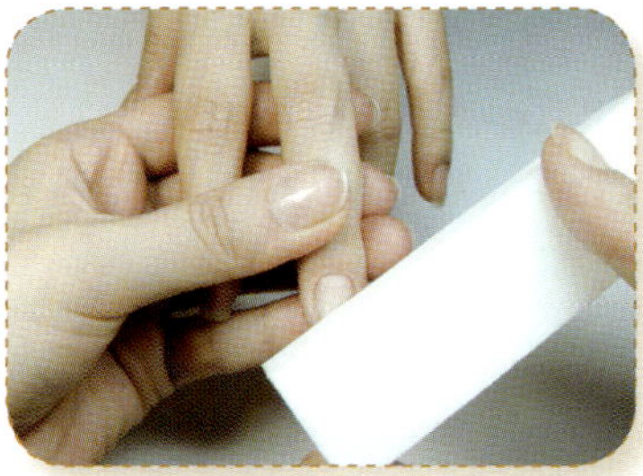

⑤ **프라이머 바르기 :** 아크릴릭 제품이 자연 손톱에 잘 접착 되도록 피부에 닿지 않게 소량의 프라이머를 바른다.

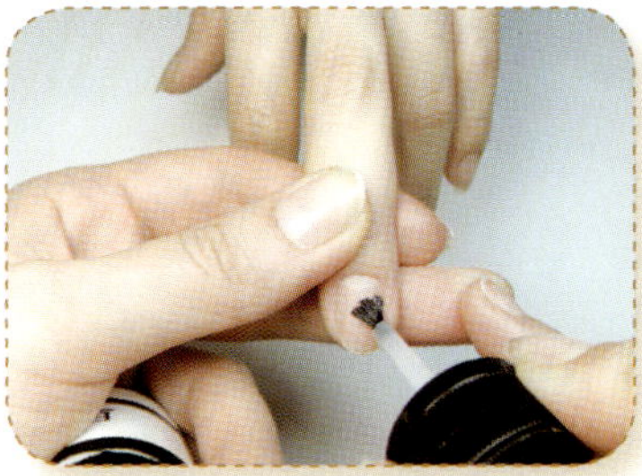

⑥ **폼 끼우기 :** 자연 손톱과 폼 사이에 공간이 생기지 않도록 폼을 끼워 고정시키며 필요에 의해 폼을 재단할 수 있다.

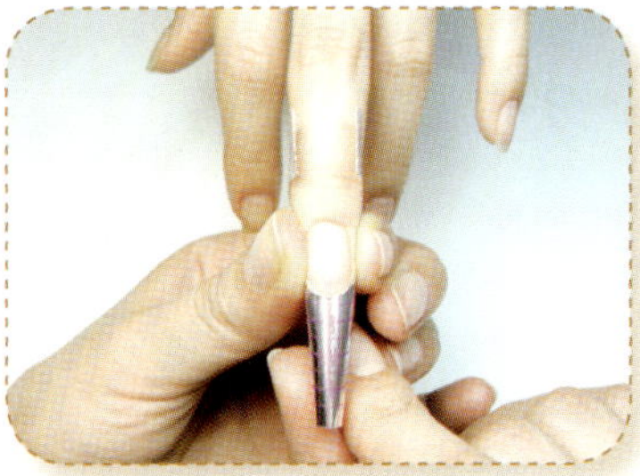

⑦ **아크릴릭 볼 올리기 :** 자연 손톱의 프리엣지와 폼 사이에 믹스춰 볼을 올려 원하는 길이를 연장하고 자연 손톱의 중간에 볼을 올려 누르듯이 다져주고 아래쪽으로 쓸어내려 프리엣지와 연결시킨 후 큐티클 라인에 작은 볼을 올려 손톱 표면과 연결시킨다. 아크릴릭이 덜 채워진 부분이 있다면 작은 볼을 올려 전체를 매끄럽게 쓸어 내린다.

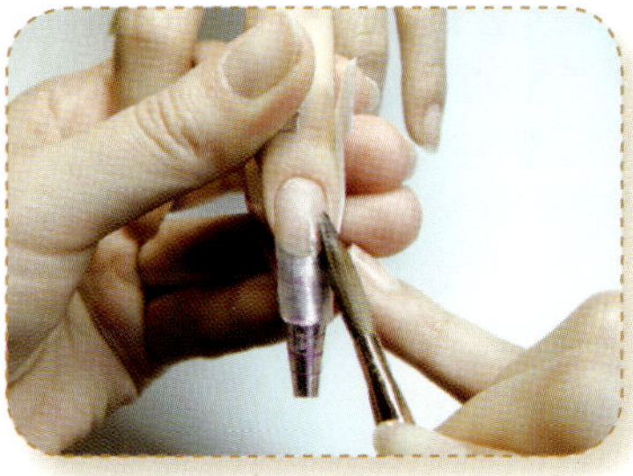

⑧ **핀치 주기 :** 아크릴릭이 완전히 건조되기 전에 손톱의 양 가장자리 부분을 양 엄지손톱으로 C커브가 잘 나오도록 누른다. 이때 정확한 C커브와 두께를 확인하기 위해 폼을 제거 후 핀치를 줘도 된다.

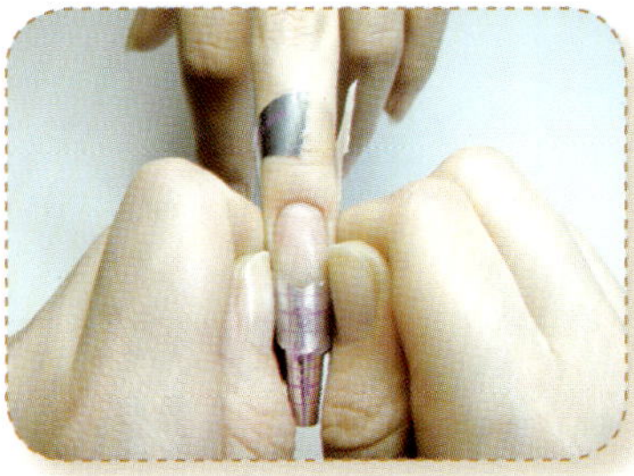

⑨ **폼 떼어내기 :** 아크릴릭이 건조되면 폼을 떼어낸다.

⑩ **파일링 하기 :** 아크릴릭이 완전히 건조 된 것을 확인 후 거친 파일, 중간 파일, 부드러운 파일을 이용하여 손톱 전체를 파일링한다.

⑪ **표면 정리하기 :** 샌딩 블럭을 이용하여 손톱 표면을 매끄럽게 다듬는다.

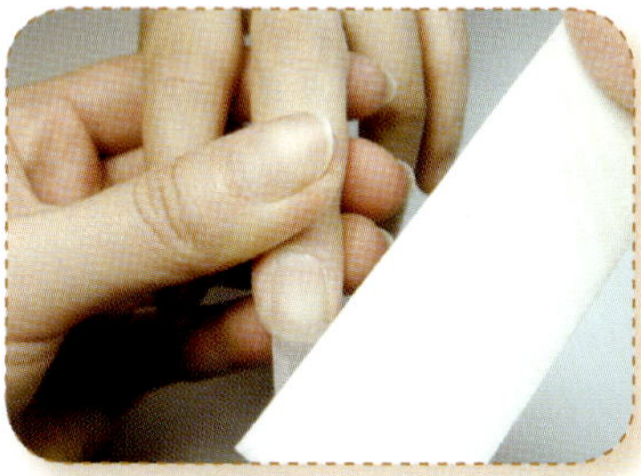

⑫ **오일 바르기 :** 큐티클에 오일을 발라 마사지 해주고 때에 따라 3-way로 광택을 내준다.

원톤 스캅춰

04 프렌치 스컬프쳐(french sculpture)

프리엣지는 화이트 파우더, 네일 바디는 클리어나 핑크 파우더를 사용하여 길이를 연장하는 아크릴릭 네일로 스마일 라인의 모양이 중요하다.

1) 시술재료

화이트 파우더, 클리어 또는 핑크 파우더, 종이 폼, 프라이머, 브러시, 브러시 클리너, 아크릴릭 리퀴드, 디펜디시, 파일, 샌딩 블럭, 3-way 파일, 습식매니큐어 재료

2) 시술과정

① **손 소독 :** 솜에 안티셉틱을 뿌려 시술자와 고객의 손을 소독한다.

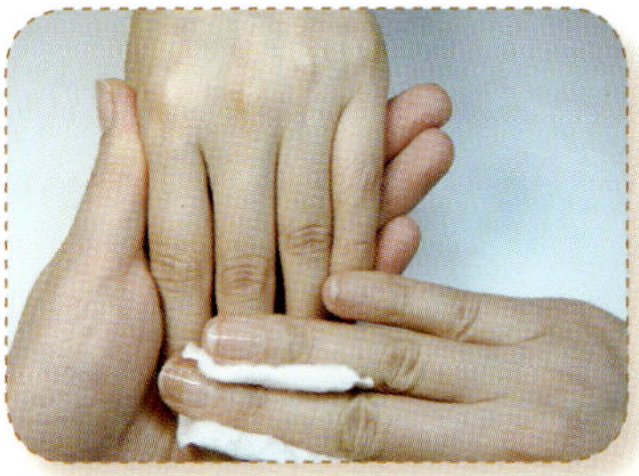

② **큐티클 밀기 :** 오렌지 우드스틱이나 푸셔로 자연 손톱 표면이 손상되지 않게 큐티클을 부드럽게 밀어 올린다.

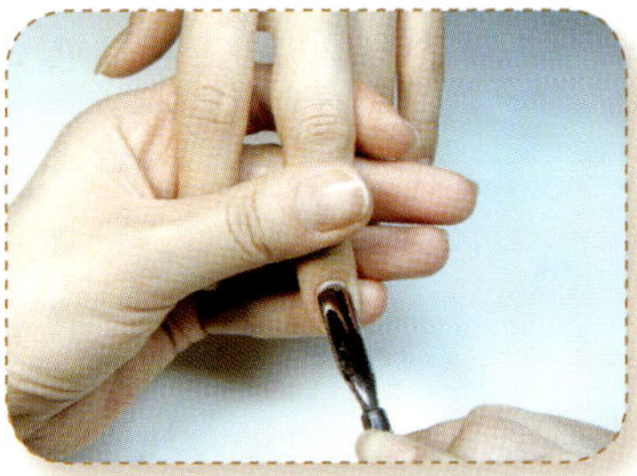

③ **손톱모양(쉐입) 잡기 :** 파일을 이용하여 자연 손톱의 모양을 둥근형으로 만들어주며 자연손톱의 길이는 0.5~1㎜ 정도가 적당하다.

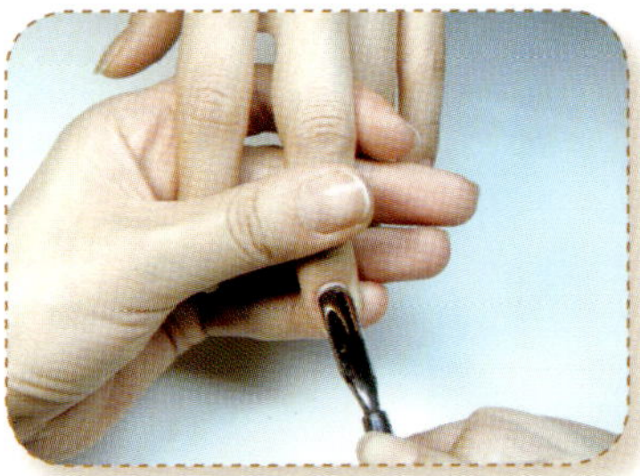

④ **유분기 제거하기**(에칭) **:** 아크릴릭의 접착력을 좋게 하기 위하여 부드러운 파일이나 샌딩 블럭으로 손톱 표면의 광택을 제거한다.

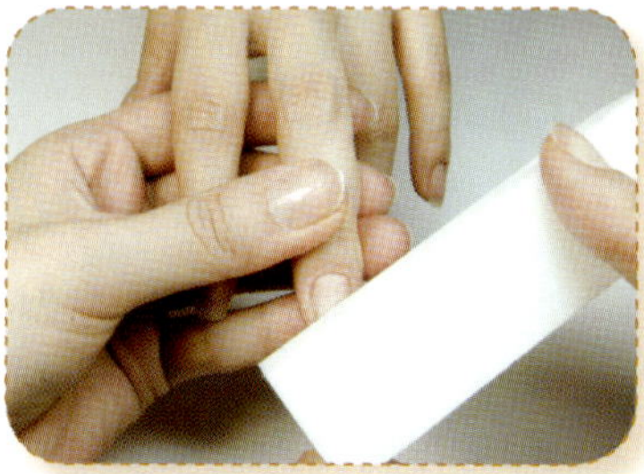

⑤ **프라이머 바르기 :** 아크릴릭 제품이 자연 손톱에 잘 접착 되도록 피부에 닿지 않게 소량의 프라이머를 바른다.

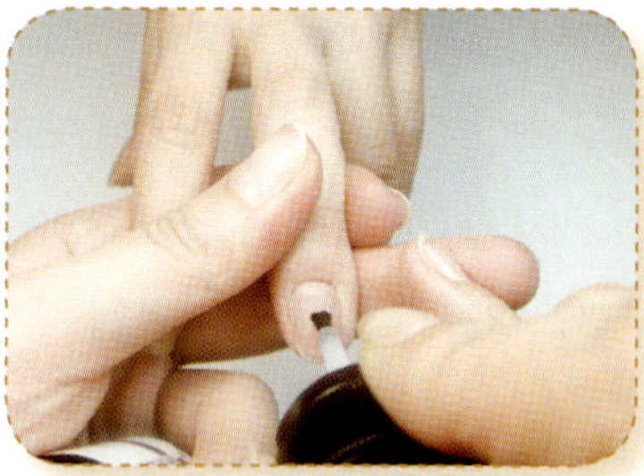

⑥ **폼 끼우기 :** 자연 손톱과 폼 사이에 공간이 생기지 않도록 폼을 끼워 고정시키며 필요에 의해 폼을 재단할 수 있다.

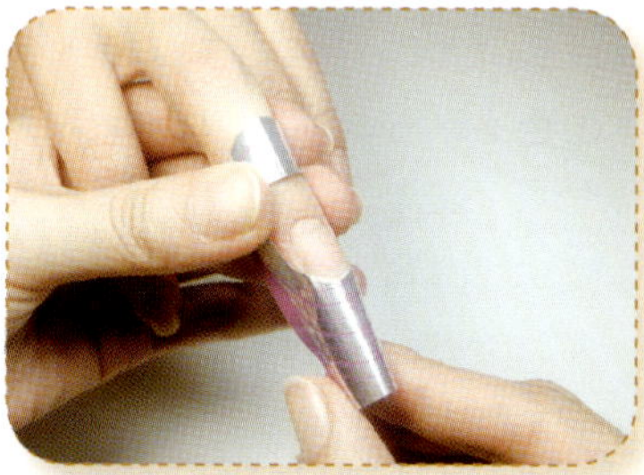

⑦ **화이트 볼 올리기 :** 화이트 파우더로 자연 손톱의 프리엣지와 폼 사이에 믹스춰 볼을 올려 원하는 길이와 스마일 라인을 만들고 작고 매트한 볼을 만들어 양쪽 사이드 라인을 깔끔하게 정리한다.

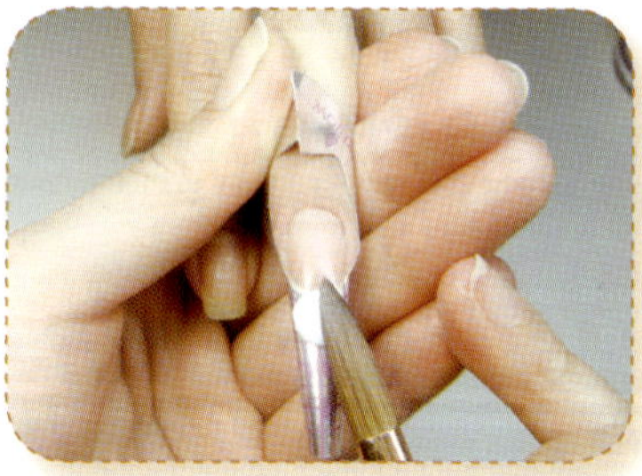

⑧ **아크릴릭 볼 올리기 :** 클리어나 핑크 파우더를 원 볼 또는 투 볼로 기포가 생기지 않게 스마일 라인과 네일 베드를 덮는다.

⑨ **핀치 주기 :** 아크릴릭이 완전히 건조되기 전에 손톱의 양 가장자리 부분을 양 엄지손톱으로 C커브가 잘 나오도록 누른다. 이때 정확한 C커브와 두께를 확인하기 위해 폼을 제거 후 핀치를 줘도 된다.

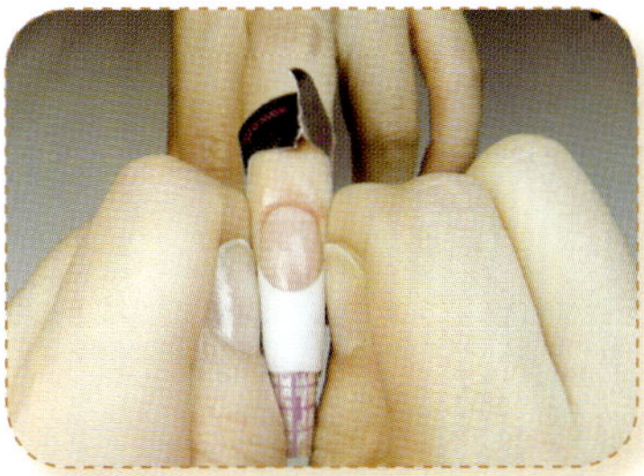

⑩ **폼 떼어내기 :** 아크릴릭이 건조되면 폼을 떼어낸다.

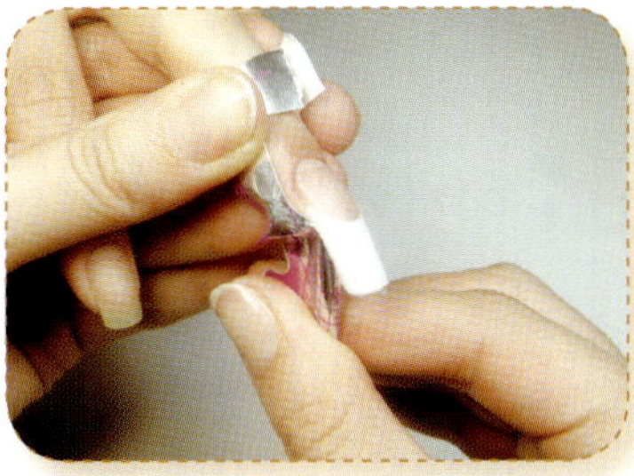

⑪ **파일링 하기 :** 아크릴릭이 완전히 건조 된 것을 확인 후 거친 파일, 중간 파일, 부드러운 파일을 이용하여 손톱 전체를 파일링한다.

⑫ **표면 정리하기 :** 샌딩 블럭을 이용하여 손톱 표면을 매끄럽게 다듬는다.

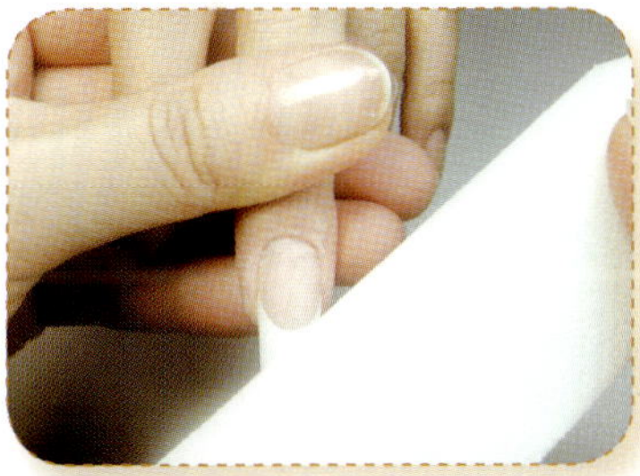

⑬ **오일 바르기 :** 큐티클에 오일을 발라 마사지 해주고 때에 따라 3-way로 광택을 내준다.

프렌치 스캅춰

05 디자인 스캅춰(design sculpture)

다양한 아크릴릭 컬러 파우더를 사용하여 입체적인 디자인을 하는 아크릴릭 네일이다. 디자인을 올릴 경우 굳는 속도가 일반 리퀴드 보다 빠른 3D리퀴드를 사용하면 믹스춰가 흐르지 않고 보다 입체적인 디자인을 할 수 있다.

1) 시술재료

다양한 컬러 파우더, 화이트 파우더, 클리어 파우더, 종이 폼, 프라이머, 브러시, 브러시 클리너, 아크릴릭 리퀴드, 디펜디시, 파일, 샌딩 블럭, 3-way 파일, 습식매니큐어 재료

2) 시술과정

① **손 소독 :** 솜에 안티셉틱을 뿌려 시술자와 고객의 손을 소독한다.

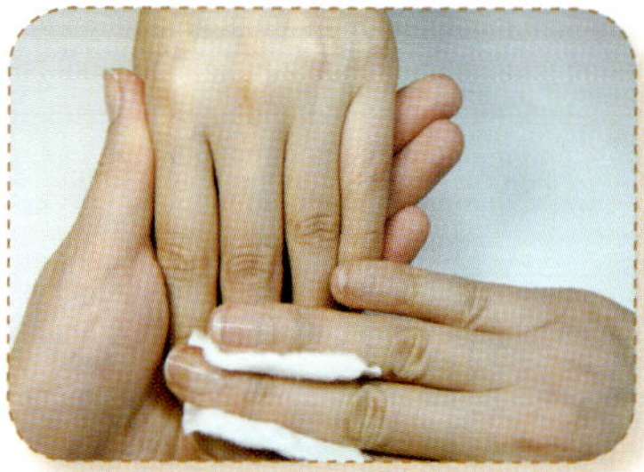

② **큐티클 밀기 :** 오렌지 우드스틱이나 푸셔로 자연 손톱 표면이 손상되지 않게 큐티클을 부드럽게 밀어 올린다.

③ **손톱모양(쉐입) 잡기 :** 파일을 이용하여 자연 손톱의 모양을 둥근형으로 만들어주며 자연손톱의 길이는 0.5~1㎜ 정도가 적당하다.

④ **유분기 제거하기(에칭) :** 아크릴릭의 접착력을 좋게 하기 위하여 부드러운 파일이나 샌딩 블럭으로 손톱 표면의 광택을 제거한다.

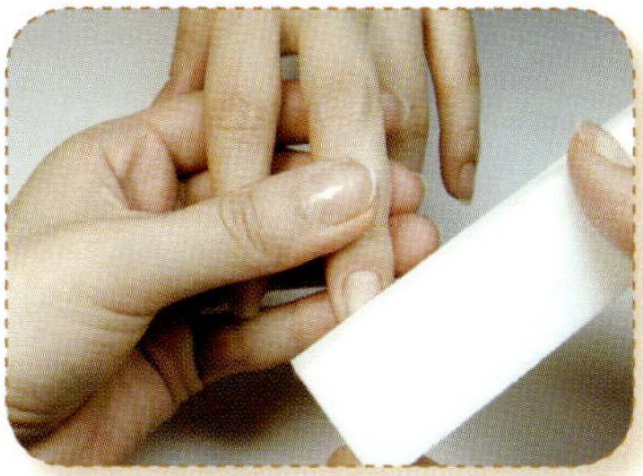

⑤ **프라이머 바르기 :** 아크릴릭 제품이 자연 손톱에 잘 접착 되도록 피부에 닿지 않게 소량의 프라이머를 바른다.

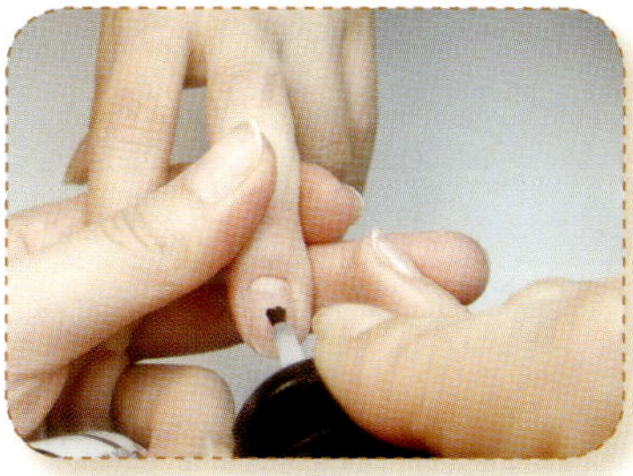

⑥ **폼 끼우기 :** 자연 손톱과 폼 사이에 공간이 생기지 않도록 폼을 끼워 고정시키며 필요에 의해 폼을 재단할 수 있다.

⑦ **베이스 컬러 깔기 :** 컬러 파우더를 사용해 원하는 베이스를 얇게 깔며 원하는 길이를 만든다.

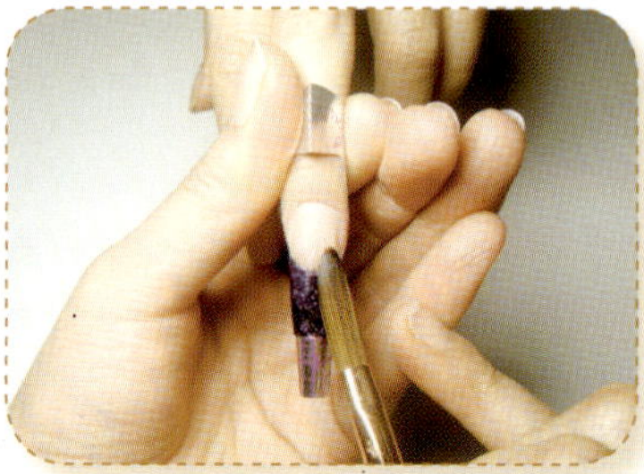

⑧ **그라데이션 :** 자연 네일 베드와 베이스 컬러가 연결 되도록 글리터 파우더 등을 이용해 그라데이션 한다.

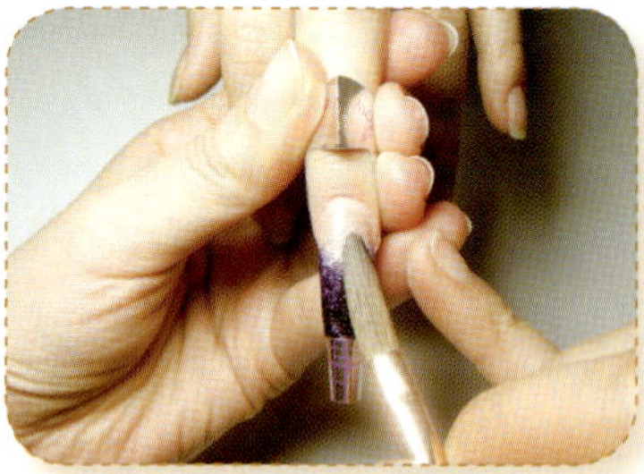

⑨ **디자인 올리기 :** 흰색 또는 컬러 파우더를 사용해 디자인 한다. 이때 큐티클 라인과 프리엣지 끝 부분 또는 양 사이드는 얇게 파일링 되므로 두께감이 있는 디자인은 피하는 것이 좋다.

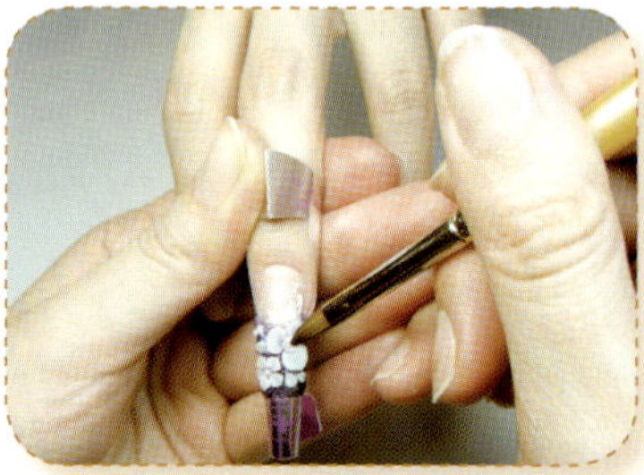

⑩ **클리어 파우더 올리기 :** 큐티클 라인부터 연장된 손톱 끝까지 클리어 파우더를 올린다. 이때 디자인 사이사이를 채우듯 다지며 덮어야 기포가 생기지 않으므로 주의한다.

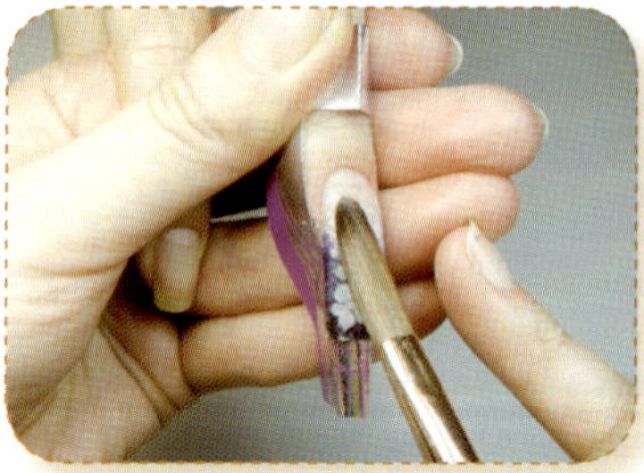

⑪ **핀치 주기 :** 아크릴릭이 완전히 건조되기 전에 손톱의 양 가장자리 부분을 양 엄지손톱으로 C커브가 잘 나오도록 누른다. 이때 정확한 C커브와 두께를 확인하기 위해 폼을 제거 후 핀치를 줘도 된다.

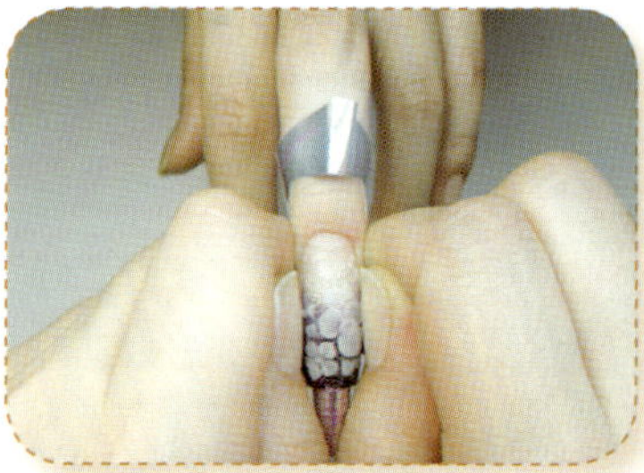

⑫ **폼 떼어내기 :** 아크릴릭이 건조되면 폼을 떼어낸다.

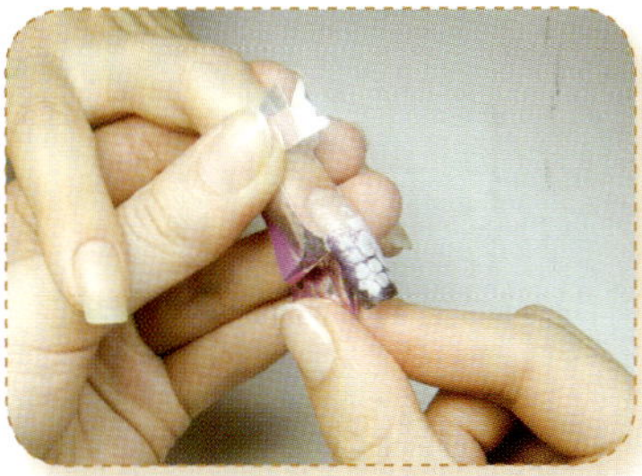

⑬ **파일링 하기 :** 아크릴릭이 완전히 건조 된 것을 확인 후 거친 파일, 중간 파일, 부드러운 파일을 이용하여 손톱 전체를 파일링한다.

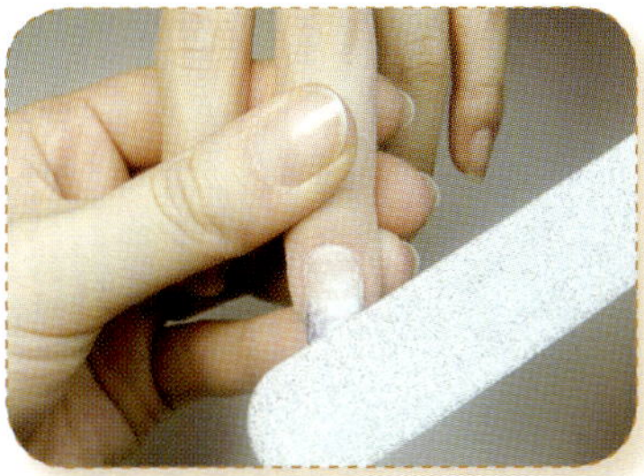

⑭ **표면 정리하기 :** 샌딩 블럭을 이용하여 손톱 표면을 매끄럽게 다듬는다.

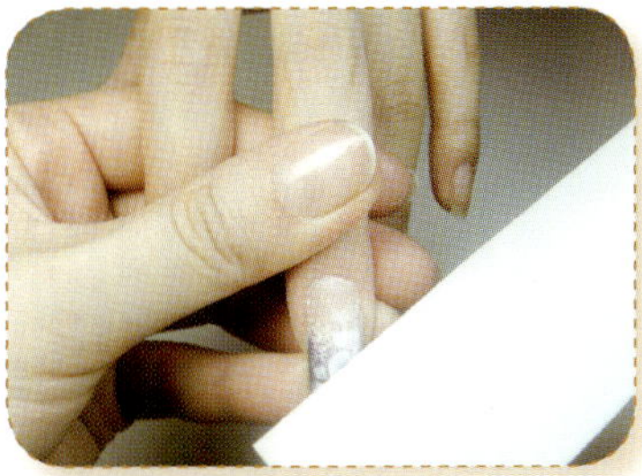

⑮ **오일 바르기 :** 큐티클에 오일을 발라 마사지 해주고 때에 따라 3-way로 광택을 내준다.

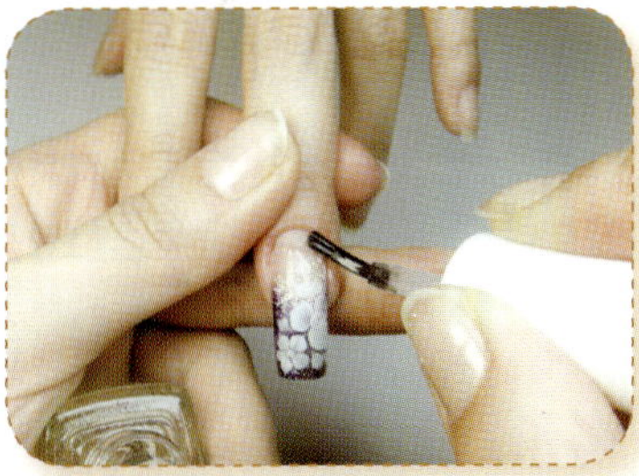

06 아크릴릭 보수 및 제거방법

1) 아크릴릭 보수 방법

아크릴릭 네일 시술 후 2주 정도 지나면 자연 손톱이 자라나 큐티클 주변이 리프팅 되거나 턱이 생기므로 정기적인 보수를 받아야 오래 유지 할 수 있으며 인조 손톱과 자연 손톱 사이에 습기가 차서 곰팡이가 생기는 것을 방지할 수 있다.

① 새로 자라나온 자연 손톱과 아크릴릭의 턱 또는 리프팅 된 부분을 부드러운 파일로 제거하고 전체적으로 가볍게 파일링하며 필요하다면 길이 조절도 같이 한다. 이때 아크릴릭의 많은 부분이 리프팅 되었다면 다시 시술하는 것이 좋다.

② 새로 자라나거나 아크릴릭을 제거한 자연 손톱에 소량의 프라이머를 바른다.

③ 적당한 양의 아크릴릭 믹스춰를 자라난 손톱과 기존의 손톱이 자연스럽게 연결 되도록 올려서 채운다.

④ 아크릴릭이 완전히 건조된 후 표면을 파일링하고 샌딩 블럭으로 매끄럽게 다듬는다.

⑤ 큐티클에 오일을 발라 마사지 해주고 때에 따라 3-way로 광택을 낸다.

2) 아크릴릭 제거 방법

자연 상태로 방치하거나 무리하게 뜯어내면 손톱이 찢어지거나 갈라지는 등 손상될 수 있으며 곰팡이가 생길 수 있으므로 올바른 방법으로 제거한다.

① 자연 손톱 길이를 확인 후 아크릴릭 네일을 클리퍼를 이용하여 자른다.

② 아클릴릭 네일은 다른 인조 손톱보다 두꺼워 제거되는 시간이 오래 걸릴 수 있으므로 표면 전체를 얇게 파일링 한 후 제거하는 것이 시간을 단축할 수 있다.

③ 화장솜을 손톱 크기로 잘라 아세톤(100%)을 충분히 적셔 아크릴릭 네일 위에 얹어 준다.

④ 화장 솜이 고정될 수 있도록 호일로 감싸준다.

⑤ 10분~20분 정도 방치 후 에나멜을 지우듯이 화장 솜을 위에서 아래로 닦아 내 주거나 오렌지우드스틱 등으로 잔여물을 벗겨내고 잔여물이 많이 남아 있을 경우 시간을 조금 더 길게 두고 제거한다.

CHAPTER 07

핵심문제

1. 아크릴릭 시술시 길이를 연장하는데 필요한 재료는?

① 팁 ② 실크 ③ 파이버글래스 ④ 폼

2. 아크릴릭 스캅춰 시술 시 자연 네일에 접착이 잘 되도록 하기위해 사용하는 재료는?

① 폼 ② 글루 ③ 프라이머 ④ UV 젤

3. 아크릴릭 리퀴드와 프라이머 보관 장소로 가장 적합한 곳은?

① 냉장고 ② 햇볕이 드는 따뜻한 곳
③ 통풍이 잘 되는 서늘한 곳 ④ 어둡고 습한 곳

4. 아크릴릭 리퀴드를 덜어 쓰는 용기는?

① 디펜디시 ② 디스펜서 ③ 프라이머 ④ 핑거볼

5. 프라이머가 피부에 묻었을 경우 대처 방법 중 옳은 것은?

① 흐르는 물에 씻고 알칼리수로 중화 시킨다. ② 알코올로 닦는다.
③ 아세톤으로 닦는다 . ④ 피부 소독제에 5분간 담근다.

6. 아크릴릭 시술시 인조 손톱의 적당한 두께는?

① 0.3㎝ ② 0.5㎝ ③ 팁 두께 ④ 두꺼울수록 좋다.

7. 단단하게 완성된 아크릴릭 네일은 어떤 형태인가?

① 모노머 ② 폴리머 ③ 프라이머 ④ 캐탈리스트

8. 아크릴릭 두께가 가장 얇아야 하는 곳은 어디인가?

① 프리 엣지 ② 네일 바디 ③ 큐티클 라인 ④ 하이 포인트

9. 아크릴릭 네일의 기존 화학 성분이 아닌 것은?

① 모노머 ② 폴리머 ③ 캐탈리스트 ④ 프라이머

10. 다양한 컬러 파우더를 이용하여 네일 위에 디자인하는 기법의 명칭은?

① 원톤 스캅춰 ② 투톤 스캅춰 ③ 프렌치 스캅춰 ④ 디자인 스캅춰

정답 1.④ 2.③ 3.③ 4.① 5.① 6.③ 7.② 8.③ 9.④ 10.④

CHAPTER 08

젤 네일(Gel Nail)

젤 네일은 아크릴릭 네일과 화학적으로 비슷한 밀도를 갖는 물질이지만 별도의 응고제인 카탈리스트가 필요하며 시술방법과 제거방법에 따라 구분한다. 시술방법으로 특수광선이나 할로겐 램프의 빛을 사용하여 굳게 하는 라이트 큐어드 젤(light cured gel)과 응고제를 붓으로 바르거나 스프레이를 분사해 굳게 하는 노 라이트 큐어드 젤(no light cured gel)이 있다. 또 제거방법에 따라 아세톤(100%)에 녹는 속 오프 젤(soak off gel)과 녹지 않는 하드 젤로 구분된다.

젤 네일의 장점

- 냄새가 없어 어디서나 시술할 수 있으며 손님에게 거부감이 없다.
- 시술 후 시간이 경과하여도 광택이 그대로 살아 있어 투명도가 높다.
- 알레르기를 일으키는 물질이 함유되지 않아 부작용 없이 시술받을 수 있다.
- UV램프에 큐어링 하기 전까지 상온에서는 굳지 않아 원하는 형태가 될 때까지 만들 수 있어 초보자들도 손에 빨리 익힐 수 있다.
- 시술이 간편하고 리프팅이 잘 되지 않는다.
- 자연 손톱의 손상이 적다.

젤 네일의 단점

- 속 오프 젤(soak off gel)이 아닌 경우 아세톤에 녹지 않아 제거 시 드릴 머신이나 파일을 사용하여 제거하여야 한다.
- 흘러내리는 성질로 인해 아크릴릭만큼 정교한 작업은 어렵다.

01 팔리시 젤 컬러링(polish gel coloring)

팔리시 젤은 기존의 에나멜이 건조되는 시간과 오래 지속되지 못하는 단점을 보완하여 쉽고 편리하게 컬러링을 할 수 있다. 팔리시 젤은 자연 건조가 아닌 UV젤 라이트 안에서만 건조된다.

1) 시술재료

베이스 젤, 젤 본더, 탑 젤, 팔리시 젤, 젤 클리너, UV젤 라이트, 파일, 샌딩 블럭, 습식매니큐어 재료

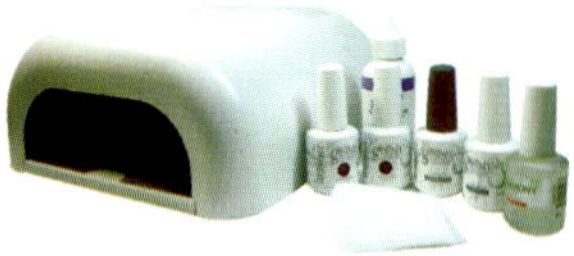

2) 시술과정

(1) 매니큐어 젤 컬러링 방법

① **손 소독 :** 솜에 안티셉틱을 뿌려 시술자와 고객의 손을 소독한다.

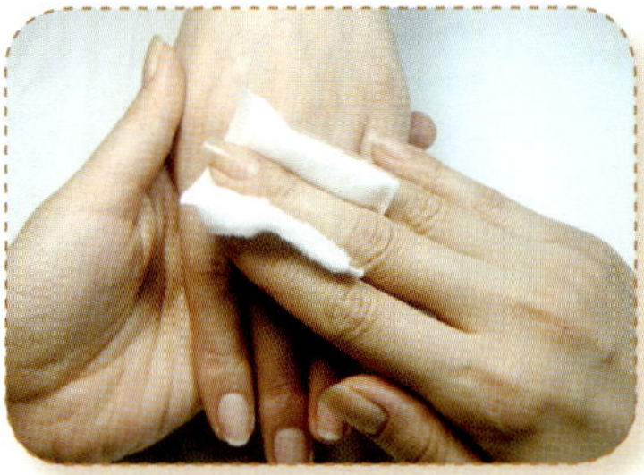

② **큐티클 밀기 :** 오렌지 우드스틱이나 푸셔로 자연 손톱 표면이 손상되지 않게 큐티클을 부드럽게 밀어 올린다.

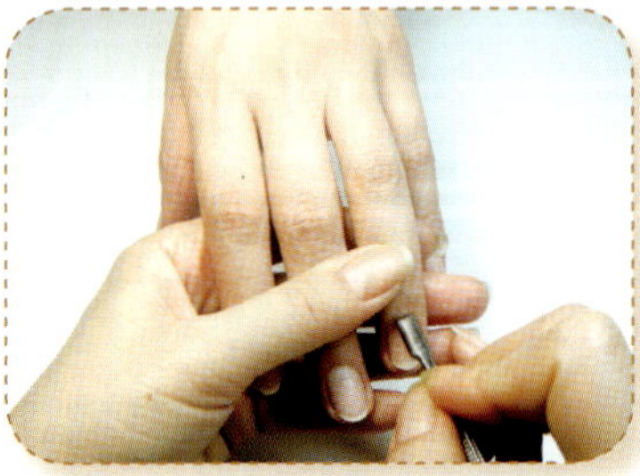

③ **손톱모양(쉐입) 잡기 :** 파일을 이용하여 자연 손톱을 원하는 모양으로 다듬는다.

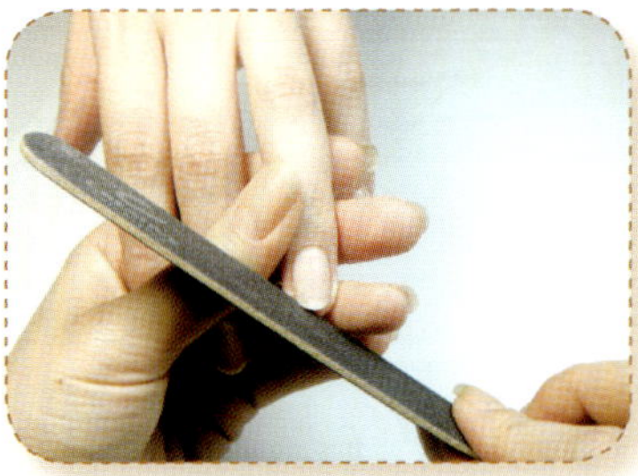

④ **유분기 제거하기**(에칭) : 팔리시 젤의 접착력을 좋게 하기 위하여 부드러운 파일이나 샌딩 블럭으로 손톱 표면의 광택을 제거한다.

⑤ **젤 본더 바르기** : 젤이 자연 손톱에 잘 접착 되도록 피부에 닿지 않게 자연 손톱에만 소량의 젤 본더를 바른다.

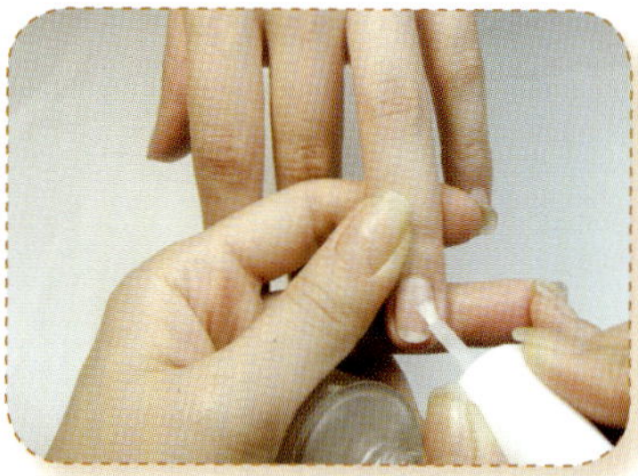

⑥ **베이스 젤 바르기** : 팔리시 베이스 젤을 이용하여 큐티클 라인과 양 사이드에 흐르지 않도록 에나멜 바르듯이 얇게 바른다.

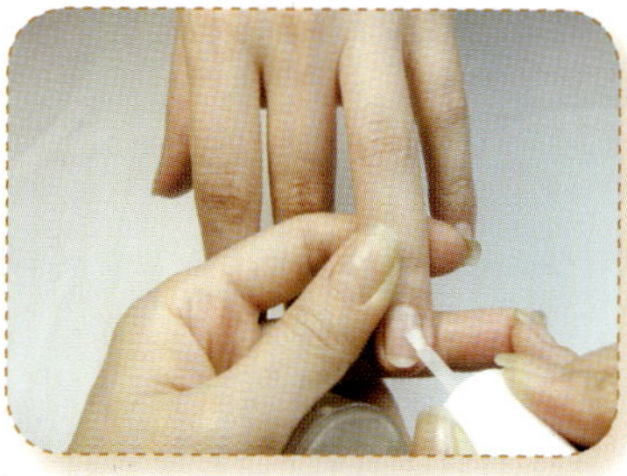

⑦ **큐어링** : 제조회사에서 지시한 시간만큼(보통 1~2분) 큐어링 한다.

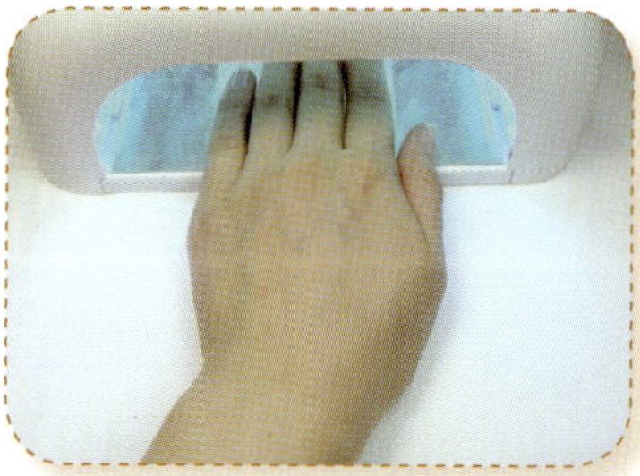

⑧ **젤 클리너로 닦기** : 퍼프에 클리너를 묻혀 베이스 젤의 끈적임을 닦아낸다. 끈적임을 닦지 않고 시술할 경우 컬러링 시 번지는 현상이 있을 수 있다.

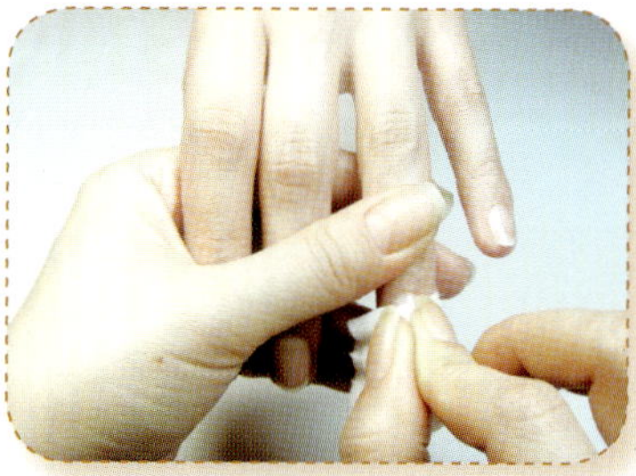

⑨ **젤 팔리시 바르기 :** 일반 컬러링과 같은 방법으로 바른다. 이 때 젤의 흐르는 것을 방지하기 위하여 양손을 바꾸어 가며 두 손가락 정도씩 시술한다.

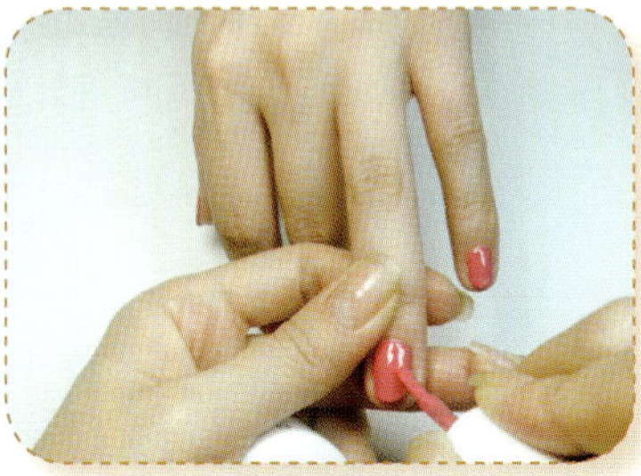

⑩ **큐어링 :** 제조회사에서 지시한 시간만큼(보통 1~2분) 큐어링 한다. 팔리시 젤의 발색력에 따라 2~3회 정도 반복하여 바르며 큐어링 한다.

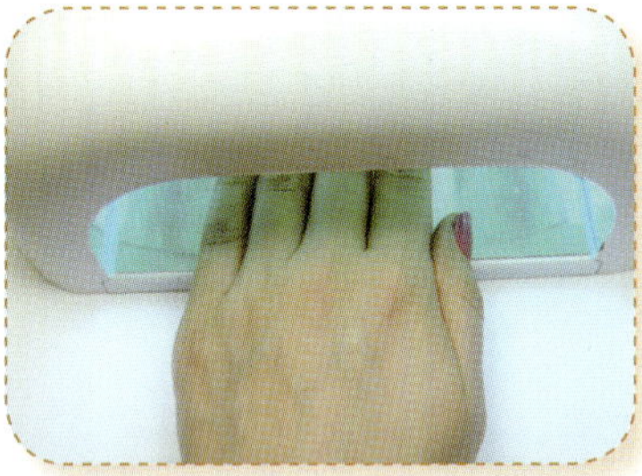

⑪ **탑 젤 바르기 :** 탑 젤을 발라 제조회사에서 지시한 시간만큼 큐어링 한다.

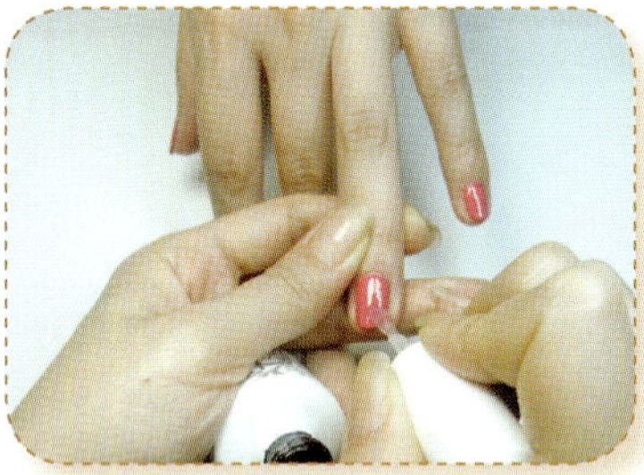

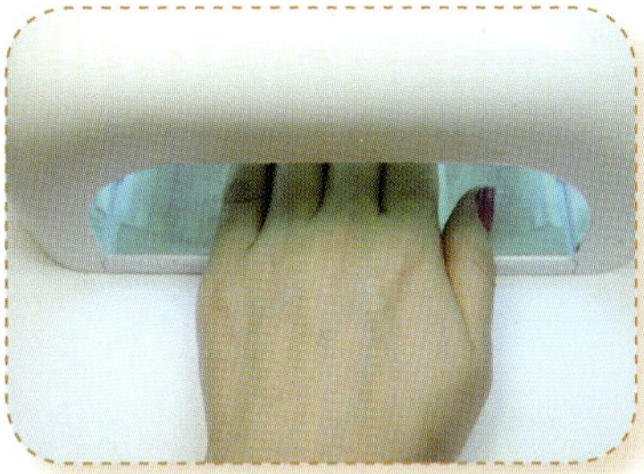

⑫ **표면 닦아내기 :** 퍼프에 젤 클리너를 묻혀 표면의 끈적임을 깨끗이 닦아낸 후 마무리 한다.

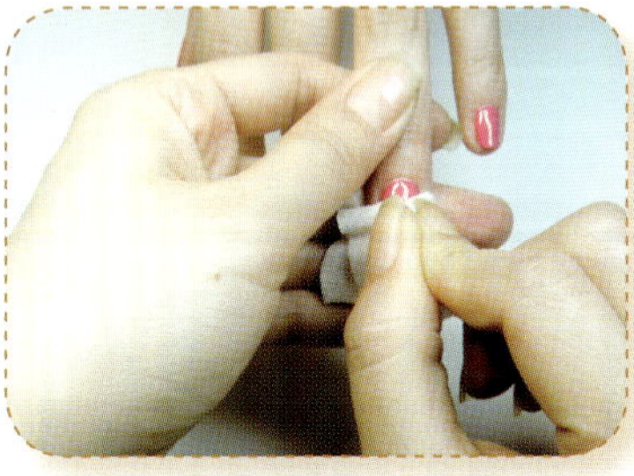

(2) 패디큐어 젤 컬러링 방법

① **소독 :** 솜에 안티셉틱을 뿌려 시술자의 손과 고객의 발을 소독한다.

② **큐티클 밀기 :** 오렌지 우드스틱이나 푸셔로 발톱 표면이 손상되지 않게 큐티클을 부드럽게 밀어 올린다.

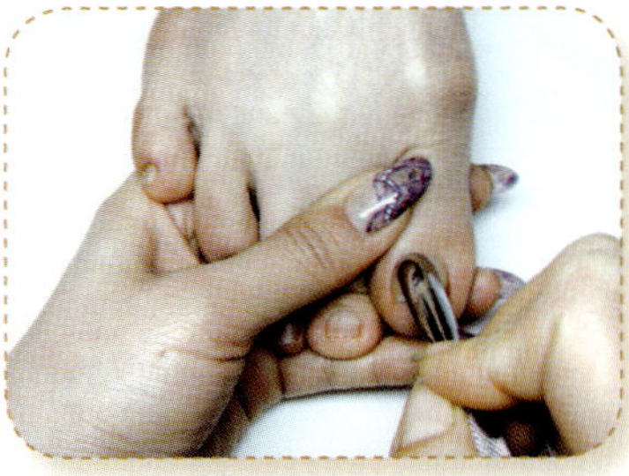

③ **발톱모양(쉐입) 잡기 :** 파일을 이용하여 발톱을 스퀘어(일자)로 다듬는다.

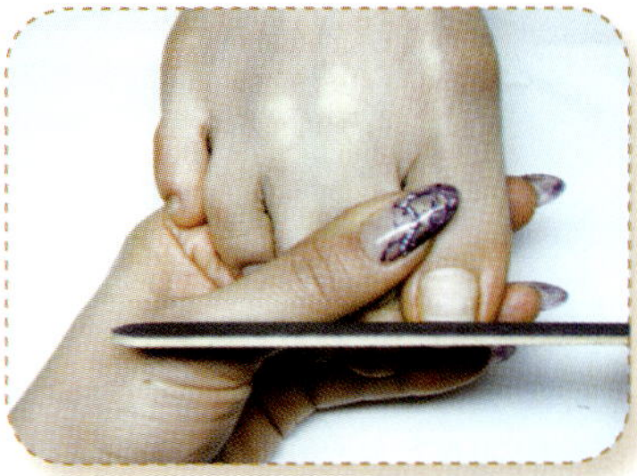

④ **유분기 제거하기(에칭) :** 팔리시 젤의 접착력을 좋게 하기 위하여 부드러운 파일이나 샌딩 블럭으로 발톱 표면의 광택을 제거한 후 토우세퍼레이터를 끼운다.

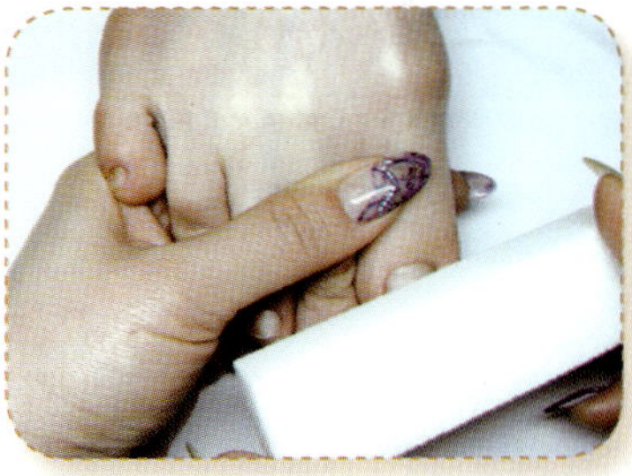

⑤ **젤 본더 바르기 :** 젤이 발톱에 잘 접착 되도록 피부에 닿지 않게 소량의 젤 본더를 바른다.

⑥ **베이스 젤 바르기 :** 팔리시 베이스 젤을 이용하여 큐티클 라인과 양 사이드에 흐르지 않도록 에나멜 바르듯이 얇게 바른다.

⑦ **큐어링 :** 제조회사에서 지시한 시간만큼(보통 1~2분) 큐어링 한다.

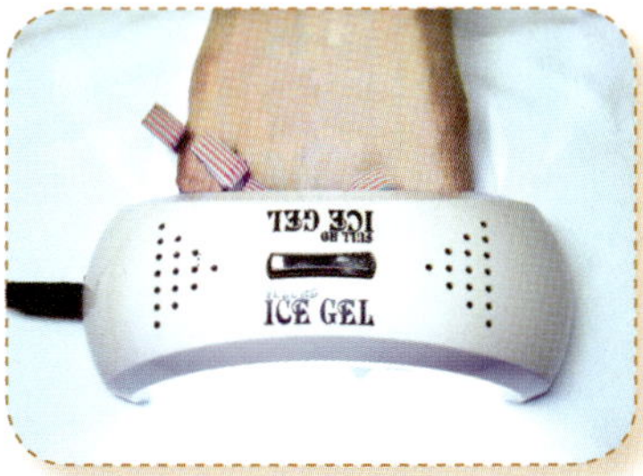

⑧ **젤 클리너로 닦기 :** 퍼프에 클리너를 묻혀 베이스 젤의 끈적임을 닦아낸다. 끈적임을 닦지 않고 시술할 경우 컬러링 시 번지는 현상이 있을 수 있다.

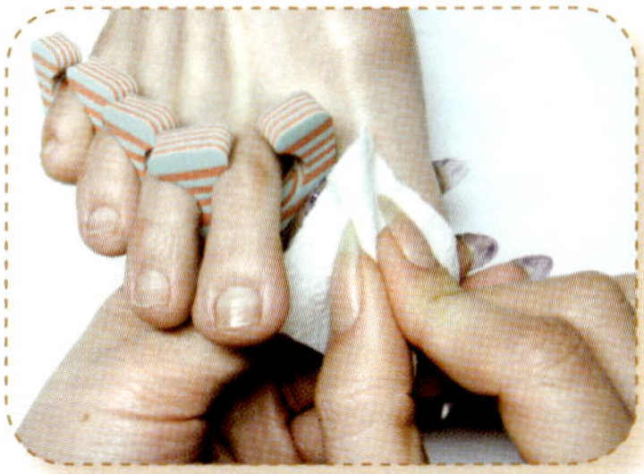

⑨ **젤 팔리시 바르기 :** 일반 컬러링과 같은 방법으로 바른다. 이때 젤의 흐르는 것을 방지하기 위하여 양발을 바꾸어 가며 두 발가락 정도씩 시술한다.

⑩ **큐어링 :** 제조회사에서 지시한 시간만큼(보통 1~2분) 큐어링 한다. 팔리시 젤의 발색력에 따라 2~3회 정도 반복하여 바르며 큐어링 한다.

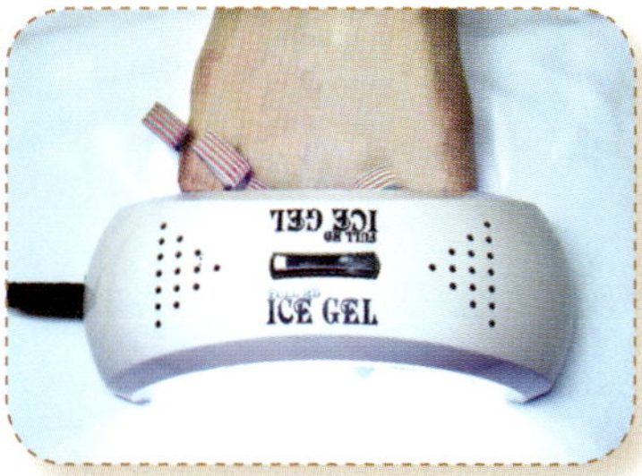

⑪ **탑 젤 바르기 :** 탑 젤을 발라 제조회사에서 지시한 시간만큼 큐어링 한다.

⑫ **표면 닦아내기 :** 퍼프에 젤 클리너를 묻혀 표면의 끈적임을 깨끗이 닦아낸 후 마무리 한다.

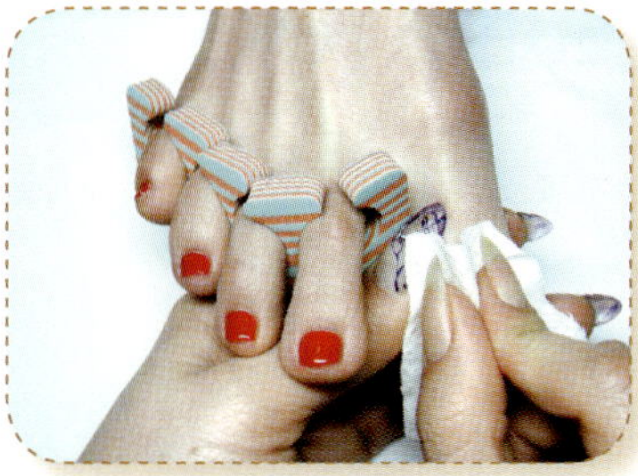

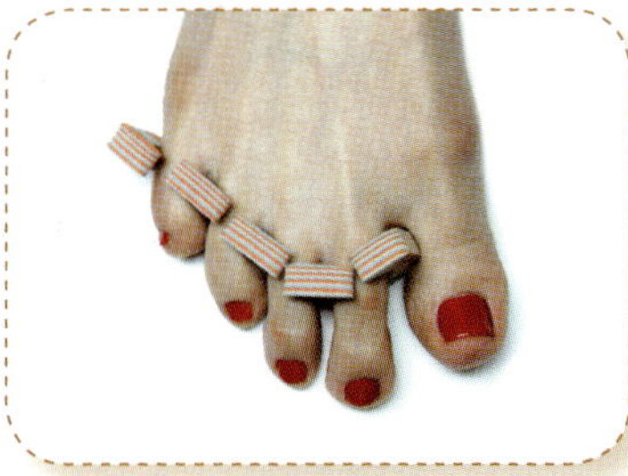

02 팁 위드 젤 스캅춰(tip With gel sculpture)

네일 팁 접착 후 젤을 올려 보강해주는 인조 네일로 다른 인조 네일 보다 빠른 시간에 시술할 수 있다.

1) 시술재료

팁, 글루, 팁 커터(또는 클리퍼), 젤 본더, 탑 젤, 클리어(또는 핑크) 젤, 젤 클리너, 젤 브러시, UV젤 라이트, 파일, 샌딩 블럭, 습식매니큐어 재료

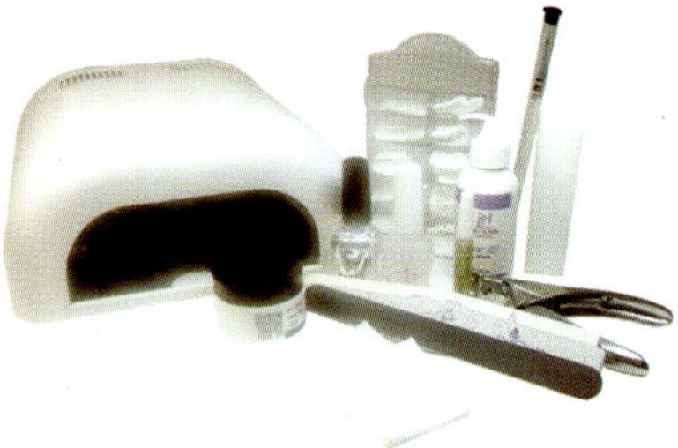

2) 시술과정

① **손 소독 :** 솜에 안티셉틱을 뿌려 시술자와 고객의 손을 소독한다.

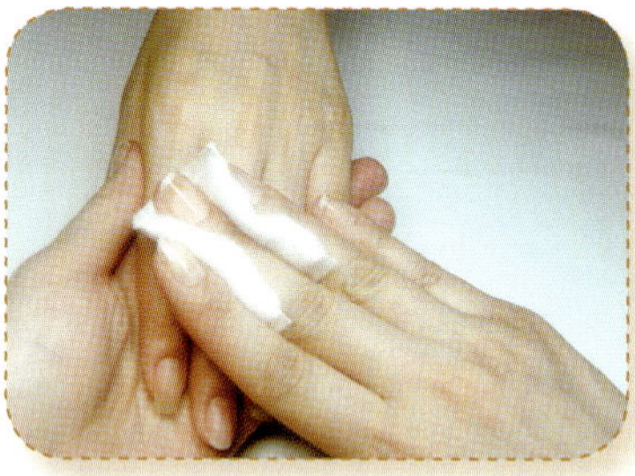

② **큐티클 밀기 :** 오렌지 우드스틱이나 푸셔로 자연 손톱 표면이 손상되지 않게 큐티클을 부드럽게 밀어 올린다.

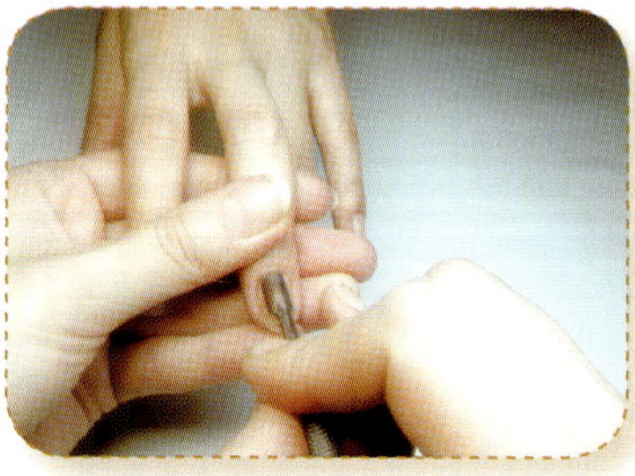

③ **손톱모양(쉐입) 잡기 :** 파일을 이용하여 자연 손톱의 모양을 둥근형으로 만들어주며 자연손톱의 길이는 0.5~1㎜ 정도가 적당하다.

④ **유분기 제거하기(에칭) :** 네일 팁과 젤의 접착력을 좋게 하기 위하여 부드러운 파일이나 샌딩 블럭으로 손톱 표면의 광택을 제거한다.

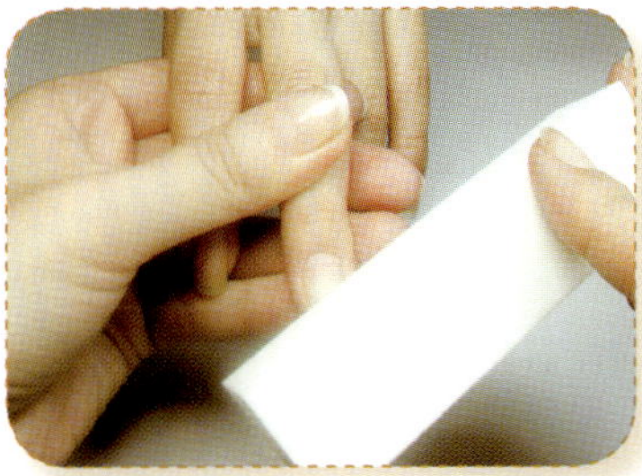

⑤ **팁 접착하기 :** 자연 손톱에 맞는 크기의 팁을 고른 후 글루나 젤을 팁의 웰 부분에 바르고 자연 손톱에 45° 각도로 접착하여 5~10초정도 눌러준다.

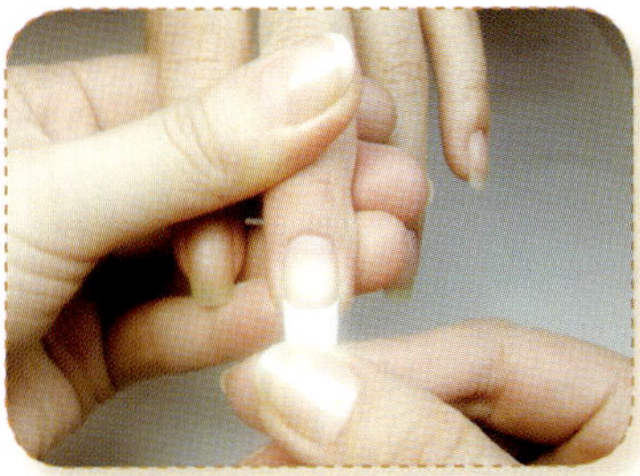

⑥ **팁 길이 조절과 모양잡기 :** 팁 커터나 클리퍼를 이용하여 원하는 길이로 자른 후 파일로 모양(쉐입)을 다듬는다.

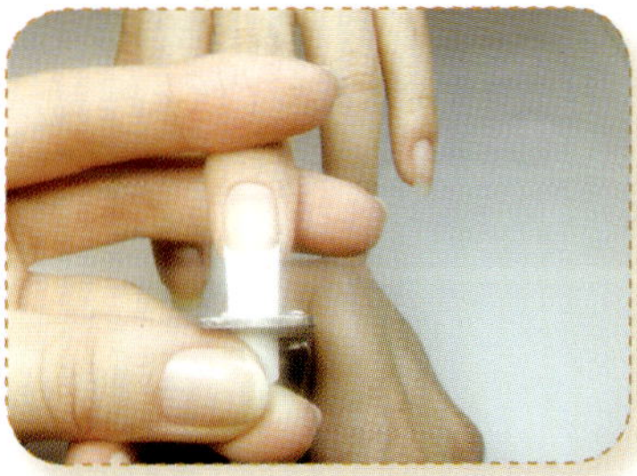

⑦ **젤 본더 바르기 :** 젤이 자연 손톱에 잘 접착 되도록 피부에 닿지 않게 자연 손톱에만 소량의 젤 본더를 바른다.

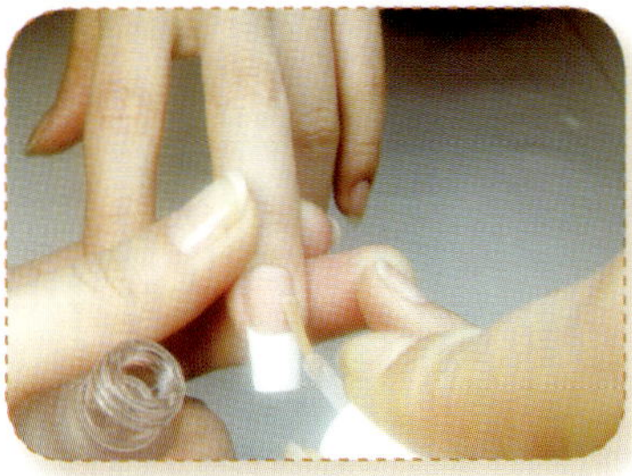

⑧ **클리어 젤 올리기 :** 자연스러운 하이포인트와 적당한 두께로 기포가 생기지 않도록 주의하며 클리어 젤을 올린다.

⑨ **큐어링 :** 제조회사에서 지시한 시간만큼(보통 1~2분) 큐어링 한다. 손톱 표면의 상태에 따라 클리어 젤 올리기를 2~3회 정도 반복한다.

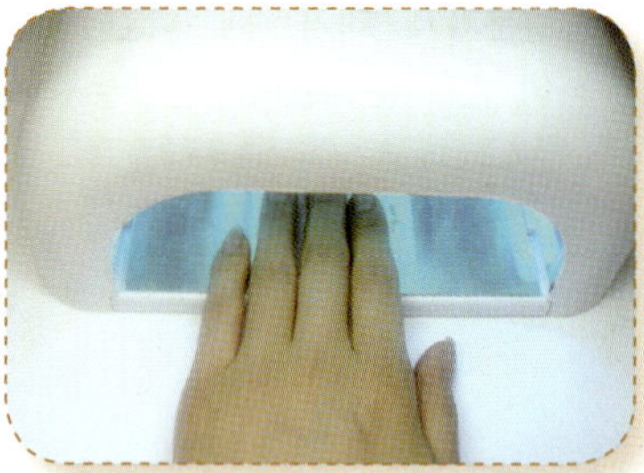

⑩ **표면 닦아내기 :** 퍼프에 젤 클리너를 묻혀 표면의 끈적임을 깨끗이 닦아낸다.

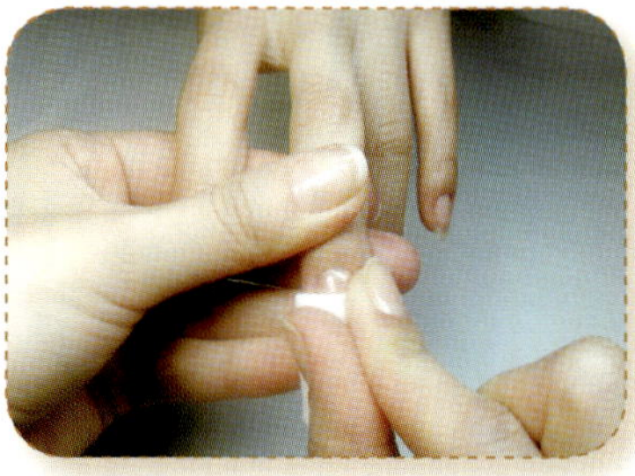

⑪ **파일링 하기 :** 표면이 매끈할 경우 손톱 모양만 잡아 가벼운 샌딩 처리를 하고, 고르지 못할 경우 부드러운 파일로 파일링 한다.

⑫ **표면 정리하기 :** 샌딩 블럭을 이용하여 손톱 표면을 매끄럽게 다듬는다.

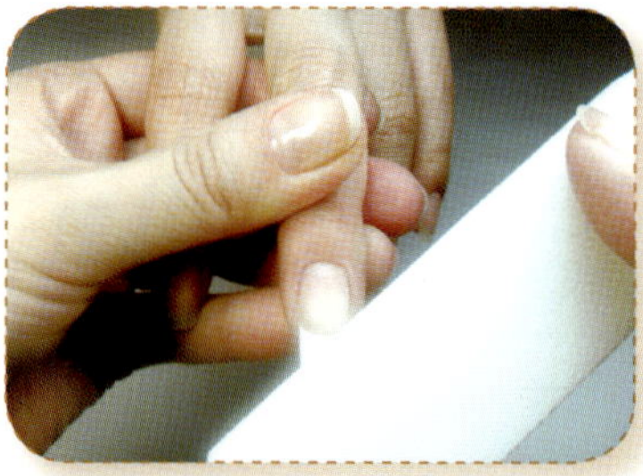

⑬ **탑 젤 바르기 :** 탑 젤을 발라 제조회사에서 지시한 시간만큼 큐어링 한다.

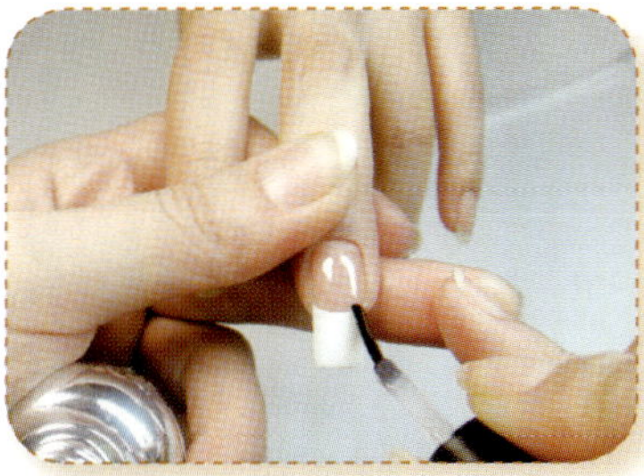

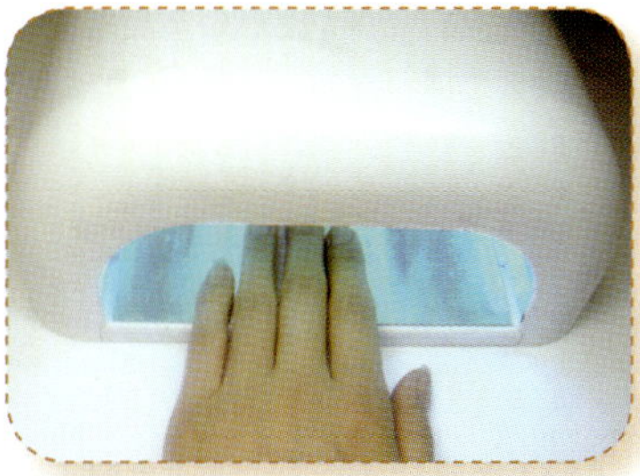

⑭ **표면 닦아내기 :** 퍼프에 젤 클리너를 묻혀 표면의 끈적임을 깨끗이 닦아낸 후 오일을 발라 마무리 한다. 제조 회사에 따라 탑 젤을 닦아내지 않는 제품도 있다.

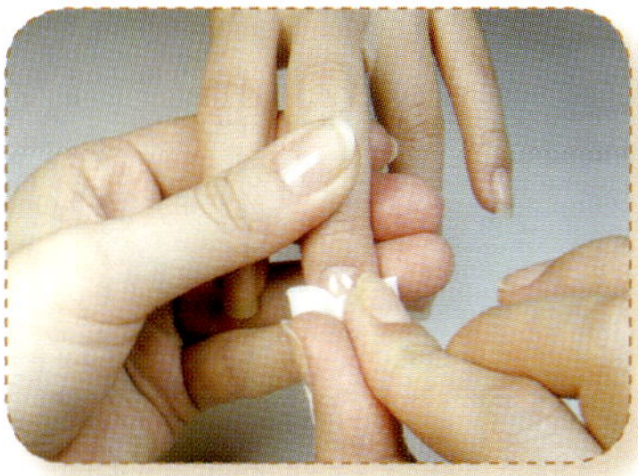

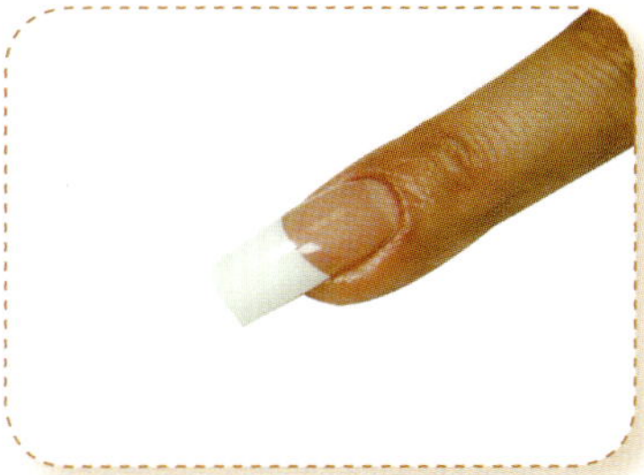

03 원톤 젤 스컬프쳐(one tone gel sculpture)

인조 팁을 사용하지 않고 네일 폼을 이용하여 손톱의 길이를 연장하는 방법으로 클리어 또는 핑크 젤 등을 사용한 투명하면서 가벼운 인조 네일이다.

1) 시술재료

젤 본더, 탑 젤, 클리어(또는 핑크) 젤, 젤 클리너, 젤 브러시, UV젤 라이트, 폼, 파일, 샌딩 블럭, 습식매니큐어 재료

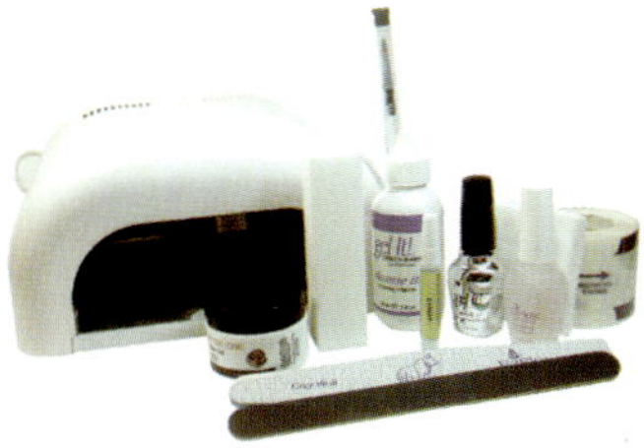

2) 시술과정

① **손 소독 :** 솜에 안티셉틱을 뿌려 시술자와 고객의 손을 소독한다.

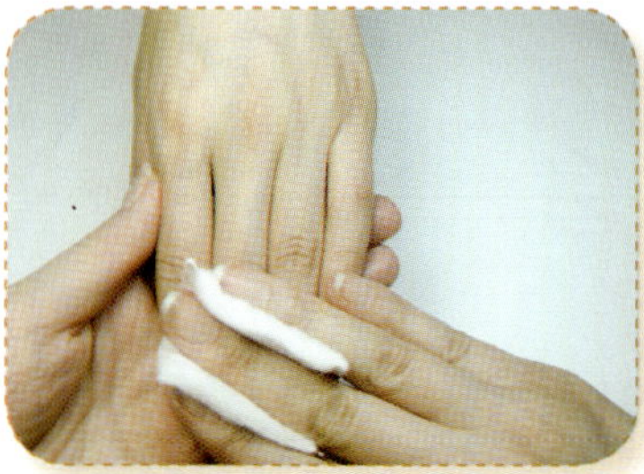

② **큐티클 밀기 :** 오렌지 우드스틱이나 푸셔로 자연 손톱 표면이 손상되지 않게 큐티클을 부드럽게 밀어 올린다.

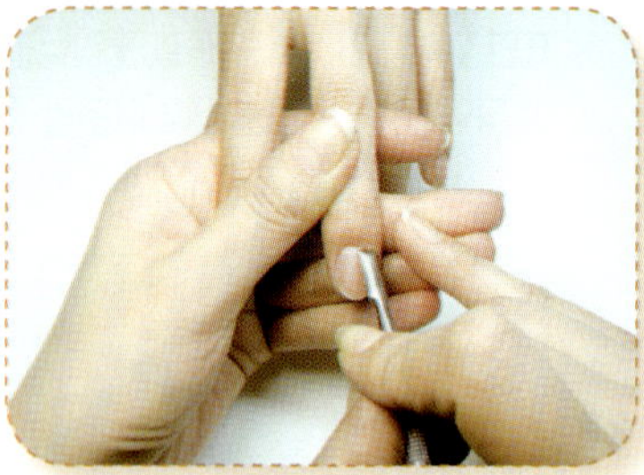

③ **손톱모양(쉐입) 잡기 :** 파일을 이용하여 자연 손톱의 모양을 둥근형으로 만들어주며 자연손톱의 길이는 0.5~1㎜ 정도가 적당하다.

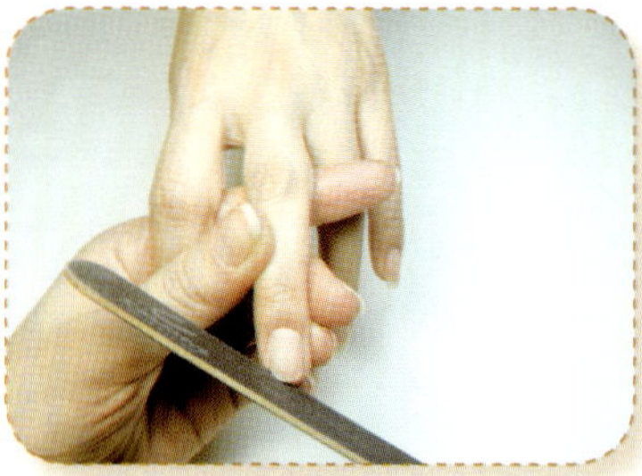

④ **유분기 제거하기(에칭) :** 젤의 접착력을 좋게 하기 위하여 부드러운 파일이나 샌딩 블럭으로 손톱 표면의 광택을 제거한다.

⑤ **젤 본더 바르기 :** 젤 제품이 자연 손톱에 잘 접착 되도록 피부에 닿지 않게 소량의 젤 본더를 바른다.

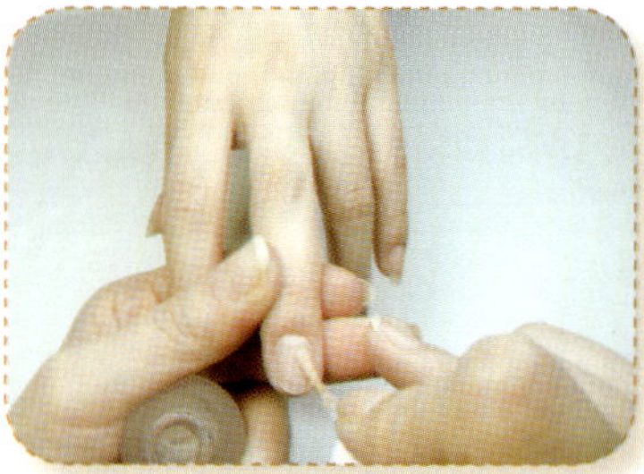

⑥ **폼 끼우기 :** 자연 손톱과 폼 사이에 공간이 생기지 않도록 폼을 끼워 고정시키며 필요에 의해 폼을 재단할 수 있다. 젤 스캅춰를 위한 UV광선이 잘 투과될 수 있는 투명 폼도 있으며 젤은 핀치 주기가 힘들기 때문에 폼이 떨어지지 않도록 잘 접착한다.

⑦ **클리어 젤 올리기 :** 자연스러운 하이포인트와 적당한 두께로 기포가 생기지 않도록 주의하며 클리어 젤을 올려 원하는 길이를 만든다.

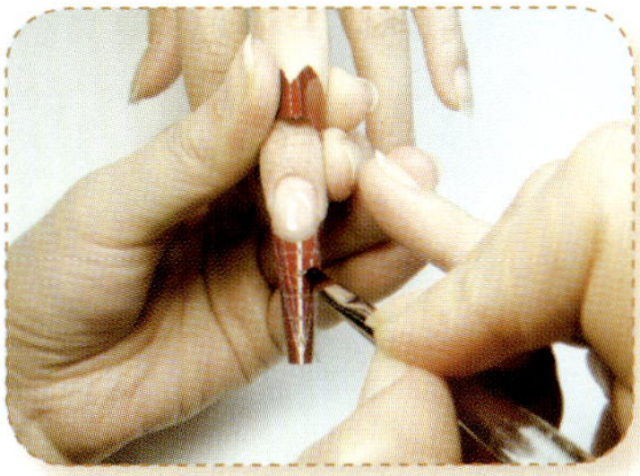

⑧ **큐어링 :** 제조회사에서 지시한 시간만큼(보통 1~2분) 큐어링 한 후 손톱 표면의 상태에 따라 클리어 젤 올리기를 반복한다. 이때 젤이 흘러내려 능선이 낮아지는 것을 방지하기 위하여 손가락을 잠시 뒤집어 넣고 큐어링 해도 된다.

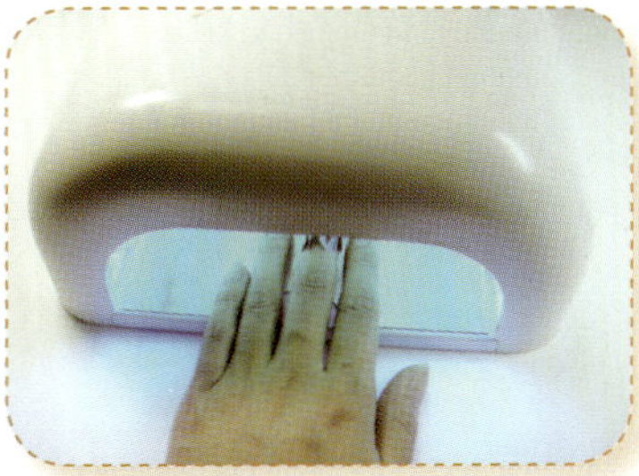

⑨ **폼 떼어내기 :** 큐어링이 끝나면 폼을 떼어낸다.

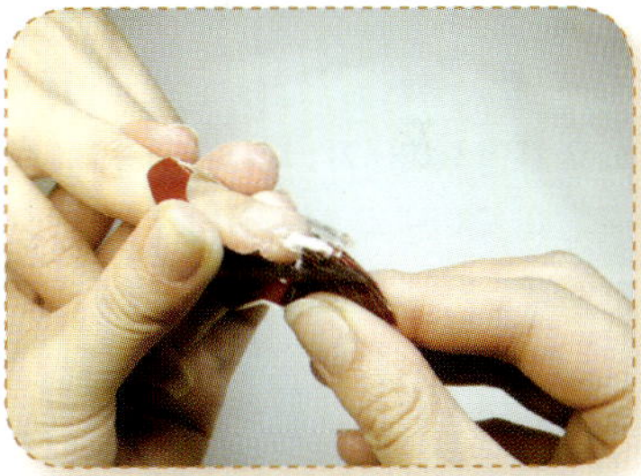

⑩ **표면 닦아내기 :** 퍼프에 젤 클리너를 묻혀 표면의 끈적임을 깨끗이 닦아낸다.

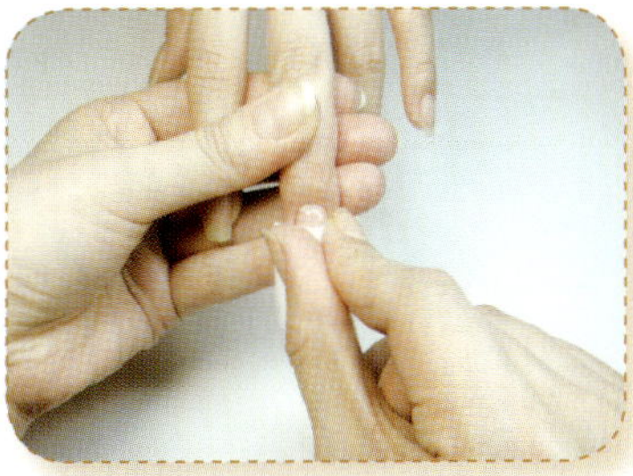

⑪ **파일링 하기 :** 쉐입을 잡고 전체 표면을 파일링 한다.

⑫ **표면 정리하기 :** 샌딩 블럭을 이용하여 손톱 표면을 매끄럽게 다듬는다.

⑬ **탑 젤 바르기 :** 탑 젤을 발라 제조회사에서 지시한 시간만큼 큐어링 한다.

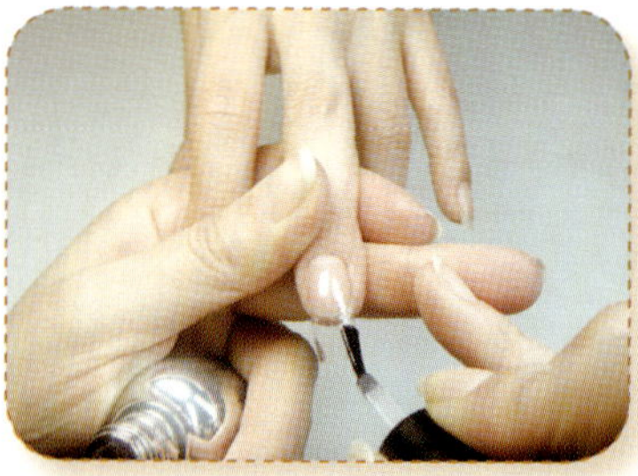

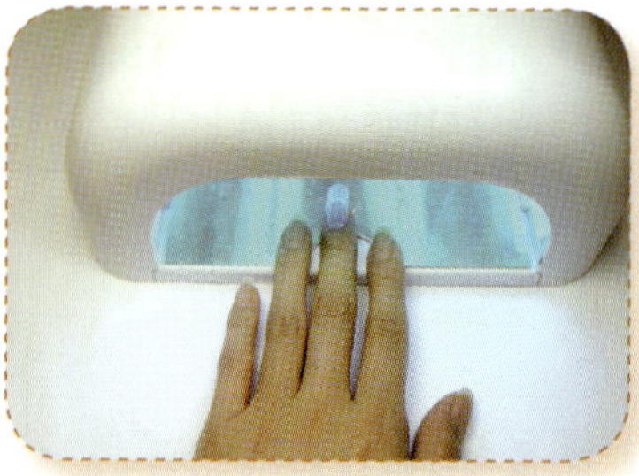

⑭ **표면 닦아내기 :** 퍼프에 젤 클리너를 묻혀 표면의 끈적임을 깨끗이 닦아낸 후 오일을 발라 마무리 한다. 제조 회사에 따라 탑 젤을 닦아내지 않는 제품도 있다.

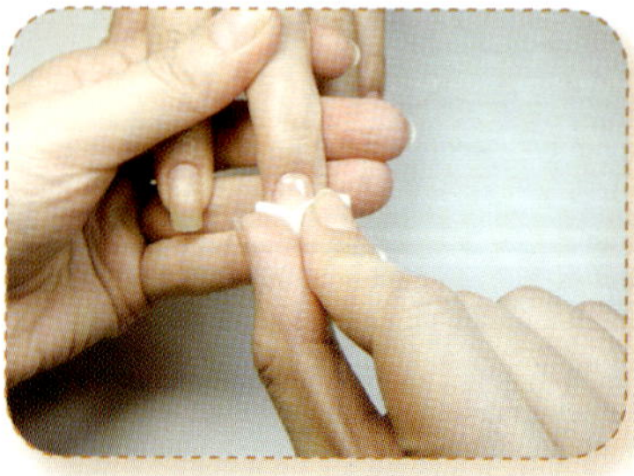

원톤 젤 스캅춰

04 프렌치 젤 스캅춰(french gel sculpture)

프리엣지는 화이트 젤, 네일 바디는 클리어나 핑크 젤을 사용하여 길이를 연장하는 인조네일이다. 스마일 라인의 모양이 중요하므로 젤의 흐르는 성질을 잘 이용하여 스마일라인을 만들어야 한다.

1) 시술재료

젤 본더, 탑 젤, 클리어(또는 핑크) 젤, 화이트 젤, 젤 브러시, UV 젤 라이트, 폼, 젤 클리너, 파일, 샌딩 블럭, 습식매니큐어 재료

2) 시술과정

① **손 소독 :** 솜에 안티셉틱을 뿌려 시술자와 고객의 손을 소독한다.

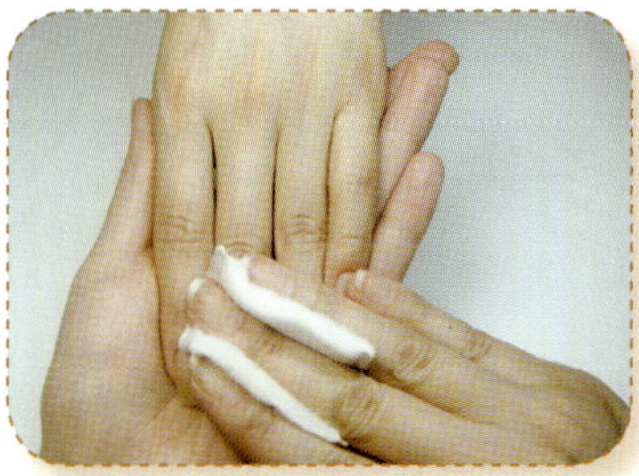

② **큐티클 밀기 :** 오렌지 우드스틱이나 푸셔로 자연 손톱 표면이 손상되지 않게 큐티클을 부드럽게 밀어 올린다.

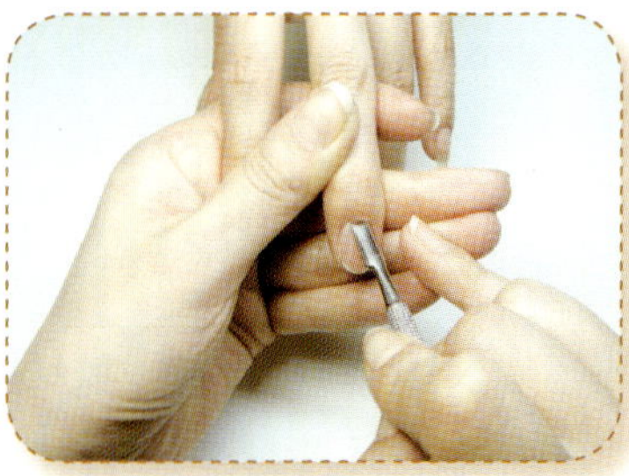

③ **손톱모양(쉐입) 잡기 :** 파일을 이용하여 자연 손톱의 모양을 둥근형으로 만들어주며 자연손톱의 길이는 0.5~1㎜ 정도가 적당하다.

④ **유분기 제거하기**(에칭) **:** 젤의 접착력을 좋게 하기 위하여 부드러운 파일이나 샌딩 블럭으로 손톱 표면의 광택을 제거한다.

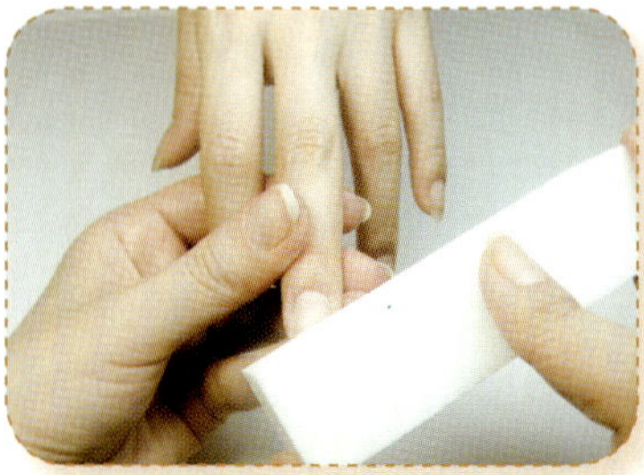

⑤ **젤 본더 바르기 :** 젤 제품이 자연 손톱에 잘 접착 되도록 피부에 닿지 않게 소량의 젤 본더를 바른다.

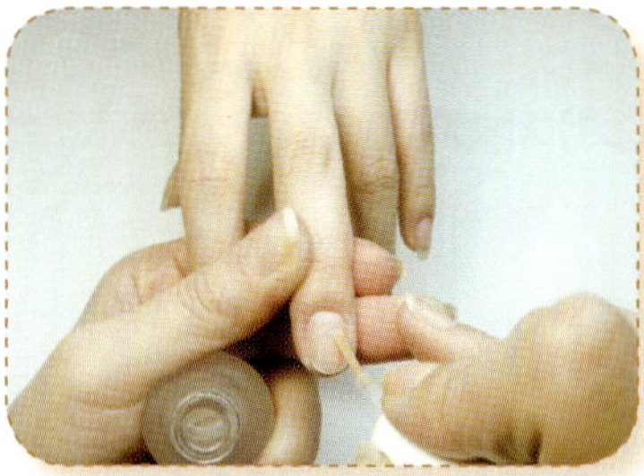

⑥ **폼 끼우기 :** 자연 손톱과 폼 사이에 공간이 생기지 않도록 폼을 끼워 고정시키며 필요에 의해 폼을 재단할 수 있다. 젤 스캅춰를 위한 UV광선이 잘 투과될 수 있는 투명 폼도 있으며 젤은 핀치 주기가 힘들기 때문에 폼이 떨어지지 않도록 잘 접착한다.

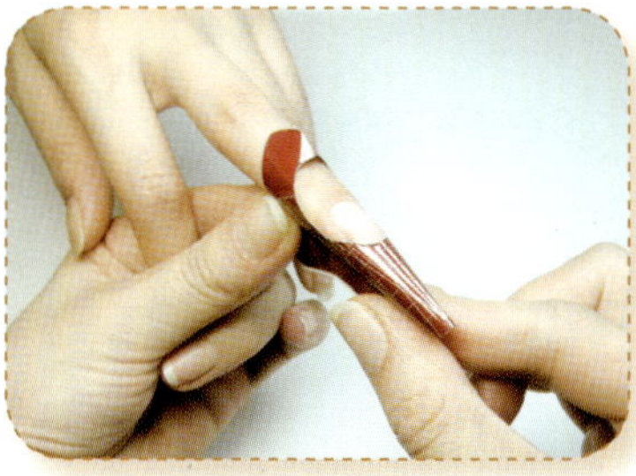

⑦ **베이스 젤 바르기 :** 젤 브러시를 이용하여 큐티클 라인과 양 사이드에 베이스 젤이 흐르지 않도록 에나멜 바르듯 얇게 쓸어내린 후 스마일라인을 위한 위치를 잡아 브러시로 닦는다.

⑧ **큐어링 :** 제조회사에서 지시한 시간만큼(보통 1~2분) 큐어링 한다. 젤 성분의 중합작용(polymerization)으로 손톱이 뜨겁다고 느껴질 경우 잠시 꺼냈다가 천천히 다시 넣는다.

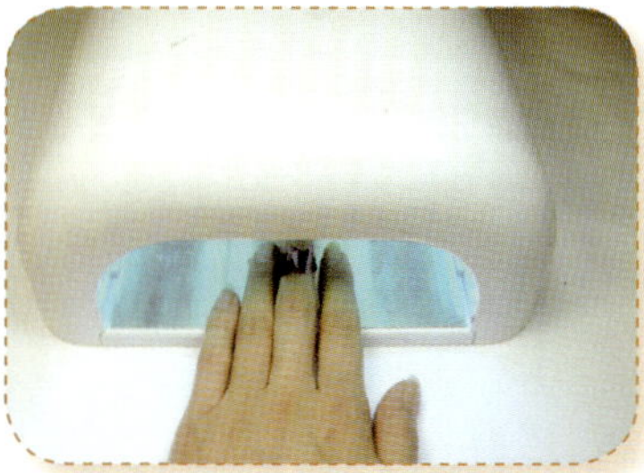

⑨ **화이트 젤 올리기 :** 자연 손톱의 프리엣지와 폼 사이에 화이트 젤을 올려 원하는 길이와 스마일 라인을 만든다. 화이트 젤을 한 번에 두껍게 올려 큐어링할 경우 젤의 아랫부분까지 굳지 않으므로 적당한 양으로 올리는 것이 좋다.

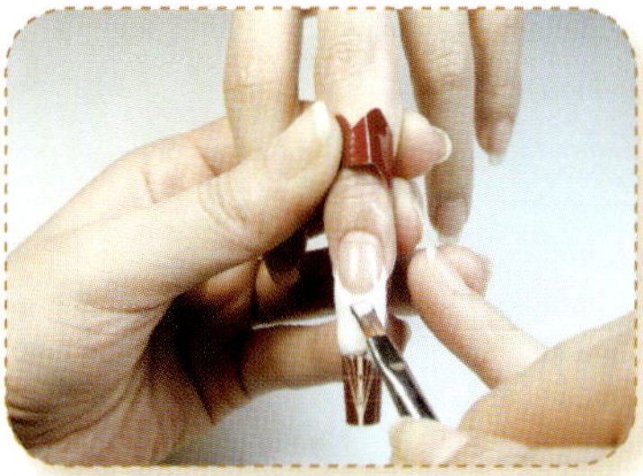

⑩ **큐어링 :** 제조회사에서 지시한 시간만큼(보통 1~2분) 큐어링 한다. 원하는 스마일라인과 두께가 되도록 화이트 젤을 2~3회 반복해서 올린다.

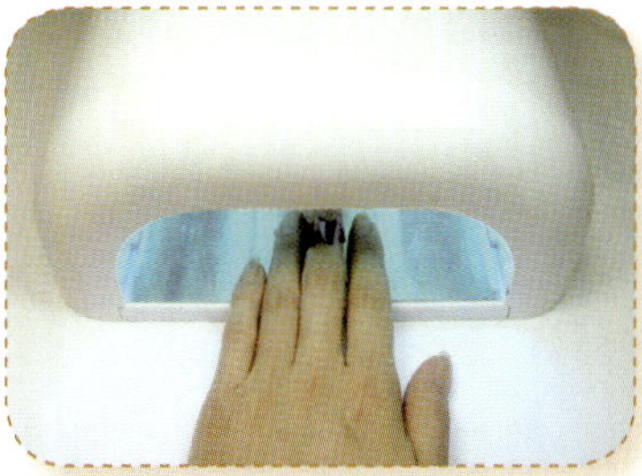

⑪ **클리어 젤 전체 올리기 :** 클리어 젤로 스마일 라인과 표면 전체를 덮어준다.

⑫ **큐어링 :** 제조회사에서 지시한 시간만큼(보통 1~2분) 큐어링 한 후 손톱 표면의 상태에 따라 클리어 젤 올리기를 반복한다. 이때 젤이 흘러내려 능선이 낮아지는 것을 방지하기 위하여 손가락을 잠시 뒤집어 넣고 큐어링 해도 된다.

⑬ **폼 떼어내기 :** 큐어링이 끝나면 폼을 떼어낸다.

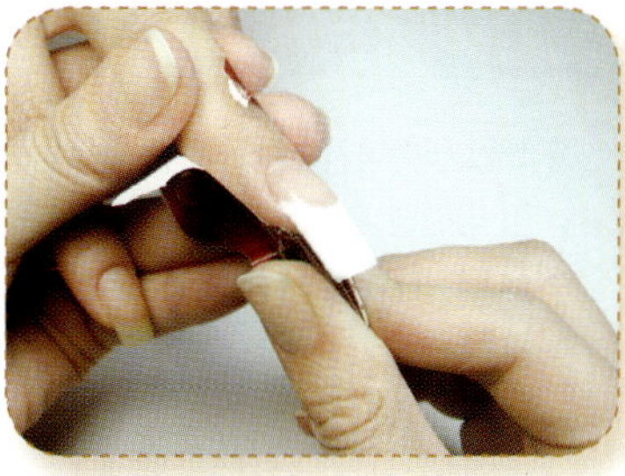

⑭ **표면 닦아내기 :** 퍼프에 젤 클리너를 묻혀 표면의 끈적임을 깨끗이 닦아낸다.

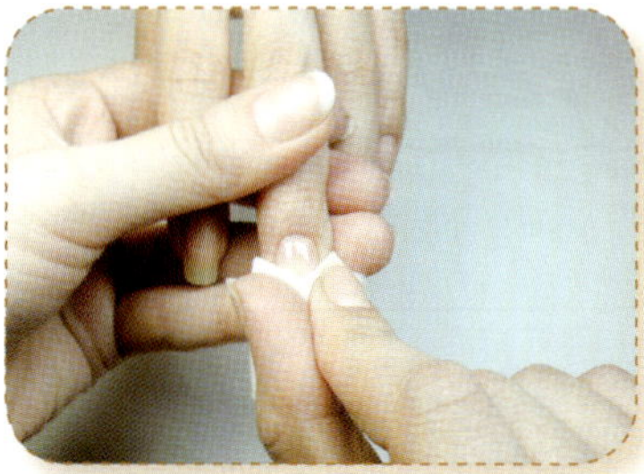

⑮ **파일링 하기 :** 쉐입을 잡고 전체 표면을 파일링 한다.

⑯ **표면 정리하기 :** 샌딩 블럭을 이용하여 손톱 표면을 매끄럽게 다듬는다.

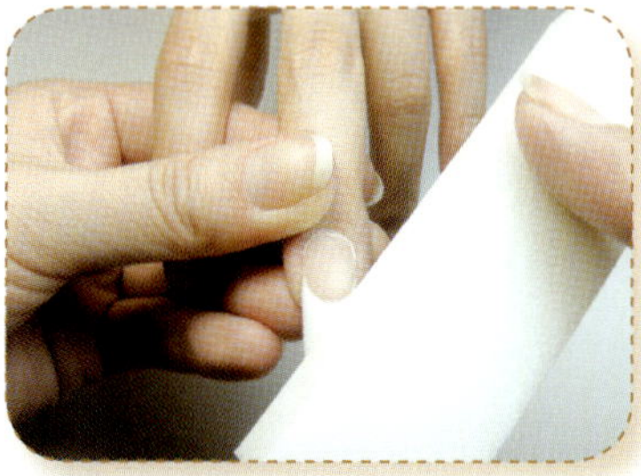

⑰ **탑 젤 바르기 :** 탑 젤을 발라 제조회사에서 지시한 시간만큼 큐어링 한다.

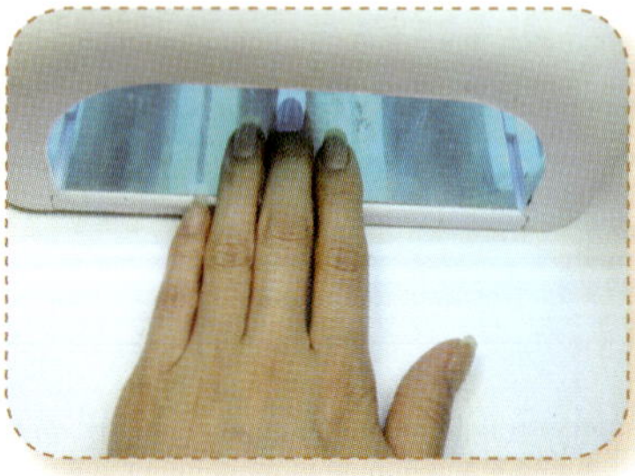

⑱ **표면 닦아내기 :** 퍼프에 젤 클리너를 묻혀 표면의 끈적임을 깨끗이 닦아낸 후 오일을 발라 마무리 한다. 제조 회사에 따라 탑 젤을 닦아내지 않는 제품도 있다.

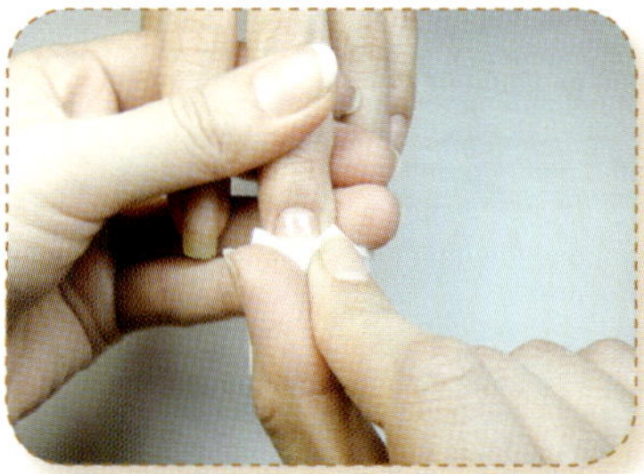

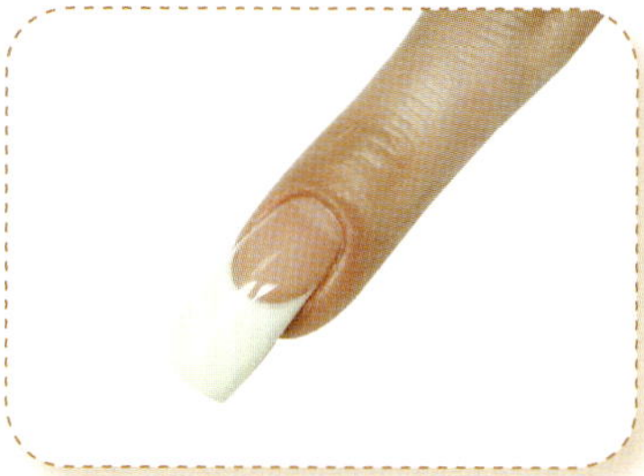

프렌치 젤 스캅춰

05 디자인 젤 스캅춰(design gel sculpture)

아크릴릭과 마찬가지로 젤 폼 위에 다양한 컬러 젤을 사용하여 디자인과 큐어링 과정을 반복하는 기법으로 제품에 따라 평면적인 것과 반입체적인 것을 표현할 수 있다.

1) 시술재료

다양한 컬러 젤, 젤 본더, 탑 젤, 클리어(또는 핑크) 젤, 화이트 젤, 젤 브러시, UV젤 라이트, 폼, 젤 클리너, 파일, 샌딩 블럭, 습식매니큐어 재료

2) 시술과정

① **손 소독 :** 솜에 안티셉틱을 뿌려 시술자와 고객의 손을 소독한다.

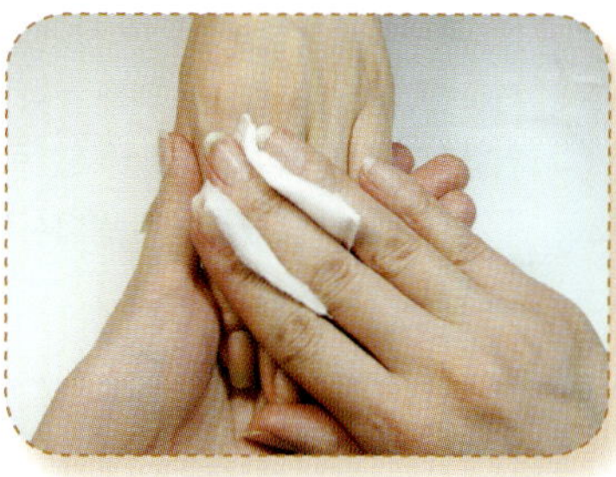

② **큐티클 밀기 :** 오렌지 우드스틱이나 푸셔로 자연 손톱 표면이 손상되지 않게 큐티클을 부드럽게 밀어 올린다.

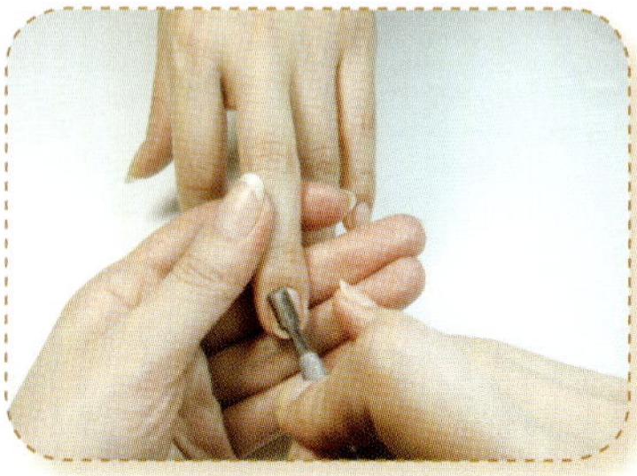

③ **손톱모양(쉐입) 잡기 :** 파일을 이용하여 자연 손톱의 모양을 둥근형으로 만들어주며 자연손톱의 길이는 0.5~1㎜ 정도가 적당하다.

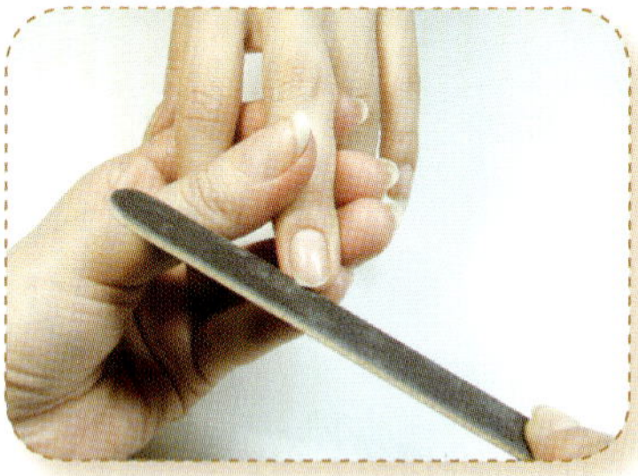

④ **유분기 제거하기(에칭) :** 젤의 접착력을 좋게 하기 위하여 부드러운 파일이나 샌딩 블럭으로 손톱 표면의 광택을 제거한다.

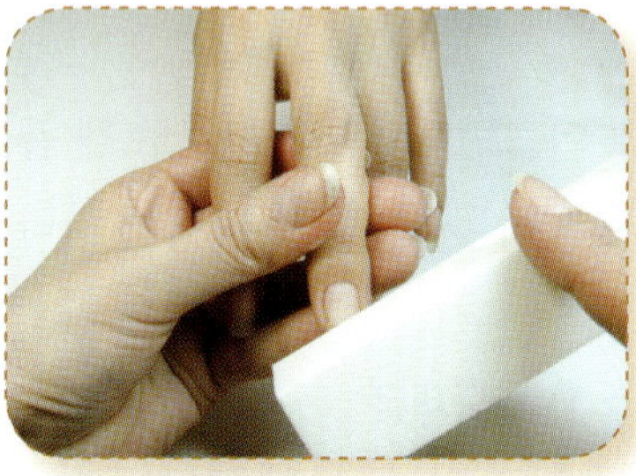

⑤ **젤 본더 바르기 :** 젤 제품이 자연 손톱에 잘 접착 되도록 피부에 닿지 않게 소량의 젤 본더를 바른다.

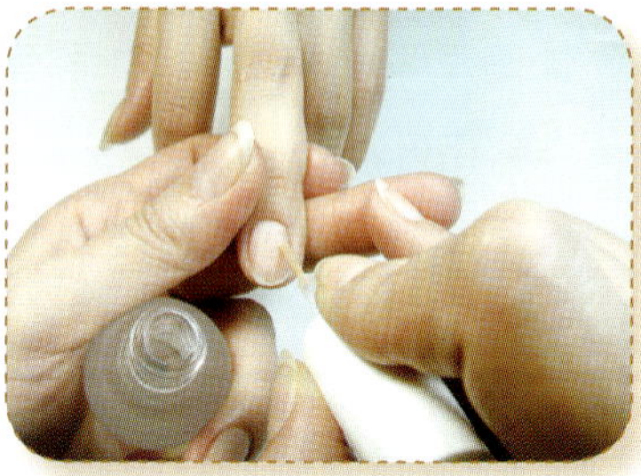

⑥ **폼 끼우기 :** 자연 손톱과 폼 사이에 공간이 생기지 않도록 폼을 끼워 고정시키며 필요에 의해 폼을 재단할 수 있다. 젤 스캅춰를 위한 UV광선이 잘 투과될 수 있는 투명 폼도 있으며 젤은 핀치 주기가 힘들기 때문에 폼이 떨어지지 않도록 잘 접착한다.

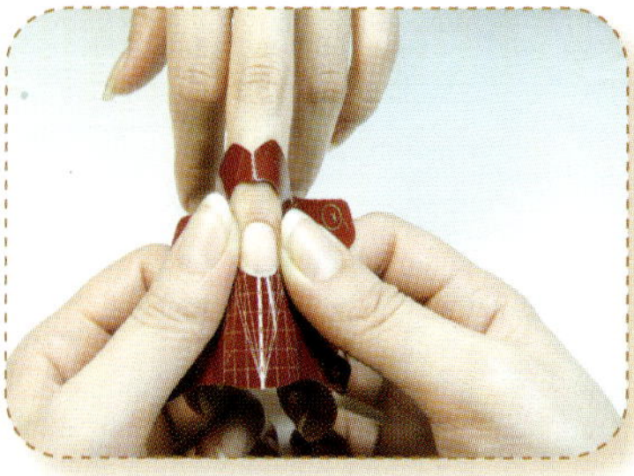

⑦ **베이스 젤 올리기 :** 젤 브러시를 이용하여 연장할 길이만큼 프리엣지를 얇게 만든다.

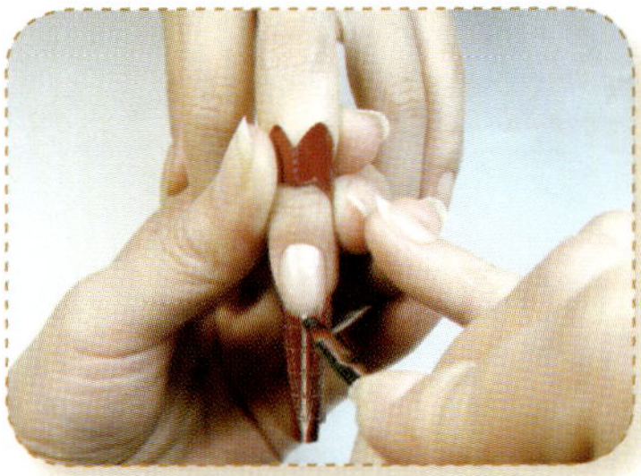

⑧ **큐어링 :** 제조회사에서 지시한 시간만큼(보통 1~2분) 큐어링 한다. 젤 성분의 중합작용(polymerization)으로 손톱이 뜨겁다고 느껴질 경우 잠시 꺼냈다가 천천히 다시 넣는다.

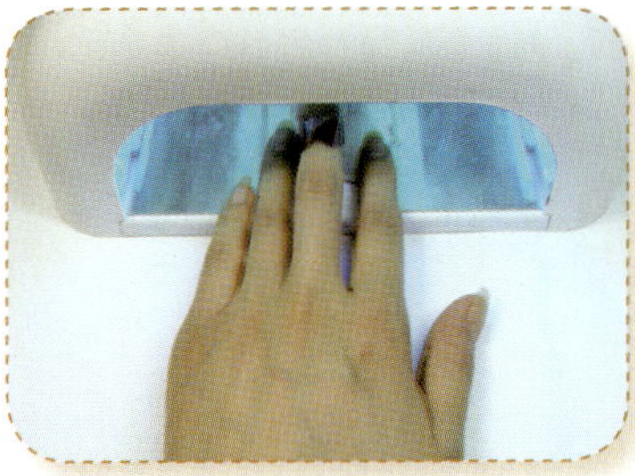

⑨ **디자인 올리기1 :** 여러 가지 색상의 글리터 젤을 이용하여 프리엣지부터 그라데이션하듯이 디자인을 한 후 큐어링한다. 이때 젤의 흐르는 성질로 인해 디자인이 잘 표현되지 않을 수 있으므로 큐어링을 반복하며 시술한다.

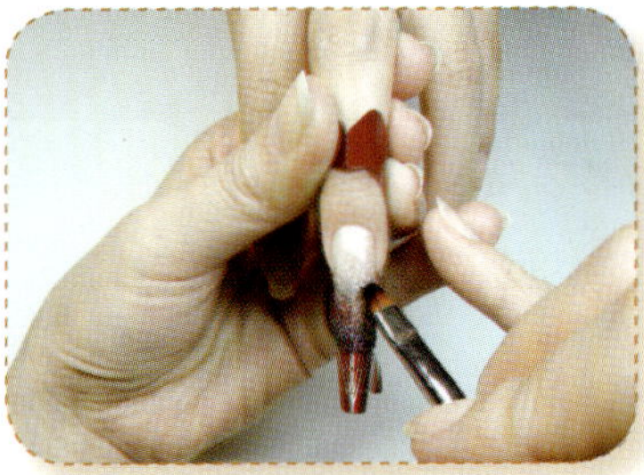

⑩ **클리어 젤 올리기 :** 글리터 젤로 인한 거친 표면을 클리어 젤로 얇고 매끄럽게 올린 후 큐어링한다.

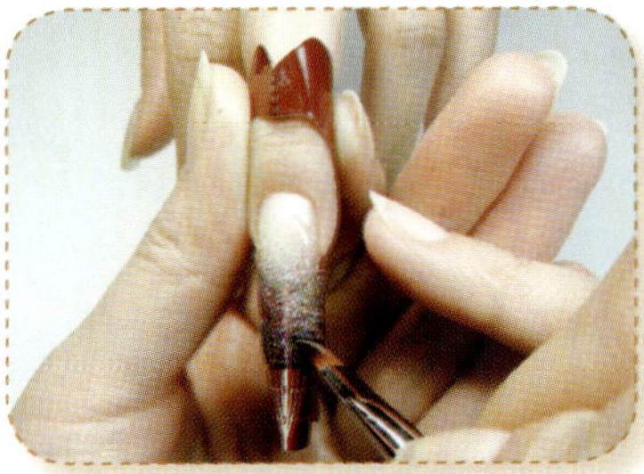

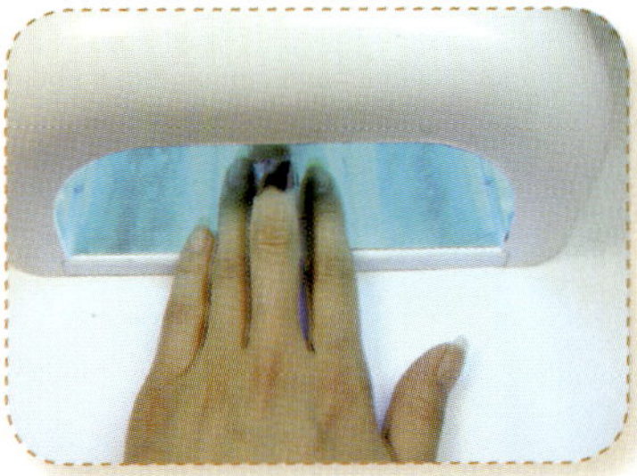

⑪ **디자인 올리기2 :** 젤 클리너로 끈적임을 닦아내고 검정색 컬러 젤을 이용하여 라인 브러시로 장미 모양을 디자인한 후 큐어링한다.

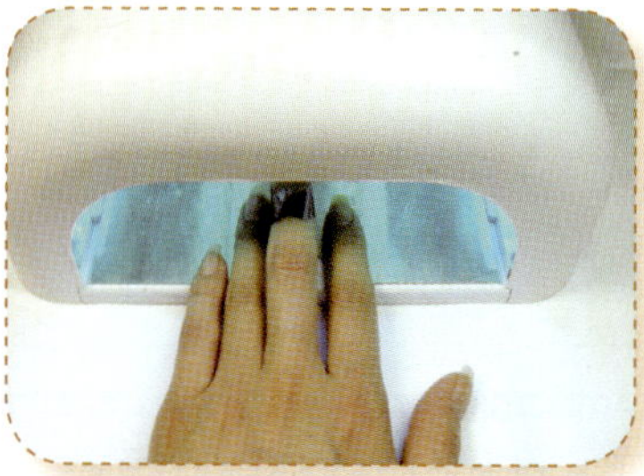

⑫ **클리어 젤 전체 올리기 :** 클리어 젤로 표면 전체를 덮어준다.

⑬ **큐어링 :** 제조회사에서 지시한 시간만큼(보통 1~2분) 큐어링 한 후 손톱 표면의 상태에 따라 클리어 젤 올리기를 반복한다. 이때 젤이 흘러내려 능선이 낮아지는 것을 방지하기 위하여 손가락을 잠시 뒤집어 넣고 큐어링 해도 된다.

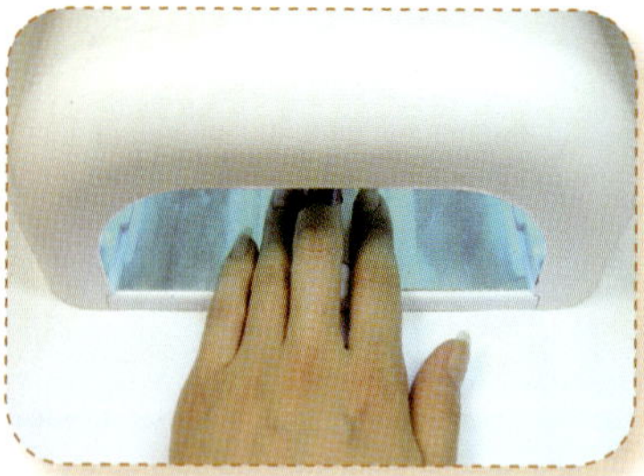

⑭ **폼 떼어내기 :** 큐어링이 끝나면 폼을 떼어낸다.

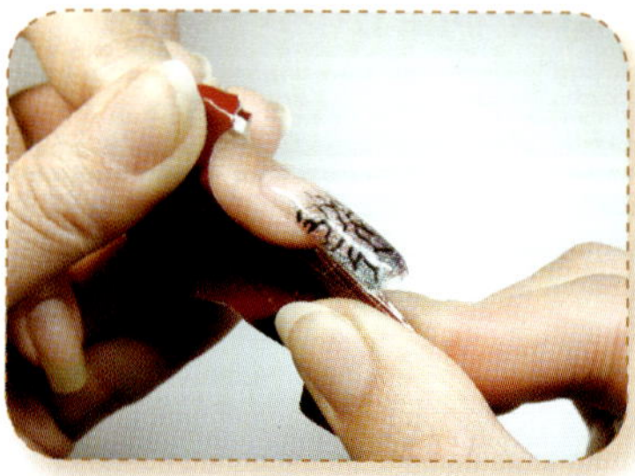

⑮ **표면 닦아내기 :** 퍼프에 젤 클리너를 묻혀 표면의 끈적임을 깨끗이 닦아낸다.

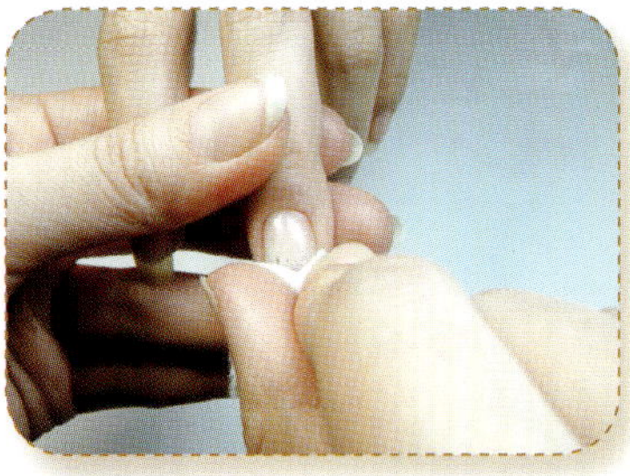

⑯ **파일링 하기 :** 쉐입을 잡고 전체 표면을 파일링 한다.

⑰ **표면 정리하기 :** 샌딩 블럭을 이용하여 손톱 표면을 매끄럽게 다듬는다.

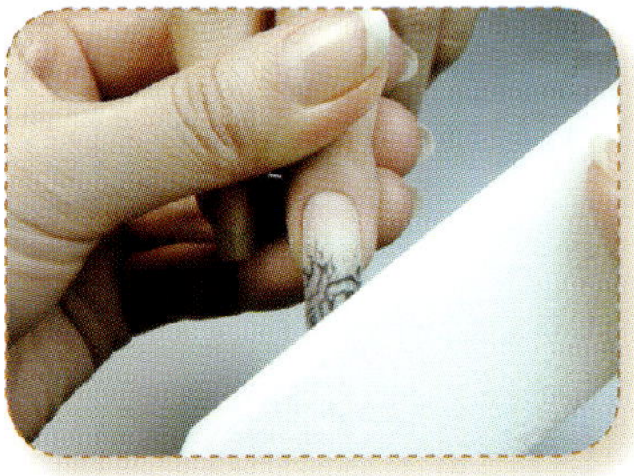

⑱ **탑 젤 바르기 :** 탑 젤을 발라 제조회사에서 지시한 시간만큼 큐어링 한다.

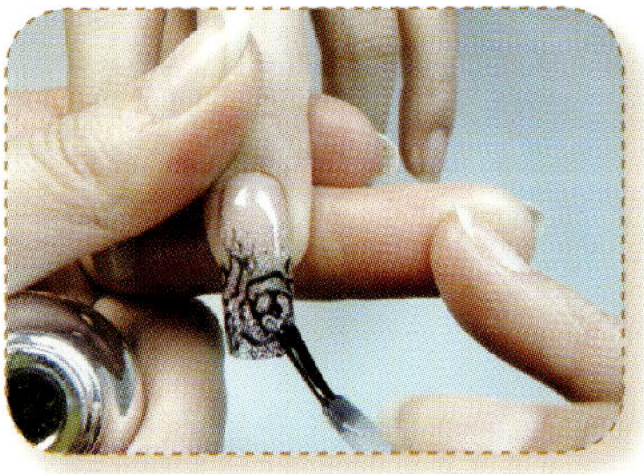

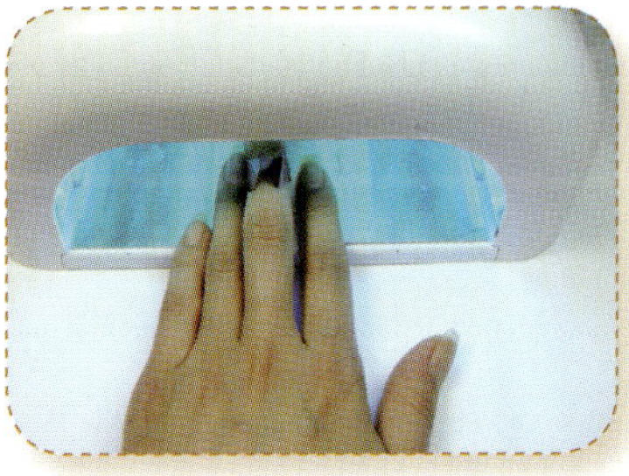

⑲ **표면 닦아내기 :** 퍼프에 젤 클리너를 묻혀 표면의 끈적임을 깨끗이 닦아낸 후 오일을 발라 마무리 한다. 제조회사에 따라 탑 젤을 닦아내지 않는 제품도 있다.

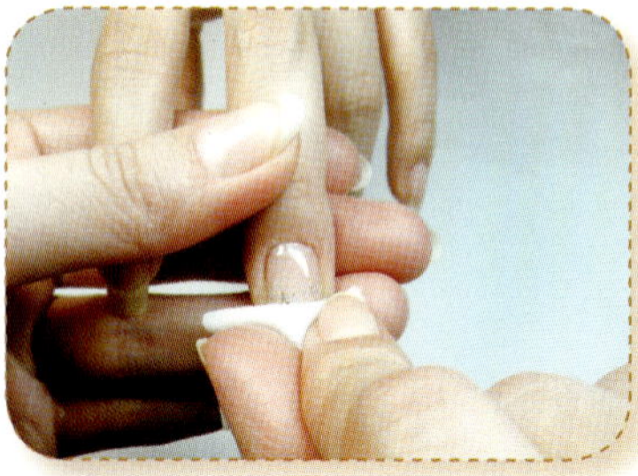

06 젤 보수 및 제거방법

1) 젤 보수 방법

젤 네일은 리프팅이 잘 되지 않는 장점이 있지만 제품에 따라 시술 후 2주 정도 지나면 자연 손톱이 자라나 큐티클 주변이 리프팅 되거나 턱이 생기므로 정기적인 보수를 받아야 오래 유지 할 수 있다.

① 새로 자라나온 자연 손톱과 젤의 턱 또는 리프팅 된 부분을 부드러운 파일로 제거하고 전체적으로 가볍게 파일링하며 필요하다면 길이 조절도 같이 한다. 이때 젤의 많은 부분이 리프팅 되었다면 다시 시술하는 것이 좋다.

② 새로 자라나거나 젤을 제거한 자연 손톱에 소량의 젤 본더를 바른다.

③ 적당한 양의 젤를 떠서 자라난 손톱과 기존의 손톱이 자연스럽게 연결 되도록 올려서 채운다.

④ 제조회사에서 지시한 시간만큼(보통 1~2분) 큐어링 한 후 손톱 표면의 상태에 따라 클리어 젤 올리기를 반복한다.

⑤ 젤 클리너를 이용하여 표면의 끈적임을 깨끗이 닦아낸다.

⑥ 표면이 매끈할 경우 가벼운 샌딩 처리를 하고, 고르지 못할 경우 부드러운 파일로 파일링 한 후 샌딩 블럭을 이용하여 손톱 표면을 매끄럽게 다듬는다.

⑦ 탑 젤을 바른후 제조회사에서 지시한 시간만큼 큐어링 한다.

⑧ 젤 클리너로 표면의 끈적임을 깨끗이 닦아낸 후 오일을 발라 마무리 한다. 제조 회사에 따라 탑 젤을 닦아내지 않는 제품도 있다.

2) 젤 제거 방법

자연 상태로 방치하거나 무리하게 뜯어내면 손톱이 찢어지거나 갈라지는 등 손상될 수 있으므로 올바른 방법으로 제거한다.

(1) 하드 젤(hard gel)

아세톤(100%)에 녹지 않는 하드 젤은 먼저 자연 손톱 길이를 확인 후 젤 네일을 클리퍼를 이용하여 자르고 드릴 머신이나 파일을 사용하여 자연 손톱이 손상되지 않도록 확인하며 갈아서 제거한다.

(2) 속 오프 젤(soak off gel)

① 자연 손톱 길이를 확인 후 젤 네일을 클리퍼를 이용하여 자른다.

② 화장 솜을 손톱 크기로 잘라 아세톤(100%)을 충분히 적셔 젤 네일 위에 얹어 준다. 이때 탑 젤을 파일로 갈아낸 후 녹여내면 시간단축을 할 수 있다.

③ 화장 솜이 고정될 수 있도록 호일로 감싸준다.

④ 10분 정도 방치 후 에나멜을 지우듯이 화장 솜을 위에서 아래로 닦은 후 오렌지 우드스틱이나 푸셔 등으로 위에서 아래로 밀어 잔여물을 벗겨내고 잔여물이 많이 남아 있을 경우 시간을 조금 더 길게 두고 제거한다.

CHAPTER 08

핵심문제

1. UV 광선이나 할로겐 램프를 이용하여 젤을 응고시키는 시술의 명칭은?

   ① 스캅춰 네일 ② 라이트 큐어드 젤
   ③ 젤 익스텐션 ④ 아크릴릭 오버레이

2. 젤 네일에 관한 설명으로 바르지 않은 것은?

   ① 젤은 농도에 따라 묽기가 약간 다르다.
   ② 에나멜을 바르는 것처럼 바르기도 한다.
   ③ 모든 젤의 큐어링 시간은 2분이다.
   ④ 다양한 색상의 컬러 젤이 있다.

3. 젤을 굳게 하는 UV 광선이나 할로겐 전구가 있는 기구의 명칭은?

   ① 큐어링 라이트 ② 글루 드라이어 ③ 핸드 드라이어 ④ 액티베이터

4. 젤 네일이 손상되는 원인이 아닌 것은?

   ① 큐어링 시간을 지키지 않았을 경우
   ② 큐티클 라인에 닿지 않게 얇게 발랐을 경우
   ③ 젤을 프리 에지 아래까지 바르지 않았을 경우
   ④ 큐티클 라인과 네일 월 부분까지 젤을 발랐을 경우

5. 젤 네일 시술시 큐어링 후 미경화액을 닦아내는 것은?

① 아세톤 ② 큐티클 오일 ③ 젤 본더 ④ 젤 클리너

6. 젤 네일 시술시 필요하지 않은 것은?

① 본더 ② 클리어 젤 ③ 2-way 젤 ④ 폼

7. 젤 네일의 장점에 대해 바르게 설명한 것은?

① 냄새는 강하지만 매우 단단하다.

② 얇게 잘 펴 바르면 따로 파일링이 필요 없다.

③ 시술이 복잡하고 작업시간 매우 길다.

④ 아크릴릭 네일이나 실크 네일보다 투명도가 떨어진다.

8. 하드 젤 네일 시스템의 가장 큰 문제점은?

① 쉽게 부러진다. ② 냄새가 지독하다.

③ 들뜸 현상이 심하다. ④ 아세톤에 잘 녹지 않는다.

정답 1.② 2.③ 3.① 4.② 5.④ 6 ③ 7.② 8.④

CHAPTER 09

왁싱(Waxing)

왁싱은 단시간 내에 시술이 완성되는 장점이 있지만 반드시 고객의 정확한 피부타입을 알고 시술해야 한다.

왁싱은 신체의 불필요한 털을 일시적으로 제거하는 것으로 여러 가지 방법이 있으나 일반적으로 워머기에 왁스를 녹여 피부에 도포한 후 천으로 제거하는 것을 말한다. 모근까지 제거되므로 왁싱 후 털이 자라는 데는 보통 2~4주정도 소요되며 반복적인 시술을 받으면 모근이 약화되어 점차 자라는 속도가 느려지고 털의 양이 줄어든다. 팔, 다리, 겨드랑이, 눈썹, 립 라인, 헤어 라인, 비키니 라인 등 여러 부위에 시술이 가능하지만 당뇨병, 정맥류의 혈관이상, 간질, 알레르기(아토피) 피부, 통증 또는 상처가 있는 피부에는 시술을 금지한다. 생리 전후 2~4일 정도는 피하고 왁싱 후 목욕이나 태닝, 사우나 등은 하지 않는 것이 좋다.

01 왁싱의 종류

1) 영구적인 전기(레이저) 제모

레이저 광선의 빛 에너지가 털의 검은 멜라닌 색소에 흡수되어 열에너지로 전환되면서 털의 뿌리를 파괴하는 영구적인 방법으로 부위별 횟수에 따라 영구적인 제모가 되는 장점이 있는 반면 모근을 통해 털에 공급되는 영양이 파괴되고 가격이 비싼 단점이 있다.

2) 일시적인 제모

(1) 면도 제모

전기 또는 일반 면도기로 쉽고 간편하게 할 수 있고 털이 제거됨에 따라 죽은 각질 세포가 제거되는 장점이 있지만 빠른 시간에 털이 다시 자라고 생성되는 피부세포가 함께 제거될 수 있으며 좁은 부위에는 적절하지 않은 단점이 있다.

(2) 케미컬(화학제품) 제모

크림 타입, 파우더 타입, 페이스트 타입 등으로 되어져 있으며 피부에 제품을 바르고 일정 시간 경과 후 털이 녹으면 닦아내는 방법으로 빠른 시간 내에 털이 다시 자라고 화학제품의 알레르기가 있는 사람은 주의하여야 하는 단점이 있다.

(3) 왁싱

네일숍에서 가장 많이 사용하는 방법으로 워머기에 녹인 부드러운 꿀 왁스를 사용하거나 데워 쓰지 않는 쿨 왁스도 있어 민감성 피부도 부작용이 거의 없고 인체의 어느 부위도 간편하고 빠르게 시술할 수 있다. 왁스의 온도는 60~75℉(16~25℃)가 적당하며 왁싱이 가능한 털의 길이는 0.5㎝이상이고 털의 길이가 길 경우 적당히 자르고 시술한다. 왁싱 후 덜 뽑힌 털은 털이 자라난 방향으로 족집게를 사용하여 제거할 수 있다.

02 팔 제모

1) 시술재료

왁스 워머기, 허니 왁스, 스파튤라, 무슬린 천, 파우더, 오일, 피부 소독제(안티셉틱), 솜

2) 시술과정

① **소독 :** 솜에 안티셉틱을 뿌려 시술자의 손을 소독한다.

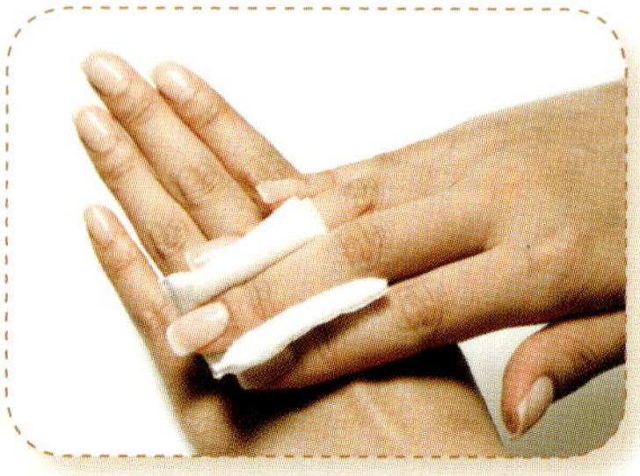

② **시술부위 소독 :** 시술부위를 털이 자란 방향으로 정리하듯이 소독한다.

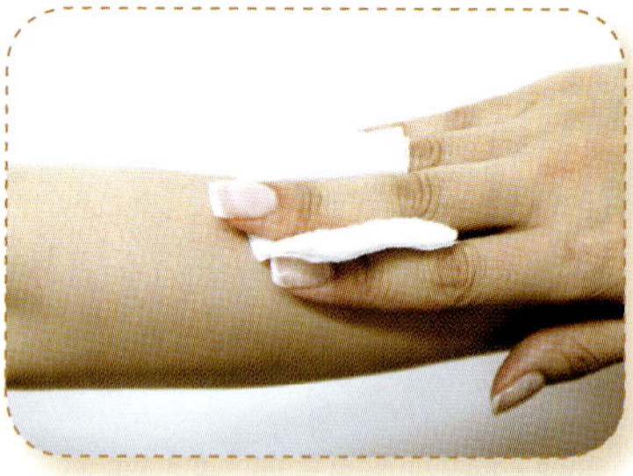

③ **파우더 바르기 :** 시술부위 소독 후 남아 있는 유·수분 제거를 위해 털이 자란 방향으로 정리하듯이 파우더를 바른다.

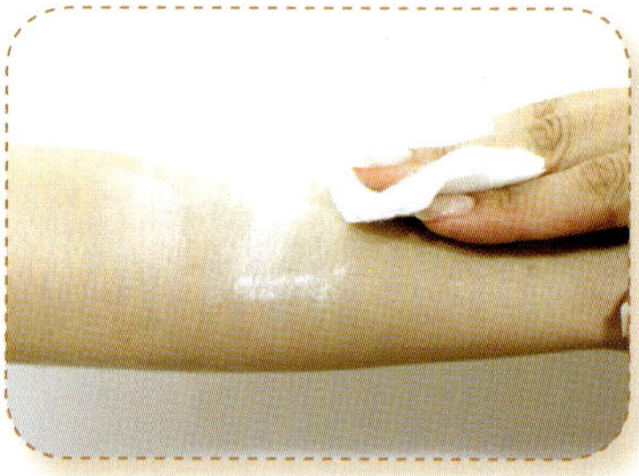

④ **온도 테스트 :** 스파튤라에 왁스를 적당량 떠서 손목 안쪽에 온도 테스트를 한다.

⑤ **왁스 바르기 :** 스파튤라는 피부와 45°각도를 유지하며 털이 자란 방향으로 왁스를 얇게 펴 바른다.

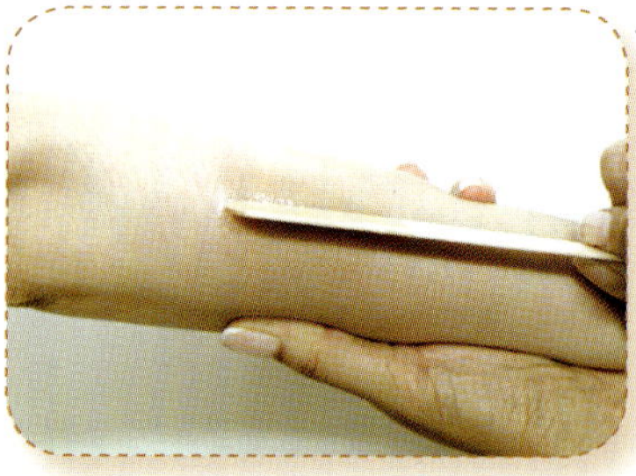

⑥ **무슬린 천 부착 :** 떼어낼 때 잡을 수 있도록 무슬린 천에 여분을 두어 왁스가 도포된 위에 붙이고 손으로 눌러준다.

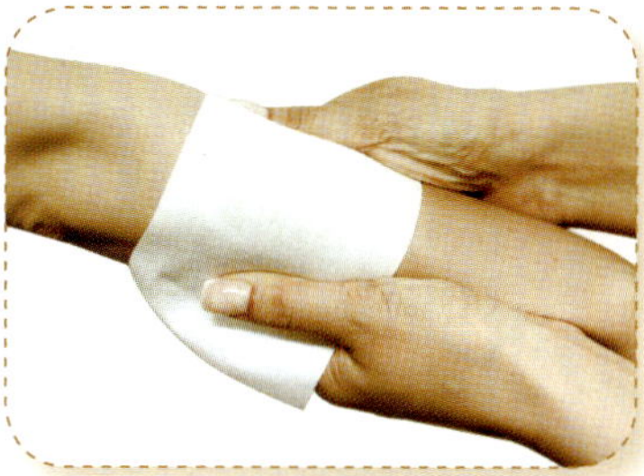

⑦ **무슬린 천 떼어내기 :** 한 손으로 팔의 아래 부분을 잡고 다른 손으로 천을 잡아 털이 자란 반대 방향으로 낮은 각도를 유지하며 빠르게 떼어낸다.

⑧ **피부 진정시키기 :** 예민해진 제모 부위를 손으로 가볍게 눌러 진정시킨다.

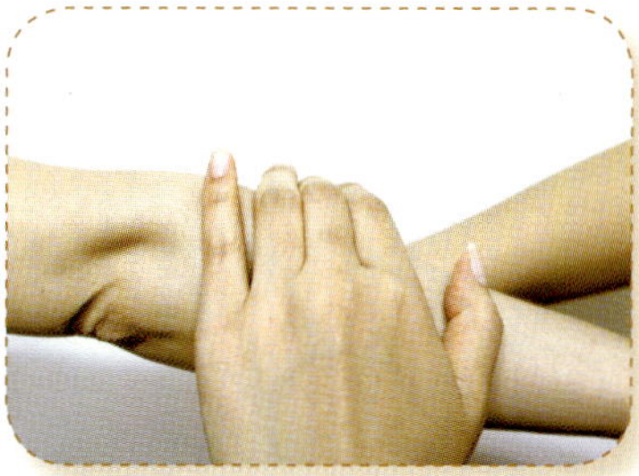

⑨ **오일 바르기 :** 오일을 발라 왁스의 잔여물을 제거한다.

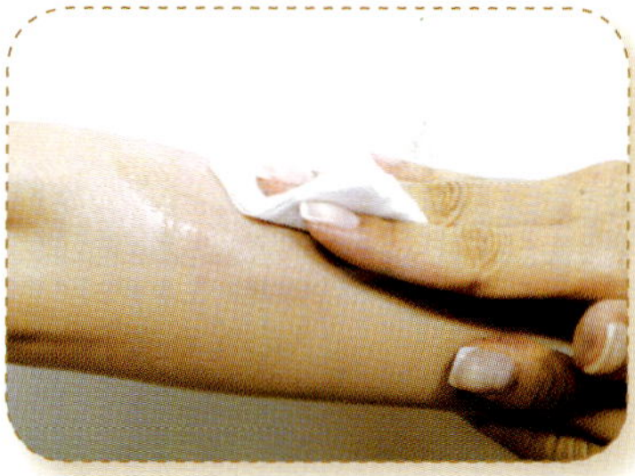

⑩ **소독 :** 시술된 부위에 안티셉틱으로 소독한다.

⑪ **파우더 바르기 :** 파우더로 마무리 한다.

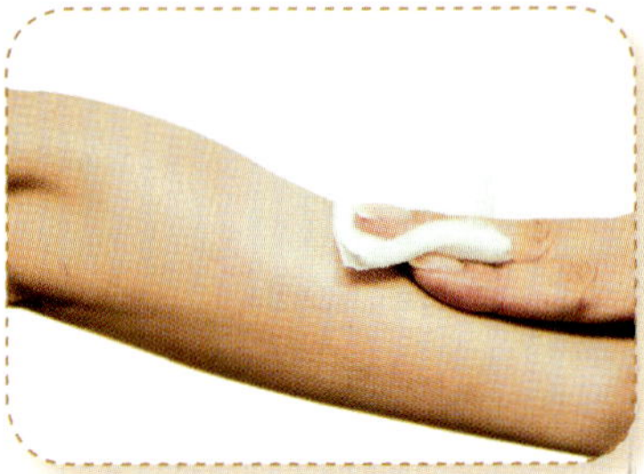

03 립 제모

① **소독 :** 솜에 안티셉틱을 뿌려 시술자의 손을 소독한다.

② **시술부위 소독 :** 시술부위를 털이 자란 방향으로 정리하듯이 소독한다.

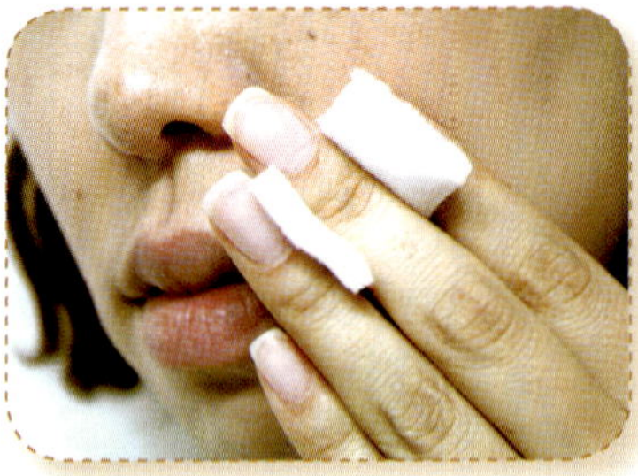

③ **파우더 바르기 :** 시술부위 소독 후 남아 있는 유·수분 제거를 위해 털이 자란 방향으로 정리하듯이 파우더를 바른다.

④ **온도 테스트 :** 스파튤라에 왁스를 적당량 떠서 손목 안쪽에 온도 테스트를 한다.

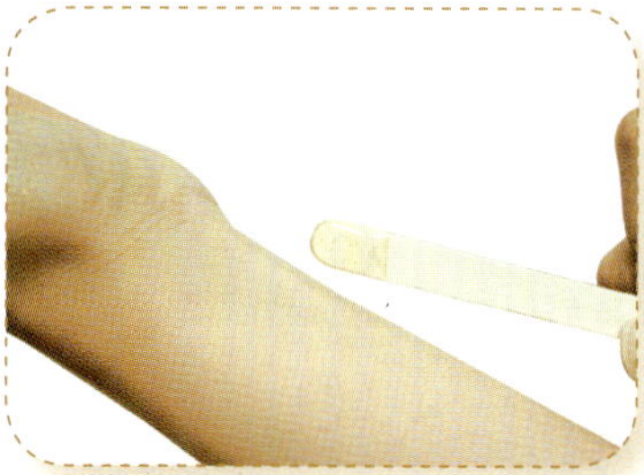

⑤ **왁스 바르기 :** 스파튤라는 피부와 45°각도를 유지하며 털이 자란 방향으로 입술에 묻지 않게 왁스를 얇게 펴 바른다.

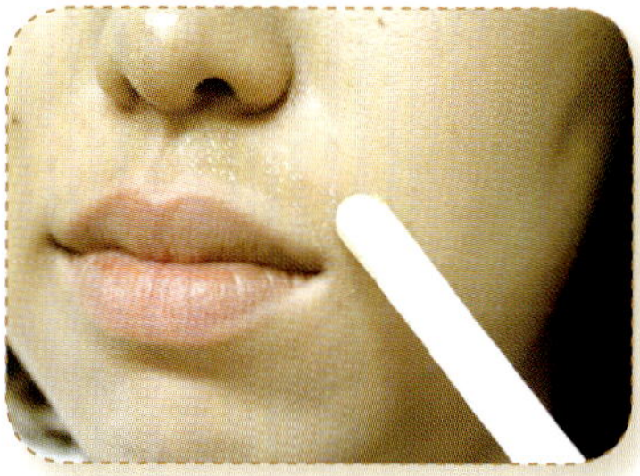

⑥ **무슬린 천 부착 :** 떼어낼 때 잡을 수 있도록 무슬린 천에 여분을 두어 왁스가 도포된 위에 붙이고 손으로 눌러준다.

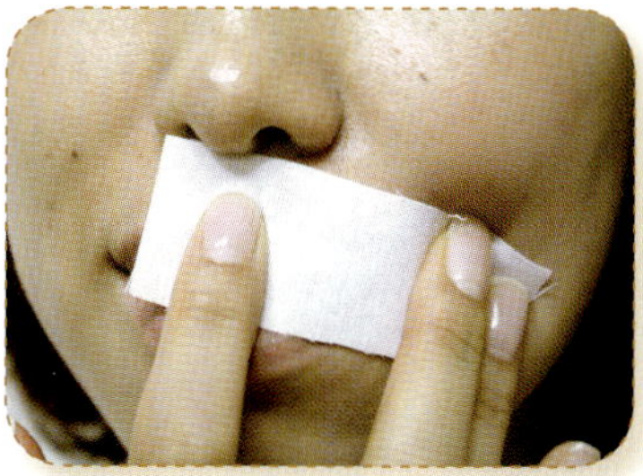

⑦ **무슬린 천 떼어내기 :** 한 손으로 피부를 누르고 다른 손으로 천을 잡아 털이 자란 반대 방향으로 빠르게 떼어낸다.

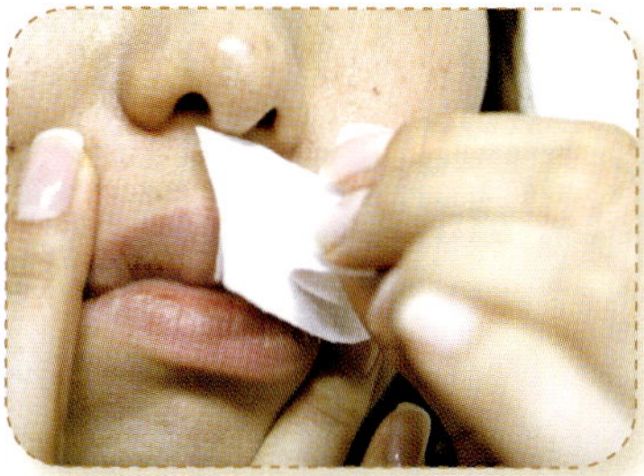

⑧ **피부 진정시키기 :** 예민해진 제모 부위를 손으로 가볍게 눌러 진정시킨다.

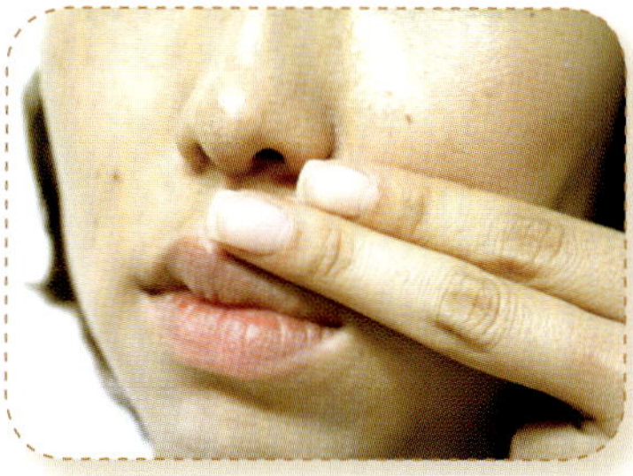

⑨ **오일 바르기 :** 오일을 발라 왁스의 잔여물을 제거한다.

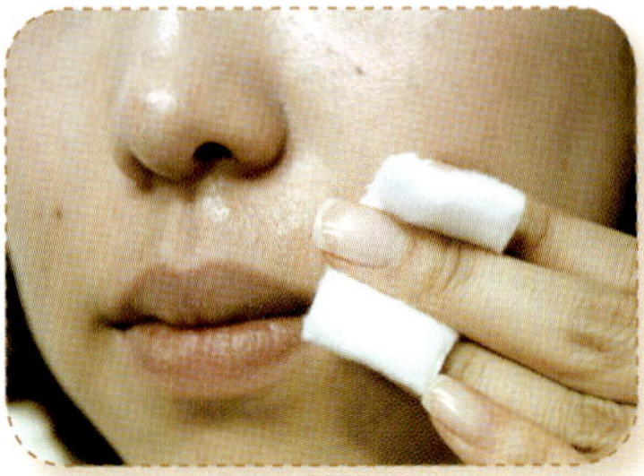

⑩ **소독 :** 시술된 부위에 안티셉틱으로 소독한다.

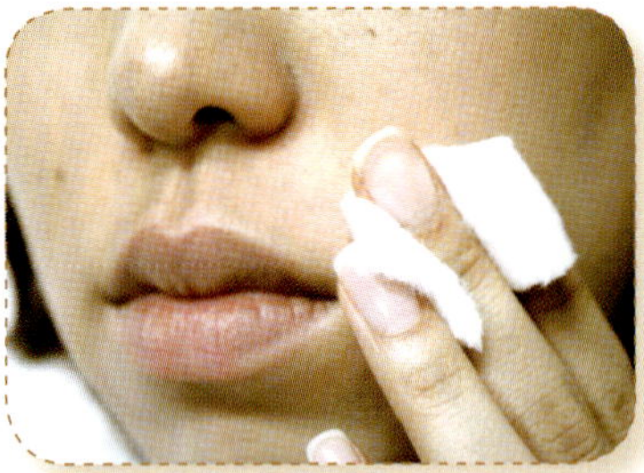

⑪ **파우더 바르기 :** 파우더로 마무리 한다.

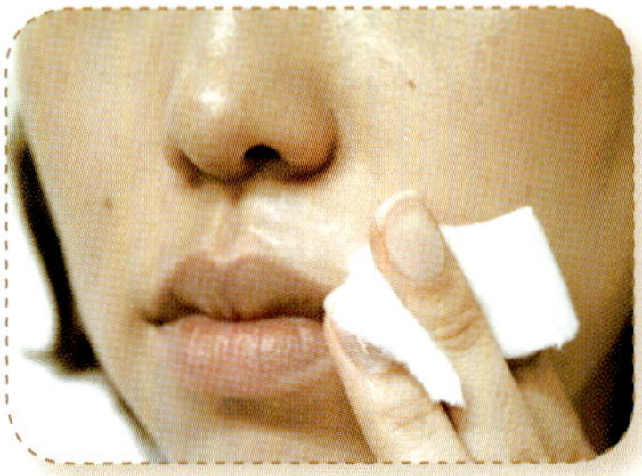

04 아이브로우 제모

① **소독 :** 솜에 안티셉틱을 뿌려 시술자의 손을 소독한다.

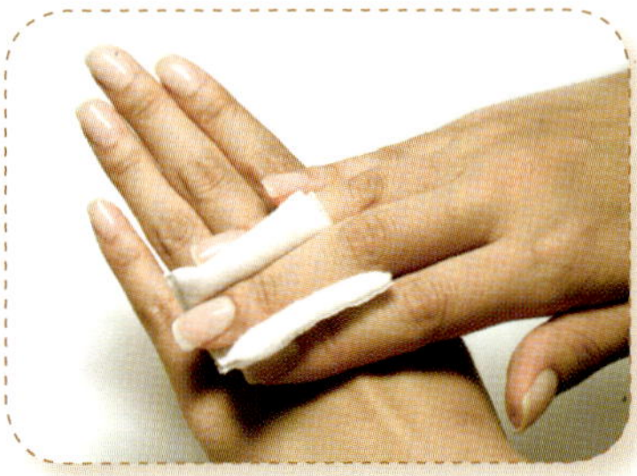

② **시술부위 소독 :** 시술부위를 털이 자란 방향으로 정리하듯이 소독한다.

③ **파우더 바르기 :** 시술부위 소독 후 남아 있는 유·수분 제거를 위해 털이 자란 방향으로 정리하듯이 파우더를 바른다.

④ **온도 테스트 :** 스파튤라에 왁스를 적당량 떠서 손목 안쪽에 온도 테스트를 한다.

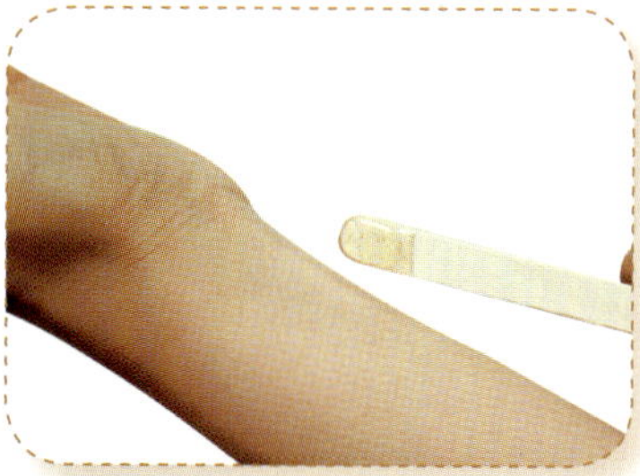

⑤ **왁스 바르기 :** 스파튤라는 피부와 45°각도를 유지하며 털이 자란 방향으로 왁스를 얇게 펴 바른다.

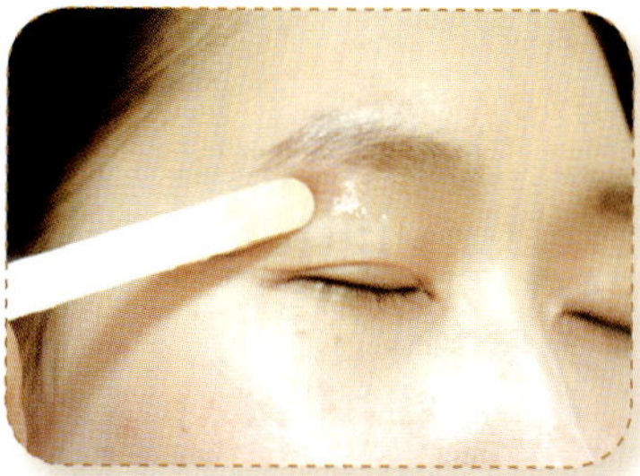

⑥ **무슬린 천 부착 :** 떼어낼 때 잡을 수 있도록 무슬린 천에 여분을 두어 왁스가 도포된 위에 붙이고 손으로 눌러준다.

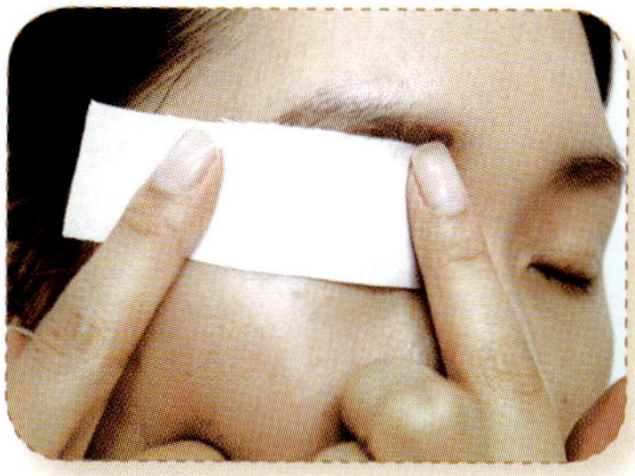

⑦ **무슬린 천 떼어내기 :** 한 손으로 피부를 누르고 다른 손으로 천을 잡아 털이 자란 반대 방향으로 빠르게 떼어낸다.

⑧ **피부 진정시키기 :** 예민해진 제모 부위를 손으로 가볍게 눌러 진정시킨다.

⑨ **오일 바르기 :** 오일을 발라 왁스의 잔여물을 제거한다.

⑩ **소독 :** 시술된 부위에 안티셉틱으로 소독한다.

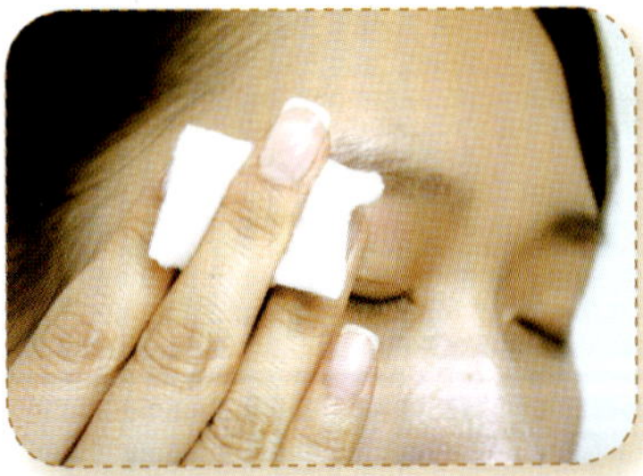

⑪ **파우더 바르기 :** 파우더로 마무리 한다.

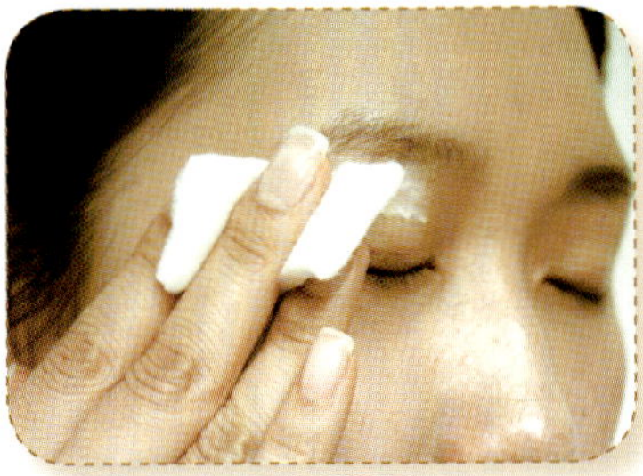

CHAPTER 09

핵심문제

1. 왁스를 얇고 매끄럽게 바르기 위해 사용하는 것은?

① 스파튤라 ② 무슬린 천 ③ 트위져 ④ 왁스 워머

2. 왁싱 시 온도 테스트 부위로 가장 적당한 곳은?

① 손등 ② 손가락 끝 ③ 손목 안쪽 ④ 손목 바깥쪽

3. 왁스를 바를 때 올바른 스파튤라의 각도와 방향은?

① 15°, 털의 방향 ② 15°, 털의 반대방향 ③ 45°, 털의 방향 ④ 45°, 털의 반대방향

4. 왁싱에 대한 설명으로 맞는 것은?

① 털이 바르게 자라 나온다.
② 개인차가 있으나 3~4주마다 시술하는 것이 좋다.
③ 식용 꿀을 사용하여도 무방하다.
④ 좁은 부위는 시술하기 부적합하다.

5. 왁싱 시술시 필요한 재료가 아닌 것은?

① 스파튤라 ② 무슬린 천 ③ 왁스 ④ 브러시

6. 눈썹이나 립 라인과 같이 좁은 부위를 제모하기에 부적절한 방법은?

① 케미컬 제모 ② 면도 ③ 왁싱 ④ 전기 제모

7. 왁싱 서비스가 가능한 털의 길이는?

① 0.2㎝ 이상 ② 0.3㎝ 이상 ③ 0.4㎝ 이상 ④ 0.5㎝ 이상

8. 왁싱 시 제품의 설명으로 맞는 것은?

① 왁스 : 왁싱에 사용되는 꿀

② 무슬린 천 : 왁스를 바를 때 사용

③ 안티셉틱 : 피부의 수분과 유분을 흡수

④ 오일 : 피부의 화장품이나 피지를 제거할 때 사용

정답 1.① 2.③ 3.③ 4.② 5.④ 6.② 7.④ 8.①

CHAPTER 10

네일 디자인(Nail Design)

네일 디자인은 네일 분야 중 가장 흥미롭고 독창적인 분야로 손톱위에 창조적인 디자인을 표현하는 기법이다. 핸드페인팅이나 에어브러시, 라인스톤, 아크릴릭 등 다양한 재료를 사용하며 액세서리나 이미 완성된 스티커 형태로 디자인된 것들이 많이 나와 있어 다양한 디자인을 연출할 수 있다.

01 기본 색채

1) 색의 분류

(1) 무채색과 유채색

빛에서는 흰색과 검정색은 존재하지 않으나 물체에 닿아 반사하여 우리 눈에 보이는 흰색, 검정색, 회색은 색으로 존재하여 보인다. 이러한 색은 빨간색, 파란색 등과 같이 채도의 속성을 지니고 있지 않은 채도가 0인 상태인데 이러한 색을 무채색이라 한다. 유채색은 채도가 있다는 뜻으로 무채색을 제외한 모든 색을 말한다.

(2) 색의 3속성

색을 구별하는데 필요한 기본적인 속성 3가지를 색상, 명도, 채도라고 하며 물체색을 질서 있게 배열하고 색을 합리적으로 체계화할 때 사용하는 분류법이다.

① 색상(hue)

색이 지닌 성질을 말하는 것으로 색을 구별하기 위한 색의 명칭이다.

② **명도**(lightness, value)

색의 밝고 어두운 정도를 나타내는 것으로 검정(0)에서 흰색(10)까지 11단계로 나눈 것이며 명암 상태를 말한다.

③ **채도**(chroma)

색의 맑고 탁함을 구별하는 기준으로 색을 혼합할 때 여러 색을 섞으면 섞는 만큼 채도는 낮아지며 무채색으로 변하는데 결국 가장 낮은 채도는 무채색이 된다.

(3) 색상환

원을 이용해 연속적인 질서를 갖는 색의 관계를 명확히 나타내 준 것이다.

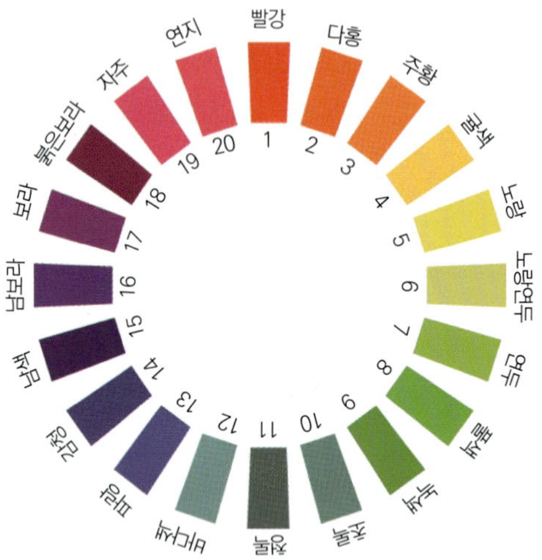

먼셀의 색상환

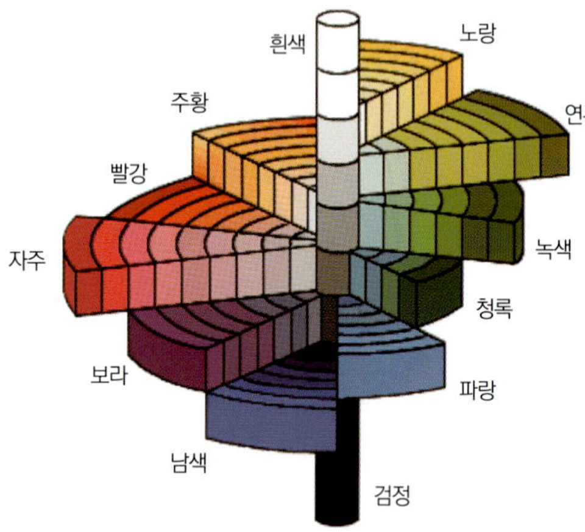

먼셀의 색입체

(4) 색의 조화

① **동일색상 :** 색상은 동일하지만 명도와 채도가 다른 색상의 조화로 수수하고 고상한 이미지를 갖는다.

② **유사대비 :** 색상환에서 가깝게 근접해 있는 색상의 조화로 무난하고 침착한 이미지를 갖는다.

③ **보색대비 :** 색상환에서 반대되는 색상의 조화로 무난하고 침착한 이미지를 갖는다.

④ **무채색과 유채색 :** 흰색과 검정색 등 무채색과 빨간색과 파란색 등의 유채색의 조화로 개성적이고 산뜻한 이미지를 갖는다.

02 데칼스(decals)

이미 완성된 그림이 스티커 형태로 되어 있어 자연스럽지 않지만 손쉽게 할 수 있는 기법이다.

1) 데칼(실사 스티커)

스티커 형태로 되어 있으며 컬러링 후 접착하여 디자인한다. 스티커의 두께나 재질에 따라 일반 컬러링과 젤 팔리시 컬러링의 용도로 나누어진다.

(1) 시술재료

데칼(실사 스티커), 핀셋, 랩 가위, 베이스 코트, 유색 에나멜, 탑 코트

(2) 시술방법

① 건조 된 컬러 위에 원하는 스티커를 핀셋으로 떼어내어 붙인다. 이때 스티커의 형태가 변형되지 않도록 주의하며 크기가 크거나 띠 형태로 되어 진 경우 재단하여 사용한다.

② 디자인에 따라 스톤 등으로 장식한다.

③ 데칼이 녹지 않게 주의하며 두께에 따라 탑 코트를 1~2회 바른다.

2) 워터데칼

스티커 형태로 되어 있으며 물에 1분 정도 불린 후 떼어내어 접착하여 디자인한다. 물기를 없애지 않고 탑 코트를 바를 경우 그림이 녹을 수 있으므로 주의한다.

(1) 시술재료

워터 데칼, 핀셋, 랩 가위, 물을 담은 용기, 베이스 코트, 유색 에나멜, 탑 코트

(2) 시술방법

① 원하는 모양의 데칼을 가위로 잘라 준비된 물에 1분정도 불린다.

② 불려 진 데칼을 핀셋으로 건져 붙어 있던 종이와 분리 후 물기를 닦아준다.

③ 건조 된 컬러 위에 구상한 구도에 맞게 붙인다.

④ 데칼이 녹지 않게 주의하며 탑 코트를 바른다.

3) 엠보데칼

입체적인 스티커 형태로 되어 있으며 컬러링 후 접착하여 디자인한다.

(1) 시술재료

엠보 데칼, 핀셋, 랩 가위, 베이스 코트, 유색 에나멜, 탑 코트

(2) 시술방법

① 건조 된 컬러 위에 엠보 데칼을 핀셋으로 하나씩 떼어내어 구상한 디자인에 맞게 붙인다. 이때 엠보 데칼의 형태가 크거나 띠 형태로 되어 진 경우 재단하여 사용한다.

② 검정 글리터 에나멜을 엠보 데칼 사이사이에 바른다.

③ 데칼 표면이 입체적이므로 사이사이에 잘 스며들 수 있도록 탑 코트를 바른다.

03 라인스톤(rhine stone)

인조보석의 한 종류로 한쪽 면이 납작하게 되어있어 젤 글루 또는 탑 코트를 이용하여 디자인 한다. 모양, 색깔, 크기 등이 다양하고 여러 가지 아트를 할 때 화려함을 주기위해 응용되기도 하며 2~3일에 한 번씩 탑 코트를 덧바르면 오래 유지할 수 있다.

(1) 시술재료

다양한 스톤, 오렌지 우드스틱, 젤 글루, 핀셋, 베이스 코트, 유색 에나멜, 탑 코트

(2) 시술방법

① 건조 된 컬러 위에 젤 글루 또는 탑 코트를 이용하여 원하는 크기와 모양의 스톤을 붙인다. 이때 스톤의 크기가 클 경우 젤 글루나 튜브형 글루로 붙이는 것이 좋다.

② 스톤 사이사이에 잘 스며들 수 있도록 탑 코트를 바르며 스톤의 종류에 따라 탑 코트 까지 건조 된 후 스톤을 붙일 수 있다.

04 파츠(parts)

일정한 형태의 부품을 일컫는 말로 네일아트에서는 V컷 스톤, 리본, 하트, 진주 등 여러 가지 입체적인 인조 보석을 말하며 완성된 디자인 위에 젤 글루 또는 파츠 전용 글루를 이용하여 붙인다. 일반적인 컬러 디자인 보다 인조 네일 위에 부착하는 것이 오래 지속된다.

(1) 시술재료

다양한 파츠, 젤 글루(또는 튜브형 글루), 핀셋, 오렌지 우드 스틱, 글루 드라이어, 베이스 코트, 유색 에나멜, 탑 코트

(2) 시술방법

① 원하는 모양의 파츠 뒷면에 도톰하게 젤 글루를 채운다.

② 탑 코트까지 건조된 디자인 위에 파츠를 붙인다.

③ 접착 시 넘치는 젤 글루는 오렌지 우드스틱을 이용하여 양을 조절한다.

④ 네일과 파츠 사이사이에 옷이나 머리카락이 걸리지 않도록 꼼꼼히 체크한다.

⑤ 파츠를 고정 시키기 위해 글루 드라이어를 15~20㎝정도 거리를 두고 소량을 뿌린다.

05 콘페티(confetti)

색종이 조각을 일컫는 말로 납작하게 되어있는 반입체적인 여러 가지 문양이며 탑 코트를 이용하여 디자인한다.

(1) 시술재료

다양한 콘페티, 오렌지 우드스틱, 핀셋, 베이스 코트, 유색 에나멜, 탑 코트

(2) 시술방법

① 건조 된 컬러 위에 탑 코트를 이용하여 원하는 모양의 콘페티를 붙인다.
② 콘페티 사이사이에 잘 스며들 수 있도록 탑 코트를 바른다.

06 마블링(marbling)

섬세한 디자인을 할 수 없지만 에나멜을 이용하여 대리석 무늬나 기하학적인 무늬를 핀 또는 마블 툴을 이용하여 가볍게 터치해 디자인 한다.

1) 에나멜 마블

에나멜이 마르기 전에 다른 색상의 에나멜로 디자인하는 것으로 컬러의 양을 많이 사용하여야 제대로 된 모양을 만들 수 있다.

(1) 시술재료

여러 가지 유색 에나멜, 오렌지 우드스틱, 마블 툴(또는 핀), 펄 라이너, 베이스 코트, 탑 코트

(2) 시술방법

① 베이스 코트 건조 후 원하는 색상의 에나멜을 좌·우로 바른다.
② 다른 색상의 에나멜을 사이사이에 바른다.
③ 에나멜이 마르기 전에 마블 툴을 이용하여 가볍게 섞어준다.
④ 화려함을 위해 펄 라이너를 사이사이에 바른다.
⑤ 디자인이 건조된 후 탑 코트를 바른다.

2) 워터마블

물에 여러 색상의 에나멜을 떨어뜨린 후 우드스틱을 이용하여 추상적인 무늬나 대리석 무늬를 디자인할 수 있다. 워터마블은 기포가 생기지 않고 접착력을 높이기 위해 베이스 코트를 바른 후 시술한다.

(1) 시술재료

여러 가지 유색 에나멜, 물이 담긴 작은 용기, 오렌지 우드스틱, 펄 라이너, 스톤, 화장 솜, 리무버, 베이스 코트, 탑 코트

(2) 시술방법

① 물이 담긴 용기에 여러 가지 색상의 에나멜을 떨어뜨린다.
② 물에 떨어뜨린 에나멜을 우드스틱을 이용하여 원하는 모양을 만든다.
③ 베이스 코트 또는 에나멜이 건조된 손톱을 담근다.
④ 오렌지 우드스틱에 솜을 말아서 물 위에 떠있는 에나멜 막을 걷은 후 손톱을 물 밖으로 꺼낸다.
⑤ 손톱 주변에 묻어있는 잔여물을 오렌지 우드스틱을 이용하여 리무버로 닦아낸다.
⑥ 디자인이 건조된 후 스톤 등으로 장식하고 탑 코트를 바른다.

07 스트라이핑 테이프(striping tape)

다양한 색상의 컬러 테이프로 뒷면이 접착 형태로 되어 있으며 라인스톤, 펄 라이너 등을 함께 사용하여 디자인할 수 있다.

(1) 시술재료

스트라이핑 테이프, 랩 가위, 스톤, 베이스 코트, 유색 에나멜, 탑 코트

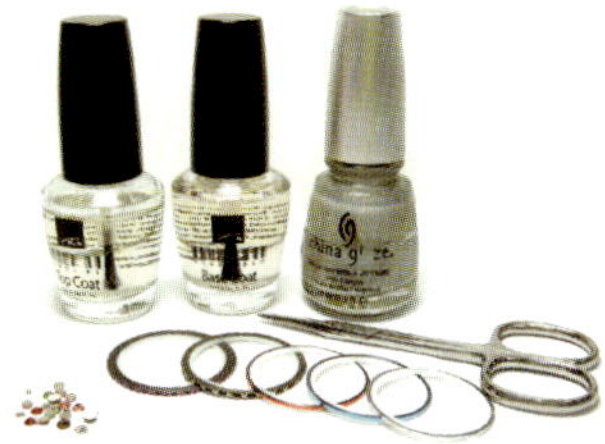

(2) 시술방법

① 건조 된 컬러 위에 사선 또는 직선으로 테이프를 붙이고 손톱 밖으로 나온 부분은 랩 가위로 자른다.

② 스톤을 이용하여 디자인한다.

③ 스톤과 테이프 사이사이에 잘 스며들 수 있도록 탑 코트를 바른다.

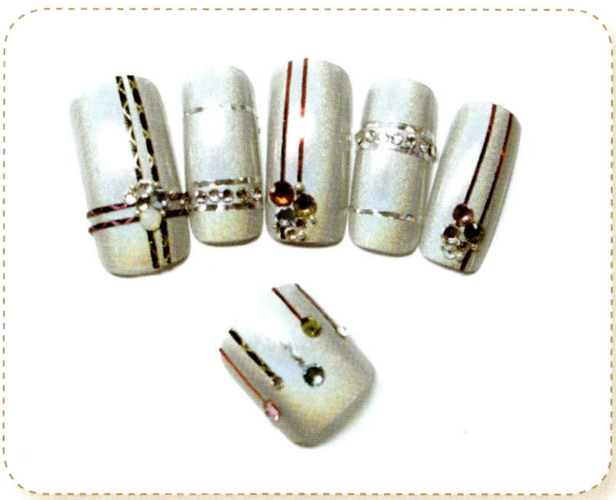

08 프로 트렌스(pro trans)

잡지, 그림 등 인쇄되어 있는 문양을 오려서 탑 코트를 바르고 건조시킨 후 물에 불려서 뒷면을 얇게 벗겨낸 후 디자인 한다.

(1) 시술재료

잡지 또는 그림, 물이 담긴 작은 용기, 핀셋, 베이스 코트, 유색 에나멜, 탑 코트

(2) 시술방법

① 잡지에 탑 코트를 바른 후 건조시켜 1분 가량 물에 담근다.

② 불려 진 잡지 뒷면을 얇게 벗겨낸다.

③ 얇아진의 잡지의 물기를 제거 후 손톱 위에 부착한다.

④ 잡지의 테두리 또는 주변에 스톤 등으로 디자인한다.

⑤ 얇아진 잡지가 녹지 않게 주의하며 탑 코트를 바른다.

09 스테인드 글라스(stained glass)

교회나 성당의 유리에서 많이 볼 수 있는 패턴으로 여러 가지 펄 컬러를 이용하여 손톱에 응용한 디자인이다.

(1) 시술재료

여러 가지 펄 컬러, 베이스 코트, 검정 에나멜, 탑 코트

(2) 시술방법

① 건조된 검정 에나멜 위에 원하는 색상의 펄 컬러를 이용하여 칸을 채워 그린다.

② 다른 색상의 펄 컬러 간격이 0.1㎝ 정도 보이도록 그리며 디자인한다.

③ 디자인이 건조된 후 탑 코트를 바른다.

10 그라데이션(gradation)

색상의 단계가 서서히 변하는 것으로 두 가지 이상의 에나멜을 스펀지를 이용하여 찍거나 발라서 디자인한다. 완성 후 펄 컬러를 바르면 화려함이 더해지며 컬러의 지속력도 높아진다.

(1) 시술재료

스펀지, 오렌지 우드스틱, 호일, 리무버, 화장 솜, 펄 컬러, 베이스 코트, 유색 에나멜, 탑 코트

(2) 시술방법

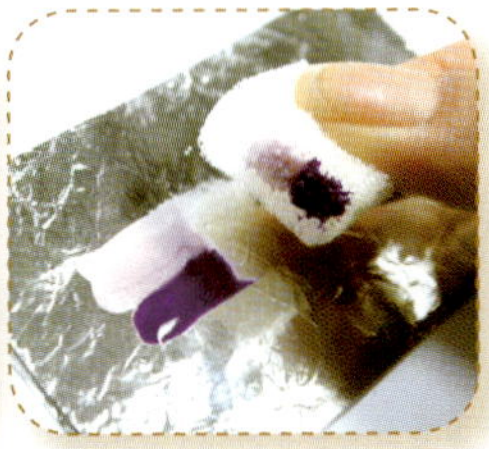

① 두 가지 이상의 에나멜(옅은 색상이 위로 짙은 색상이 아래로)을 호일 위에 늘어뜨려 준다.
② 늘어뜨린 에나멜을 스펀지에 적당량 묻힌다.
③ 베이스 코트 또는 베이스 에나멜이 건조된 후 에나멜이 묻은 스펀지를 자연스러운 연결을 위해 위 아래로 조금씩 왔다 갔다 하며 힘을 빼고 두드린다. (발색력을 위하여 2~3회 반복)
④ 디자인에 맞게 펄 컬러를 바른다.
⑤ 주변에 묻은 에나멜을 우드스틱을 이용하여 닦아준다.
⑥ 디자인이 건조된 후 탑 코트를 바른다.

11 핸드 페인팅(hand painting)

아크릴릭 물감을 이용하여 꽃, 캐릭터, 문양 등을 그리는 여러 가지 섬세한 디자인이다.

1) 동물 무늬

지브라, 호피 등 동물의 무늬를 이용하여 디자인한다.

(1) 시술재료

아크릴릭 물감, 파렛트, 붓, 물통, 스톤, 베이스 코트, 유색 에나멜, 탑 코트

(2) 시술방법

① 건조된 컬러 위에 지브라 무늬 또는 호피 무늬를 그린다.
② 디자인이 건조된 후 탑 코트를 바른다.

지브라 디자인

호피 디자인

2) 포크아트

톨 페인팅(tole painting)이라고도 불리며 유럽과 미국에서는 오래전부터 일반화 된 공예의 한 기법으로 일상생활의 작은 물건에서부터 가구, 인테리어 등에 자유롭게 활용할 수 있다. 네일 아트에서는 이를 응용하여 다양한 디자인을 한다.

(1) 시술재료

아크릴릭 물감, 파렛트, 붓, 물통, 베이스 코트, 유색 에나멜, 탑 코트

(2) 시술방법

① 건조된 에나멜 위에 포크아트 장미를 그린다.

② 구도에 맞게 나뭇잎을 그린다.

③ 라인을 그리고 꽃씨를 찍거나 스톤을 붙인다.

④ 디자인이 건조된 후 탑 코트를 바른다.

12 에어브러시(air brush)

압축공기를 만들어 분사하는 컴프레서(compressor)와 건(gun)으로 물감을 분사시켜 원하는 아트를 하는 것으로 스텐실을 이용하여 섬세하고 정교한 디자인을 할 수 있다. 에어브러시의 조절 레버를 누르면 에어가 분사되고 레버를 당기면 물감이 분사된다. 다른 색상으로 바꿀 때 또는 사용 후 반드시 에어브러시 건을 청소해서 보관하도록 한다. 이때 리무버로 세척 시 건 안에 있는 고무 패킹이 녹을 수 있으므로 알코올이나 물로만 세척해야 한다.

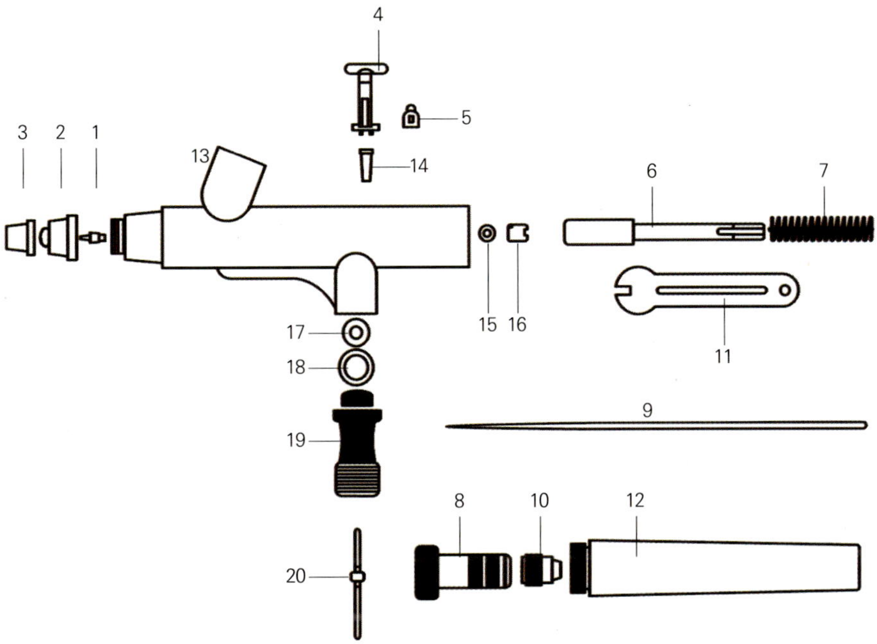

1. 노즐(nozzle) **:** 물감을 방출시키는 통로이다.

2. 노즐 캡(nozzle cap) **:** 노즐을 보호하는 부품이다.

3. 니들 캡(needle cap) **:** 니들 끝의 물감이 건조해 지는 것을 막아주며 공기와 물감 분사 방향을 일정하게 잡아주는 역할을 한다.

4. 메인 레버(main lever) **:** 메인 레버를 누르면 공기가 나오고 누른 상태에서 뒤로 당기면 물감이 분사된다.

5. **엑셀 레버**(auxiliary lever) **:** 메인 레버와 니들 가이드의 접촉 시 손상을 방지한다.

6. **니들 처킹 가이드**(needle chucking guide) **:** 니들을 고정시켜주는 부품이다.

7. **스프링**(spring) **:** 전진탄력의 힘을 실어준다.

8. **스프링 가이드**(spring guide) **:** 니들 가이드의 자리이탈 방지와 스프링의 탄력을 지속시켜 준다.

9. **니들**(needle) **:** 물감의 분사량을 조절하는 기능을 한다.

10. **처킹 넛**(chucking nut) **:** 니들 가이드와 니들이 서로 결합하여 움직이도록 돕는다.

11. **렌치**(wrench) **:** 니들을 풀거나 조일 때 사용한다.

12. **핸들**(handle) **:** 사용하고 난 후에는 핸들을 조립하여 보관한다.

13. **물감 투입구**(fluid cup)

14. **밸브 피스톤**(valve piston)

15. **패킹 플루이드 니들**(packing fluid needle)

16. **니들 패킹 스크류**(needle packing screw)

17. **패킹 밸브 피스톤**(packing valve piston)

18. **에어 밸브 가이드**(air valve guide)

19. **에어 밸브 바디**(air valve body)

20. **에어 밸브**(air valve)

※ 10~1의 순서로 분해하고, 1~10의 순서로 조립한다.

(1) 시술재료

에어 컴프레서, 건, 물감, 스텐실, 물통, 베이스 코트, 탑 코트(에어브러시 전용)

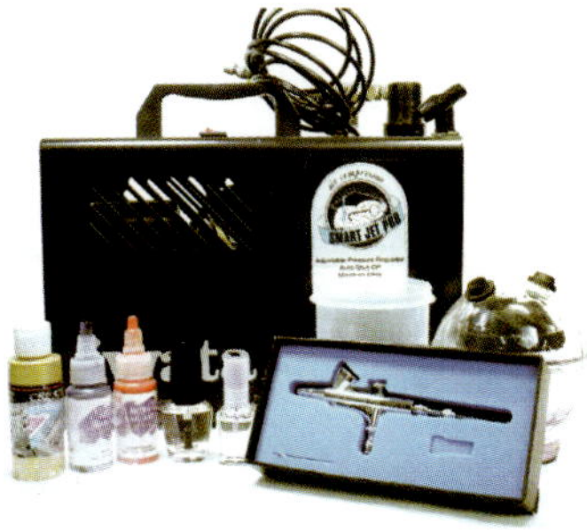

(2) 시술방법

① 물감의 접착력을 위해 베이스 코트를 바른다.
② 흰색으로 바탕을 칠한 후 여러 색상의 컬러로 그라데이션 한다.
③ 스텐실이 들뜨지 않게 잡고 디자인 한다.
④ 디자인이 건조된 후 탑 코트(에어브러시 전용)를 바른다.

13 댕글(dangle)

손톱의 끝 부분(프리엣지)에 구멍을 뚫어 장식을 달아주는 손톱 액세서리이다. 댕글은 자연 손톱보다 인조 손톱에 작업하는 것이 좋다.

(1) 시술재료

댕글 드릴, 댕글, 막 니퍼(또는 팬치), 젤 글루, 베이스 코트, 유색 에나멜, 탑 코트

(2) 시술방법

① 댕글 드릴을 이용하여 손톱을 뒤집어 프리엣지 부분에 구멍을 뚫어준 후 컬러링을 완성한다.
② 막 니퍼 또는 팬치를 이용하여 고리를 끼워 댕글을 달아준다.
③ 댕글이 쉽게 빠지거나 옷에 걸리는 것을 방지하기 위하여 고리 연결부위에 소량의 젤 글루를 바른다.

14 아크릴릭 엠보(acrylic embo)

2D라고도 하며 다양한 아크릴릭 컬러 파우더로 입체감 있게 표현하는 디자인이다. 선명한 디자인을 위해 리퀴드와 아세톤을 3:1 정도 비율로 혼합하여 사용할 수 있다.

(1) 시술재료

아크릴릭 컬러 파우더, 아크릴릭 브러시, 아크릴릭 리퀴드, 디펜디시, 브러시 클리너

(2) 시술방법

① 탑 코트까지 건조 된 컬러 위에 아크릴릭 볼을 떠서 다섯 꽃잎을 디자인 한다.
② 다섯 꽃잎 위에 교차되도록 겹꽃을 디자인한다.
③ 나뭇잎을 디자인 하고 스톤 등으로 화려함을 더해준다.

15 3D(three-dimension art)

다양한 아크릴릭 파우더를 이용하여 입체적인 디자인 기법으로 와이어와 조형물 등을 이용하여 만들기도 하며 주로 네일 콘테스트나 네일 판타지 쇼 등에서 활용한다. 리퀴드와 브러시 클리너를 3:1정도 비율로 혼합하여 사용하면 아크릴릭의 굳는 속도를 늦출 수 있어 3D작업 시 용이하다.

(1) 시술재료

아크릴릭 컬러 파우더, 아크릴릭 브러시, 아크릴릭 리퀴드, 디펜디시, 브러시 클리너, 호일, 젤 글루

(2) 시술방법

① 호일 위에 컬러 파우더를 이용하여 납작한 큰 원을 만든 후 날카로운 도구의 면을 이용하여 마름모 형태의 자국을 만든다.
② 만들어진 납작한 원을 핀셋을 이용하여 아이스크림 콘 형태로 말아 준다.
③ 컬러 파우더로 콘 안을 채운다.
④ 입체적인 아이스크림을 표현하기 위해 다른 색상의 컬러 파우더를 볼록하게 더 올리고 스톤 등으로 마무리 한다.

CHAPTER 10
핵심문제

1. 여러 가지 에나멜을 떨어뜨려 우드스틱 등으로 자연스럽게 섞어주는 디자인 방법은?

① 에어브러시 ② 마블 ③ 핸드 페인팅 ④ 프로 트랜스

2. 에어브러시 장비 중에서 공기를 분사하는 압축 모터의 명칭은?

① 에어브러시 스프레이 건 ② 노즐
③ 노즐 캡 ④ 에어 컴프레서

3. 아크릴릭 파우더와 리퀴드를 사용하여 입체적인 디자인을 만드는 기법은?

① 2D ② 3D ③ 핸드 페인팅 ④ 그라데이션

4. 프로 트랜스 재료로 필요하지 않은 것은?

① 알코올 ② 인쇄된 종이 ③ 가위 ④ 물

5. 에어브러시 디자인을 할 때 필요하지 않은 것은?

① 에어 컴프레서 ② 에어브러시 건 ③ 스텐실 ④ 리퀴드 용액

6. 스티커 형태의 판박이를 이용하여 디자인 하는 것은?

① 라인스톤 ② 데칼 ③ 에어브러시 ④ 댕글

7. 에어브러시 디자인 시 모양이나 형상이 파여져 있는 폼의 명칭은?

① 스텐실 ② 핑거 레스트 ③ 투명 책받침 ④ 투 웨이 커넥터

8. 수성 페인트로 핸드 페인팅을 한 후 탑 코트를 바르지 않았을 때 생기는 현상은?

① 물에 용해된다. ② 색깔이 선명해 진다. ③ 기포가 생긴다. ④ 아무런 문제없다.

9. 댕글 시술 시 오링에 젤 글루를 발라 마무리 하는 이유는?

① 오링의 색상이 변하지 않도록 하기위해 ② 구멍을 메우기 위해

③ 댕글을 인조 팁에 부착하기 위해 ④ 오링이 벌어지지 않도록 하기 위해

10. 워터 마블 디자인을 할 때 네일 표면에 기포가 생기지 않고 매끄럽게 하기 위한 방법은?

① 베이스 코트를 미리 바른다. ② 탑 코트를 미리 바른다.

③ 바셀린을 미리 바른다. ④ 큐티클 오일을 미리 바른다.

정답 1.② 2.④ 3.② 4.① 5.④ 6.② 7.① 8.① 9.④ 10.①

Art gallery

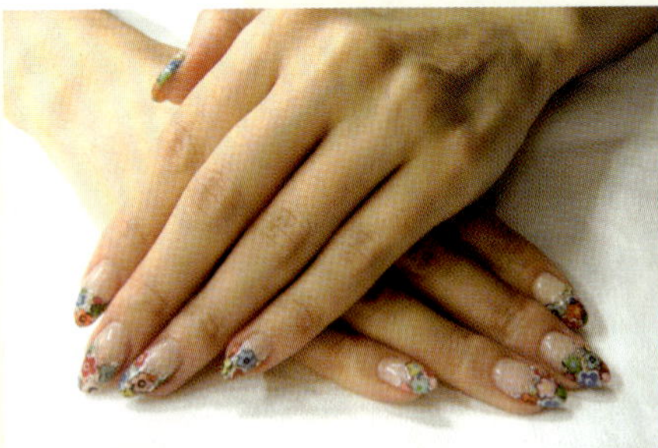

저자 약력

조슬아 한국 네일미용사회 이사
한국 미용산업협회 네일분과 위원장
한국 네일미용사회 자격 심사위원
BEAUTY DESIGN EXPO 심사위원
세계 시데스코 네일 경진대회 심사위원
KOREA INTERNATIONAL NAIL SHOW 심사위원
서울호서전문학교 헤어디자인과 피부미용과 외래교수
홍대 데이지 네일숍 원장

김수현 한국 네일미용사회 이사
한국 네일미용사회 자격 심사위원
BEAUTY DESIGN EXPO 심사위원
세계 시데스코 네일 경진대회 심사위원
제주특별자치도 기능경기대회 심사위원
KOREA INTERNATIONAL NAIL SHOW 심사위원

김유정 여주대학교 뷰티디자인과 교수

이영미 건국대학교 미래지식교육원 미용학과 교수

네일아트美학

2013년 3월 1일 초판 인쇄
2013년 3월 5일 초판 발행

저　자 조슬아 김수현 김유정 이영미
발 행 인 조규백
발 행 처 도서출판 구민사
(150-034) 서울특별시 영등포구 영등포4가 104-1번지 동서빌딩 604호
전　화 02.701.7421~2
팩　스 02.3273.9642
홈페이지 www.kuhminsa.co.kr
등　록 제14-29호(1980년 2월 4일)
I S B N 978-89-7074-730-9 93150
값 24,000원